UNIX/Linux/OS X
中的 Shell 编程（第4版）

Shell
Programming
in Unix, Linux and OS X
Fourth Edition

[美] Stephen G. Kochan　Patrick Wood　著

门佳 译

人民邮电出版社
北京

图书在版编目（CIP）数据

UNIX/Linux/OS X中的Shell编程：第4版 /（美）斯蒂芬·G.寇肯（Stephen G. Kochan），（美）帕特里克·伍德（Patrick Wood）著；门佳译. -- 北京：人民邮电出版社，2017.12（2018.6重印）
ISBN 978-7-115-47041-6

Ⅰ. ①U… Ⅱ. ①斯… ②帕… ③门… Ⅲ. ①Linux操作系统—程序设计 Ⅳ. ①TP316.89

中国版本图书馆CIP数据核字(2017)第258662号

版权声明

◆ 著　　　 [美] Stephen G. Kochan　 Patrick Wood
　 译　　　 门　佳
　 责任编辑　 傅道坤
　 责任印制　 焦志炜

◆ 人民邮电出版社出版发行　　北京市丰台区成寿寺路 11 号
　 邮编　100164　　电子邮件　315@ptpress.com.cn
　 网址　http://www.ptpress.com.cn
　 北京中石油彩色印刷有限责任公司印刷

◆ 开本：800×1000　1/16
　 印张：21.75
　 字数：456 千字　　　　　　　　2017 年 12 月第 1 版
　 印数：2 401 – 3 200 册　　　　　2018 年 6 月北京第 2 次印刷

　 著作权合同登记号　图字：01-2016-7592 号

定价：69.00 元
读者服务热线：**(010)81055410**　印装质量热线：**(010)81055316**
反盗版热线：**(010)81055315**
广告经营许可证：京东工商广登字 20170147 号

内容提要

　　本书是经典图书 *Unix Shell Programming* 时隔 15 年之后的全新升级版本，全面讲解了如何在 POSIX 标准 Shell 环境中开发程序，以充分发挥 UNIX 和类 UNIX 操作系统的潜在功能。

　　本书共分为 14 章，其内容涵盖了 Linux/UNIX 的基础知识，Shell 的概念、工作原理和运行机制，编写 Shell 程序时使用的一些工具，Shell 中的脚本与变量，在 Shell 中如何解释引用，传递参数，条件语句，循环，数据的读取及打印，Shell 环境，交互式以及非标准 Shell 的特性等。本书后面的两个附录还提供了 POSIX 标准 Shell 的特性汇总信息，以及有助于进一步学习掌握 Shell 编程的资源。

　　本书坚持以"实例教学"为理念，旨在鼓励读者动手实践，从而彻底掌握 Shell 编程。本书实例丰富，内容易懂，特别适合有志于掌握 Shell 编程的 Linux/UNIX 初级用户阅读。

关于作者

Stephen Kochan 是多本 UNIX 和 C 语言畅销书的作者与合著者，其中包括 *Programming in C、Programming in Objective-C、Topics in C Programming* 和 *Exploring the Unix System*。他之前是 AT&T 贝尔实验室的软件顾问，负责开发和讲授 UNIX 和 C 语言编程相关的课程。

Patrick Wood 是 Electronics for Imaging 公司（坐落于新泽西）的 CTO（首席技术官）。他之前曾经是贝尔实验室的一名技术人员，并在 1985 年遇到了 Kochan 先生。随后他们俩共同创建了 Pipeline Associates, Inc. 公司，提供 UNIX 咨询服务，当时他是公司的副总裁。他们共同写作了 *Exploring the Unix System、Unix System Security、Topics in C Programming* 和 *Unix Shell Programming* 等图书。

前言

在过去几十年中所出现的 UNIX 和类 UNIX 操作系统家族已经成为如今最为流行、使用最广泛的操作系统之一，这都算不上什么秘密了。对于使用了多年 UNIX 的程序员而言，一切都顺理成章：UNIX 系统为程序开发提供了既优雅又高效的环境。这正是 Dennis Ritchie 和 Ken Thompson 在 20 世纪 60 年代晚期在贝尔实验室开发 UNIX 时的初衷。

> **注意**
>
> 在本书中，我们使用的术语 UNIX 泛指基于 UNIX 的操作系统大家族，其中包括像 Solaris 这样真正的 UNIX 操作系统以及像 Linux 和 Mac OS X 这样的类 UNIX 操作系统。

UNIX 系统最重要的特性之一就是各式各样的程序。超过 200 个基本命令会随着标准操作系统发行，Linux 还对标准命令数量做了扩充，通常能达到 700～1000 个！这些命令（也称为工具）从统计文件行数、发送电子邮件到显示特定年份的日历，可谓无所不能。

不过 UNIX 真正的威力并非来自数量庞大的命令，而在于你可以非常轻松、优雅地将这些命令组合在一起完成非常复杂的任务。

UNIX 的标准用户界面是命令行，其实就是 Shell，它的角色是作为用户和系统最底层之间（内核）的缓冲带。Shell 就是一个程序，读入用户输入的命令，将其转换成系统更易于理解的形式。它还包括了一些核心编程构件，可以做出判断、执行循环以及为变量储值。

从 AT&T 发行版（源自 Stephen Bourne 在贝尔实验室编写的初版）开始，标准 Shell 就是同 UNIX 系统捆绑在一起的。自那时起，IEEE 根据 Bourne Shell 以及后续的一些其他 Shell 制订了标准。该标准目前的（本书写作之时）版本是 Shell and Utilities volume of IEEE Std 1003.1-2001，也称为 POSIX 标准。本书余下的内容都离不开 Shell。

书中的例子在运行着 Mac OS X 10.11 的 Mac 计算机、Ubuntu Linux 14.0 以及运行着 SunOS 5.7 旧版的 Sparcstation Ultra-30 下均通过了测试。除了第 14 章中的一些 Bash 示例，其他所有的例子都是用 Korn Shell 运行的，当然，在 Bash 下也没有问题。

因为 Shell 提供了一种解释型编程语言，所以能够快速方便地编写、修改和调试程序。因此，我们使用 Shell 作为首选编程语言，等你熟练掌握了 Shell 编程之后，相信你也会做出同样的选择。

本书的组织形式

本书假设你熟悉系统和命令行相关的基础知识，也就是说，知道怎么登录，知道如何创建、编辑、删除文件，也知道如何使用目录。如果你对于 Linux 或 UNIX 已经手生了，我们在第 1 章 "基础概述" 中会复习一些基础知识。除此之外，这一章中也会讲到文件名替换、I/O 重定向及管道。

在第 2 章 "什么是 Shell" 中，解答了 Shell 究竟是什么、它的工作原理，以及如何利用 Shell 作为与操作系统交互的主要方式。你将了解每次登录时所发生的事情、Shell 程序是如何启动的、如何解析命令行以及如何为你执行其他程序。第 2 章的关键点在于要明白 Shell 不过是另一个程序罢了，没什么特别的地方。

第 3 章 "常备工具" 讲解了一些有助于编写 Shell 程序的工具，其中包括 cut、paste、sed、grep、sort、tr 和 uniq。在这些工具的选择上的确比较主观，但它们为书中接下来要开发的程序打下了基础。另外，本章还详细讨论了正则表达式，在很多 UNIX 命令中都对其有所涉及，如 sed、grep 和 ed。

第 4 章～第 9 章继续为编写 Shell 程序做铺垫。你将学习到如何编写自己的命令、变量的用法、编写可接受参数的程序、条件判断、循环命令（for、while 和 until）以及使用 read 命令从终端或文件中读取数据。第 5 章 "引用" 专门讨论了 Shell 中最有意思（通常也会令人困惑）的话题之一：如何解释引用。

到这里，所有基本的 Shell 编程构件已经全部讲完，你已经有能力编写 Shell 程序，并解决特定的问题了。

第 10 章 "环境" 所讲述的主题（环境）对于真正理解 Shell 的运作方式非常重要。你会在本章中学到局部变量和导出变量、子 Shell、特殊的 Shell 变量（如 HOME、PATH 和 CDPATH）以及如何设置.profile 文件。

第 11 章 "再谈参数" 和第 12 章 "拓展内容" 讲述了一些之前没有提及的知识点，在第 13 章 "再谈 rolo" 中给出了名为 rolo 的电话簿程序的最终版，该程序的开发过程贯穿全书。

第 14 章 "交互式与非标准 Shell 特性" 讨论了多种 Shell 特性，这些特性要么并非 IEEE POSIX 标准 Shell 的正式组成部分（不过在大部分 UNIX 和 Linux Shell 中都可以使用），要么主要是以交互方式使用，而非用于程序中。

附录 A "Shell 总结" 中总结出了 IEEE POSIX 标准 Shell 的各种特性。

附录 B "更多的相关信息" 中列出了参考资料和资源，包括不同 Shell 的下载站点。

本书所秉持的哲学是实例教学法。我们坚信：在演示某种特性的具体用法时，恰当选择的实例所带来的效果要远胜于干巴巴的陈述。"一图胜……" 的那句老话看起来也适用于编码。

我们鼓励你在自己的系统中敲入并测试每个例子，只有这样你才能掌握 Shell 编程。不要畏惧尝试。试着修改例子中的命令来观察效果，或是加入不同的选项和特性，使程序变得更加实用或强健。

目录

第 1 章
基础概述

本章将会对 UNIX 系统进行简要讲述，其中包括文件系统、基本命令、文件名替换、I/O 重定向及管道。

1.1 基础命令

1.1.1 显示日期和时间：date 命令

date 命令可以显示出日期和时间：

```
$ date
Thu Dec  3 11:04:09 MST 2015
$
```

date 会打印出星期、月份、日期、时间（24 小时制，依据系统时区设置）及年份。在本书的所有例子中，我们使用**加粗字体**，来表示用户输入的内容，使用正常字体表示 UNIX 系统显示的内容，使用楷体表示交互过程中的注释。

按 Enter（回车）键就可以将 UNIX 命令提交给系统。Enter 键表示你已经完成了输入，剩下的事情就交给 UNIX 系统了。

1.1.2 找出已登录人员：who 命令

who 命令可以用来获取当前已登录到系统中的所有用户的信息：

```
$ who
pat       tty29    Jul 19 14:40
ruth      tty37    Jul 19 10:54
steve     tty25    Jul 19 15:52
$
```

目前，已登录的用户有 3 名：pat、ruth 和 steve。除了每个用户的 ID 之外，还列出了用户所在的 tty 编号以及用户登录的日期和时间。当用户登录系统时，UNIX 系统会为用户所在的终端或网络设备分配一个唯一的标识数字，这个数字就是 tty 编号。

也可以使用 who 命令来获取本人的信息：

```
$ who am i
pat            tty29   Jul 19 14:40
$
```

who 和 who am i 其实都是同一个命令：who。在后一种用法中，am 和 i 是 who 命令的参数（这并不是一个展示命令行参数用法的好例子；只是出于对 who 命令的好奇心而已）。

1.1.3　回显字符：echo 命令

echo 命令会在终端打印出（或者说回显）你在行中输入的所有内容（这里有一些例外情况，随后你就会知道）：

```
$ echo this is a test
this is a test
$ echo why not print out a longer line with echo?
why not print out a longer line with echo?
$ echo
                                     显示空行
$ echo one          two     three         four   five
one two three four five
$
```

在上面的例子中，你会注意到 echo 将单词间多余的空白字符（blank）压缩了。这是因为在 UNIX 系统中，单词（word）非常重要，而空白字符就是用来分隔单词的。UNIX 系统通常会忽略多余的空白字符（下一章中会详细讲述相关内容）。

1.2　使用文件

UNIX 系统只识别 3 种基本类型的文件：普通文件、目录文件和特殊文件。普通文件就是系统中包含数据、文本、程序指令或其他内容的那些文件。目录，或者说是文件夹，会在本章后续部分讲述。最后，和名字一样，特殊文件是对 UNIX 系统有特殊意义的文件，通常和某种形式的 I/O 相关联。

文件名可以由键盘上能够直接输入的任意字符（有些字符甚至可以是无法直接输入的）组成，总数量不能超过 255 个。如果文件名中的字符多于 255 个，UNIX 系统会忽略多余的字符。

UNIX 系统提供了很多便于文件处理的工具。接下来我们简单地介绍几个相关的文件操作命令。

1.2.1　列举文件：ls 命令

要查看目录下的文件，可以使用 ls 命令：

```
$ ls
READ_ME
names
tmp
$
```

命令输出表明当前目录下包含 READ_ME、names 和 tmp 这 3 个文件（注意，ls 的输出随系统而异。例如，在很多 UNIX 系统中，当 ls 向终端输出时，其输出内容会分为多列；在另一些系统中，不同类型的文件会用不同的颜色表示。你可以使用-1 选项[数字 1] 强制单列输出）。

1.2.2　显示文件内容：cat 命令

你可以使用 cat 命令来检查文件的内容（这个命令是 concatenate 的简写，可不是指猫科动物）。cat 的参数是待检查的文件名：

```
$ cat names
Susan
Jeff
Henry
Allan
Ken
$
```

1.2.3　统计文件中单词数量：wc 命令

你可以使用 wc 命令获得文件中的行数、单词数和字符数。仍需要将待统计的文件名作为该命令的参数：

```
$ wc names
       5       7      27 names
$
```

wc 命令在文件名前列出了 3 个数字，第一个数字表示文件行数（5），第二个数字表示单词数（7），第三个数字表示字符数（27）。

1.2.4　命令选项

大多数 UNIX 命令允许在命令执行时指定选项。选项通常采用如下形式：

```
-letter
```

也就是说，命令选项是减号（-）后面直接跟上单个字母。例如，要计算文件中包含的行数，可以使用 wc 命令的-l 选项（字母 l）：

```
$ wc -l names
        5 names
$
```

要统计文件中包含的字符数，可以指定-c 选项：

```
$ wc -c names
        27 names
$
```

最后，-w 选项可以用来统计文件中包含的单词数：

```
$ wc -w names
        7 names
$
```

有些命令要求选项应该出现在文件名参数之前。例如，sort names -r 没有问题，但 wc names -l 就不行了。不过前一种形式并不多见，大多数 UNIX 命令的设计是让你先指定命令行选项，就像 wc -l names 那样。

1.2.5   复制文件：cp 命令

可以使用 cp 命令来复制文件。该命令的第一个参数是要复制的文件名（称为源文件），第二个参数是要复制为的文件名（称为目标文件）。你可以像下面这样将文件 names 复制为 saved_names：

```
$ cp names saved_names
$
```

执行过该命令之后，文件 names 的内容会被复制到一个名为 saved_names 的新文件中。和很多 UNIX 命令一样，cp 命令在执行后没有任何输出（除了命令行提示符）表明该命令执行成功。

1.2.6   文件重命名：mv 命令

可以使用 mv（move）命令重命名文件。mv 命令的参数形式和 cp 命令一样。第一个参数是待重命名的文件，第二个参数是文件的新名字。因此，如果要想将文件 saved_names 更名为 hold_it，可以使用下列命令：

```
$ mv saved_names hold_it
$
```

注意，在执行 mv 或 cp 命令时，UNIX 系统可不管命令行中第二个参数指定的文件是否存在。如果存在，文件内容会被覆盖。举例来说，如果有个名为 old_names 的文件已经存在，执行命令：

```
cp names old_names
```

会将文件 names 复制为 old_names，同名文件之前的内容就丢失了。与此类似，下面的命令：

```
mv names old_names
```

会将 names 更名为 old_names，即使在命令执行前文件 old_names 已经存在了。

1.2.7　删除文件：rm 命令

rm 命令可以从系统中删除文件。rm 命令的参数就是要删除的文件：

```
$ rm hold_it
$
```

你可以使用 rm 命令一次删除多个文件，只需要将这些文件在命令行上列出就可以了。例如，下列命令将删除文件 wb、collect 和 mon：

```
$ rm wb collect mon
$
```

1.3　使用目录

假设你有一组文件，里面包含了各种备忘录、建议书和信件。再假设你还有另一组文件，里面都是计算机程序。合理的做法是把第一组文件放到名为 documents 的目录中，把后一组文件放到名为 programs 的目录中。图 1.1 演示了这种目录组织方式。

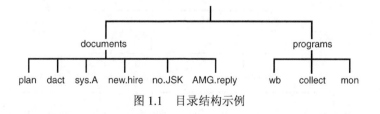

图 1.1　目录结构示例

documents 目录中包含了文件 plan、dact、sys.A、new.hire、no.JSK 和 AMG.reply。目录 programs 中包含了文件 wb、collect 和 mon。随后你可能想在目录中进一步组织文件。这可以通过创建子目录并将文件放置到相应的子目录中来实现。

例如，你可能想在 documents 目录下创建名为 memos、proposals 和 letters 的子
目录，如图 1.2 所示。

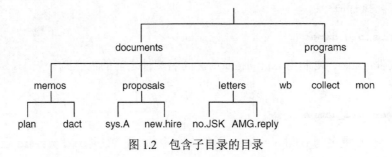

图 1.2　包含子目录的目录

documents 中包含了子目录 memos、proposals 和 letters。每个子目录分别
又包含了两个文件：memos 中包含了 plan 和 dact；proposals 中包含了 sys.A 和
new.hire；letters 中包含了 no.JSK 和 AMG.reply。

尽管特定目录中的每个文件的名字都不能重复，但包含在不同目录中的文件则没有
此要求。因此，在 programs 目录中可以有一个叫做 dact 的文件，哪怕是在 memos
子目录下已经有了同名的文件。

1.3.1　主目录和路径名

UNIX 系统将系统中每个用户与一个特定的目录关联起来。当你登录系统后，会自
动处于你所属的目录中（这称为个人的主目录）。

用户主目录的位置视系统而异，假设你的主目录叫做 steve，它是 users 目录下
的一个子目录。因此，如果你还拥有 documents 和 programs 目录，那么整个目录结
构如图 1.3 所示。在目录树的顶部有一个名为 /（读作 slash）的特殊目录，该目录称为
根目录（root）。

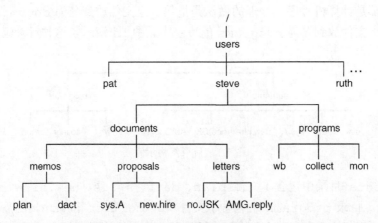

图 1.3　层次化目录结构

当你处于某个特定目录内时（这叫做当前工作目录），该目录中所包含的文件可以直接访问，无须指定路径。如果想访问其他目录中的文件，要么先使用命令"切换"到对应的目录，然后访问；要么通过路径名来指定要访问的文件。

路径名允许你唯一地标识出 UNIX 系统中某个特定文件。在路径名的写法中，路径中连续的目录之间用字符"/"分隔。以字符"/"起始的路径名称为完整路径名或绝对路径名，因为它指定了从根目录开始的完整路径信息。例如，/users/steve 指明了目录 steve 包含在 users 目录中。类似地，/users/steve/documents 引用了 users 目录下的 steve 子目录中的 documents 目录。作为最后一个例子，/users/steve/documents/letters/AMG.reply 指定了包含在对应路径下的 AMG.reply 文件。

为了帮助减少所需要的输入，UNIX 提供了一些惯用写法。不是以"/"开头的路径名称为相对路径名：这种路径相对的是当前工作目录。例如，如果你登录系统，进入了主目录/users/steve，你只需要输入 documents 就可以引用该目录。与此类似，相对路径名 programs/mon 可以访问 programs 目录下的文件 mon。

按照惯例，.. 指向当前目录的上一级目录，也称为父目录。例如，你现在位于主目录/users/steve，路径名..引用的是 users 目录。如果你通过命令将工作目录更改到 documents/letters，那么路径名..引用的就是 documents 目录，../..引用的则是 steve 目录，../proposals/new.hire 引用的是包含在 proposals 目录中的 new.hire 文件。指向特定文件的路径通常不止一个，这非常符合 UNIX 的特点。

另一种惯用写法是单点号.，它总是引用当前目录。在本书随后的部分中，当你想指定未在 PATH 中的当前目录下的 Shell 脚本时，这种写法就变得很重要了。我们很快会详细解释这一点。

1.3.2　显示工作目录：pwd 命令

pwd 命令可以告诉你当前工作目录的名字，帮助你确定自己所处的位置。

回想图 1.3 中的目录结构。登录系统后所处的目录叫做主目录。你可以假定用户 steve 的主目录是/users/steve。因此，无论 steve 什么时候登录到系统，他都会自动进入该目录中。要验证这一点，可以使用 pwd（**print working directory**）命令：

```
$ pwd
/users/steve
$
```

该命令的输出证实了 steve 的当前工作目录就是/users/steve。

1.3.3　更改目录：cd 命令

你可以使用 cd 命令更改当前工作目录。该命令使用目标目录名作为参数。

假设你登录到系统后进入到了主目录/user/steve 中。图 1.4 中用箭头指出了这个位置。

有两个目录：documents 和 programs，正处于 steve 的主目录之下。这一点很容易验证，只需要在终端中输入 ls 命令：

```
$ ls
documents
programs
$
```

和之前列出普通文件的例子一样，ls 命令列出了 documents 和 programs 这两个目录。

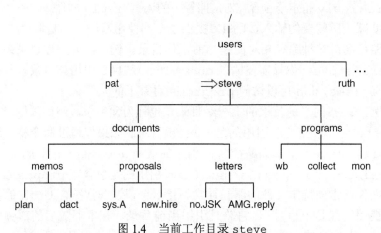

图 1.4　当前工作目录 steve

要想更改当前工作目录，使用 cd 命令，后面跟上新的目录名：

```
$ cd documents
$
```

执行完该命令后，你就进入了 documents 目录，如图 1.5 所示。

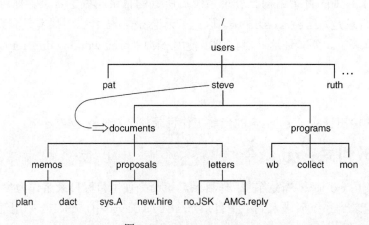

图 1.5　cd documents

你可以在终端中使用 pwd 命令来验证工作目录是否已经改变:

```
$ pwd
/users/steve/documents
$
```

移动到上一级目录最简单的方法就是将 .. 用在命令中:

```
cd ..
```

因为按照惯例, .. 总是指向上一级目录(见图 1.6)。

```
$ cd ..
$ pwd
/users/steve
$
```

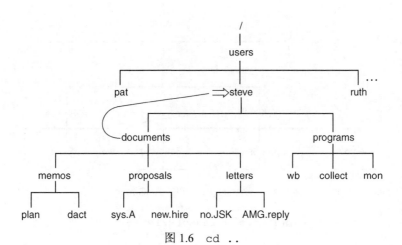

图 1.6 cd ..

如果你想更改到 letters 目录,可以使用 cd 命令,同时指定相对路径 documents/letters(见图 1.7):

```
$ cd documents/letters
$ pwd
/users/steve/documents/letters
$
```

如果要返回到主目录中,可以使用 cd 命令,向上移动两级目录:

```
$ cd ../..
$ pwd
/users/steve
$
```

或者也可以不通过相对路径,而是使用完整的路径名来返回主目录:

```
$ cd /users/steve
$ pwd
/users/steve
$
```

最后，返回主目录的第 3 种方法，也是最简单的方法，就是输入不带有任何参数的 cd 命令。无论你当前处于文件系统中的什么位置，这种用法都可以将你直接带回主目录中：

```
$ cd
$ pwd
/users/steve
$
```

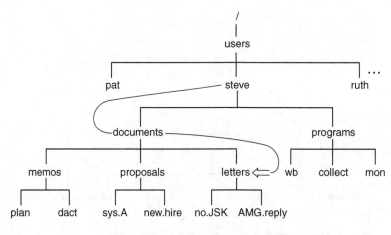

图 1.7　`cd documents/letters`

1.3.4　ls 命令的更多用法

输入 ls 命令后，当前工作目录下的文件都会被列出。但你也可以使用 ls 来列出其他目录中的文件，只需要将目录名作为命令参数就行了。先返回主目录：

```
$ cd
$ pwd
/users/steve
$
```

看一下当前工作目录中的文件：

```
$ ls
documents
programs
$
```

如果你将其中一个目录名称提供给 ls 命令，就可以得到该目录中的内容列表。输入 ls documents 可以查看 documents 目录下的内容：

```
$ ls documents
letters
memos
proposals
$
```

要查看子目录 memos，操作方法类似：

```
$ ls documents/memos
dact
plan
$
```

如果你指定的参数不是目录，那么 ls 只会在终端上显示出该文件的名字：

```
$ ls documents/memos/plan
documents/memos/plan
$
```

不明白了？ls 命令有一个选项，可以用来确定某个特定文件是否为目录。-l 选项（字母 l）可以给出目录下文件更详细的描述信息。假设你现在处于 steve 的主目录中，下面是 ls 命令的 -l 选项的输出：

```
$ ls -l
total 2
drwxr-xr-x    5 steve    DP3725     80 Jun 25 13:27 documents
drwxr-xr-x    2 steve    DP3725     96 Jun 25 13:31 programs
$
```

第一行显示出了所列出文件占用的存储块（1024 字节）数。后续的每一行都包含了目录中某个文件的详细信息。每行第一个字符指明了文件类型：目录是 d，文件是 -，特殊文件是 b、c、l 或 p。

接下来的 9 个字符定义了文件或目录的访问权限。访问模式（access mode）应用于文件所有者（前 3 个字符）、与文件所有者同组的其他用户（接下来的 3 个字符）以及系统中的其他用户（最后 3 个字符）。访问模式通常指明了某类用户是否能够读取文件、写入文件或执行文件（如果是程序或 Shell 脚本）。

ls -l 命令然后会显示出链接数（参见本章随后的“文件链接：ln 命令”一节）、文件所有者、文件所属组、文件大小（其中包含了多少个字符）以及文件最后的修改时间。最后一部分信息是文件名。

注意

> 很多现代 UNIX 系统已经不再使用组了，因此尽管相关的权限信息仍旧会显示，但是文件和目录的所属组在 ls 命令的输出中通常都被忽略了。

现在你应该就能够利用 `ls -l` 的输出获得目录中文件的详细信息了：

```
$ ls -l programs
total 4
-rwxr-xr-x      1 steve       DP3725         358 Jun 25 13:31 collect
-rwxr-xr-x      1 steve       DP3725        1219 Jun 25 13:31 mon
-rwxr-xr-x      1 steve       DP3725          89 Jun 25 13:30 wb
$
```

每一行的第一列中的连接号（-）指明了 `collent`、`mon` 和 `wb` 这 3 个文件是普通类型的文件，每一行的并非目录。那么你能不能看出这些文件有多大？

1.3.5　创建目录：mkdir 命令

`mkdir` 命令可用于创建目录。该命令的参数就是你要创建的目录名。举例来说，假设当前的目录结构仍和图 1.7 中的一样，你希望创建一个和目录 `documents` 和 `programs` 处于同一层级的新目录 `misc`。如果你处于主目录中，输入 `mkdir misc` 就可以实现想要的结果：

```
$ mkdir misc
$
```

如果你现在执行 `ls`，就会看到新创建的目录：

```
$ ls
documents
misc
programs
$
```

现在的目录结构如图 1.8 所示。

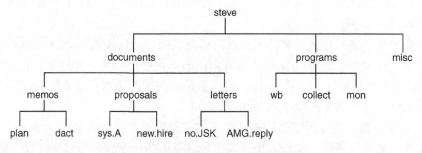

图 1.8　包含新目录 misc 的目录结构

1.3.6　在目录之间复制文件

`cp` 命令可以用来在目录间复制文件。例如，你可以将 `programs` 目录下的文件 `wb` 复制到 `misc` 目录下的文件 `wbx`：

```
$ cp programs/wb misc/wbx
$
```

因为两个文件在不同的目录中，就算名字相同也没有问题：

```
$ cp programs/wb misc/wb
$
```

如果目标文件打算采用和源文件相同的名字（显然是在不同的目录中），只需要指定目标目录作为第二个参数就行了：

```
$ cp programs/wb misc
$
```

在执行这个命令时，UNIX 系统会发现第二个参数只是一个目录，于是就会将源文件复制到该目录中。新的文件和源文件采用一样的名字。

你可以一次向目录中复制多个文件，只需要将多个文件名放在目标目录之前就可以了。假设你当前在 programs 目录中，执行下列命令：

```
$ cp wb collect mon ../misc
$
```

会将文件 wb、collect 和 mon 以相同的名字复制到 misc 目录中。

要想将文件从其他目录中复制到你当前所处的位置上并采用相同的名字，可以使用 "." 作为当前目录的简写：

```
$ pwd
/users/steve/misc
$ cp ../programs/collect .
$
```

上面的命令将文件 collect 从目录../programs 复制到当前目录中（/users/steve/misc）。

1.3.7 在目录间移动文件

回忆一下用来给文件更名的 mv 命令。的确，在 UNIX 系统中其实并没有 rename 命令。如果 mv 命令的两个参数指向的是不同的目录，那么文件会从第一个目录移动到第二个目录。

从主目录进入 documents 目录：

```
$ cd documents
$
```

假设 memos 目录中包含的文件 plan 是一份提议，你要把它从该目录移动到 proposals 目录中。命令如下：

```
$ mv memos/plan proposals/plan
$
```

和 cp 命令一样，如果源文件和目标文件同名，那么只需要给出目标目录即可，因此还有一种更简单的实现方式：

```
$ mv memos/plan proposals
$
```

另外也可以像 cp 命令那样把多个文件一块移动到其他目录中，只需要把待移动的文件放在目标目录之前就可以了：

```
$ pwd
/users/steve/programs
$ mv wb collect mon ../misc
$
```

这可以将文件 wb、collect 和 mon 移动到目录 misc 中。

你也可以使用 mv 命令来更改目录名。下面的命令可以将目录 programs 更名为 bin：

```
$ mv programs bin
$
```

1.3.8   文件链接：ln 命令

到目前为止，我们在讨论文件管理相关话题的时候都是假设无论在文件系统中的任何位置，特定的一组数据有且只有一个对应的文件名。UNIX 实际上要更复杂一些，它可以给相同的一组数据赋予多个文件名。

为特定文件创建多个名字的命令是 ln。

该命令的一般形式为：

ln *from to*

这样可以将文件 *from* 链接到文件 *to*。

回想一下图 1.8 中 steve 的 programs 目录的结构。在这个目录中，有一个叫做 wb 的程序。假设 steve 还想以 writeback 的名字调用该程序，显而易见的做法就是创建名为 writeback 的 wb 的副本：

```
$ cp wb writeback
$
```

这种方法的缺点在于需要占用两倍的磁盘空间。而且，如果 steve 修改了 wb，他有可能会忘记对 writeback 做出同样的修改，这样就会导致原以为相同的程序出现两个不一样的副本。这可就麻烦了，Steve！

通过将文件 wb 链接到一个新的名字上，就可以避免这些问题：

```
$ ln wb writeback
$
```

现在就不再是一个文件的两个副本了，而是一个文件，两个不同的名字：wb 和 writeback。两者在逻辑上被 UNIX 系统链接在了一起。

就你所见，看起来似乎是拥有了两个不同的文件。执行 ls 命令的话，会显示出两个独立的文件：

```
$ ls
collect
mon
wb
writeback
$
```

当使用 ls -l 的时候，事情就变得有意思了：

```
$ ls -l
total 5
-rwxr-xr-x    1 steve      DP3725        358 Jun 25 13:31 collect
-rwxr-xr-x    1 steve      DP3725       1219 Jun 25 13:31 mon
-rwxr-xr-x    2 steve      DP3725         89 Jun 25 13:30 wb
-rwxr-xr-x    2 steve      DP3725         89 Jun 25 13:30 writeback
$
```

仔细看输出信息的第二列：collect 和 mon 显示的是数字 1，而 wb 和 writeback 显示的是数 2。这个数字表示的是文件的链接数，对于没有链接的非目录文件，这个数字通常是 1。因为 wb 和 writeback 链接在了一起，所以这个数字是 2（或者更准确地说，有两个名字的文件）。

你可以随时删除这两个链接文件中的某一个，另一个并不会随之消失：

```
$ rm writeback
$ ls -l
total 4
-rwxr-xr-x    1 steve      DP3725        358 Jun 25 13:31 collect
-rwxr-xr-x    1 steve      DP3725       1219 Jun 25 13:31 mon
-rwxr-xr-x    1 steve      DP3725         89 Jun 25 13:30 wb
$
```

注意，wb 的链接数从 2 变成了 1，这是因为其中一个链接已经被删除了。

ln 命令在大多数时候都是用来使某个文件同时出现在多个目录中。举例来说，假设 pat 想要访问 steve 的 wb 程序。这并不需要为 pat 制作一份该程序的副本（会导致先前提到过的数据同步问题），也不用将 steve 的 programs 目录纳入 pat 的 PATH 环境变量中（这样做存在安全风险，我们会在第 10 章讨论这个话题），只需简单地将该文件链接到自己的程序目录中就行了：

```
$ pwd
/users/pat/bin                          pat 用来存放程序的目录
$ ls -l
total 4
-rwxr-xr-x    1 pat       DP3822      1358 Jan 15 11:01 lcat
-rwxr-xr-x    1 pat       DP3822       504 Apr 21 18:30 xtr
$ ln /users/steve/wb .                  将 wb 链接到 pat 的 bin 目录
$ ls -l
total 5
-rwxr-xr-x    1 pat       DP3822      1358 Jan 15 11:01 lcat
-rwxr-xr-x    2 steve     DP3725        89 Jun 25 13:30 wb
-rwxr-xr-x    1 pat       DP3822       504 Apr 21 18:30 xtr
$
```

注意，steve 仍然是文件 wb 的属主，就算是查看 pat 的目录内容也是如此。这不是没道理的，因为该文件的确只有一份，其属主就是 steve。

在链接文件的过程中，唯一的要求就是：对于普通的链接，被链接的文件必须与链接文件处在同一个文件系统中。如果不是这样的话，ln 命令在进行链接的时候会报错（可以使用 df 命令来确定系统中都有哪些不同的文件系统。输出的每一行的第一个字段就是文件系统的名称）。

要想在不同文件系统（或是不同的网络互联系统）的文件之间创建链接，可以使用 ln 命令的-s 选项。这样创建出来的叫做符号链接。符号链接用起来和普通链接差不多，除了符号链接指向的是原始文件。因此，如果原始文件被删除的话，符号链接就无效了。

让我们来看看在上个例子中使用符号链接的话会怎样：

```
$ rm wb
$ ls -l
total 4
-rwxr-xr-x    1 pat       DP3822      1358 Jan 15 11:01 lcat
-rwxr-xr-x    1 pat       DP3822       504 Apr 21 18:30 xtr
$ ln -s /users/steve/wb ./symwb              wb 的符号链接
$ ls -l
total 5
-rwxr-xr-x    1 pat       DP3822      1358 Jan 15 11:01 lcat
lrwxr-xr-x    1 pat       DP3822        15 Jul 20 15:22 symwb -> /users/steve/wb
-rwxr-xr-x    1 pat       DP3822       504 Apr 21 18:30 xtr
$
```

注意，文件 symwb 的属主是 pat，文件类型是 ls 输出的第一个字符，也就是 l，这表明该文件是一个符号链接。这个符号链接的大小是 15（文件内容其实就是字符串/users/steve/wb），但如果我们访问文件内容的话，看到的会是所链接到的那个文件的内容，也就是/users/steve/wb：

```
$ wc symwb
       5         9          89 symwb
$
```

可以使用 ls 命令的-L 和-l 选项获得符号链接所指向文件的详细信息：

```
$ ls -Ll
total 5
-rwxr-xr-x    1 pat       DP3822      1358 Jan 15 11:01 lcat
-rwxr-xr-x    2 steve     DP3725        89 Jun 25 13:30 wb
-rwxr-xr-x    1 pat       DP3822       504 Apr 21 18:30 xtr
$
```

删除符号链接所指向的文件会使得符号链接失效（因为符号链接是通过文件名来维护的），但符号链接本身不会被删除：

```
$ rm /users/steve/wb          假设 pat 能够删除该文件
$ ls -l
total 5
-rwxr-xr-x    1 pat       DP3822      1358 Jan 15 11:01 lcat
lrwxr-xr-x    1 pat       DP3822        15 Jul 20 15:22 wb -> /users/steve/wb
-rwxr-xr-x    1 pat       DP3822       504 Apr 21 18:30 xtr
$ wc wb
Cannot open wb: No such file or directory
$
```

这种类型的文件叫做悬挂符号链接（dangling symbolic link），应该将其删除，除非你有什么特别的理由保留这类文件（例如，你打算替换被删除的文件）。

最后要留意的一件事：ln 命令采用的格式和 cp 及 mv 一样，这意味着你可以为特定目标目录中的多个文件创建链接。

```
ln files directory
```

1.3.9 删除目录：rmdir 命令

rmdir 命令可以用来删除目录。如果指定的目录中包含任何文件和子目录，rmdir 不会继续进行处理，这样就避免了误删文件的可能。

要删除目录/users/pat，可以这样做：

```
$ rmdir /users/pat
rmdir: pat: Directory not empty
$
```

操作错误！让我们来删除之前创建的 misc 目录：

```
$ rmdir /users/steve/misc
$
```

还是老样子，上面的命令只有在 misc 目录中不包含文件或其他子目录的时候才执行，否则的话，还是会出现和刚才相同的错误：

```
$ rmdir /users/steve/misc
rmdir: /users/steve/misc: Directory not empty
$
```

如果你还是想删除 misc 目录，那么在重新使用 rmdir 命令之前必须删除目录中包含的所有文件。

还有另外一种删除目录及其内容的方法：使用 rm 命令的 -r 选项。命令格式很简单：

```
rm -r dir
```

dir 是要删除的目录名称。rm 命令会删除指定的目录以及其中的所有文件（包括目录），因此在使用这条强力命令的时候可得小心。

想试试全速操作？ -f 选项能够强制执行操作，不再逐条命令发出提示。如果粗心大意的话，这会把你的系统彻底搞砸，因此很多管理员干脆根本不用 rm -rf！

1.4   文件名替换

1.4.1   星号

在 UNIX 系统中，Shell 拥有一个强大的特性：文件名替换。假设你的当前目录下有以下文件：

```
$ ls
chapt1
chapt2
chapt3
chapt4
$
```

如果你想同时显示这些文件的内容的话，很简单：cat 命令能够显示出在命令行中所指定的多个文件的内容。就像这样：

```
$ cat chapt1 chapt2 chapt3 chapt4
   ...
$
```

但是这种方法太麻烦了。你可以借助于文件名替换，只需要简单地输入：

```
$ cat *
   ...
$
```

Shell 会自动将模式 * 替换成当前目录下能够匹配到的所有文件名。如果你在其他命令中使用 *，相同的替换过程一样会发生。那么 echo 命令呢？

```
$ echo *
chapt1 chapt2 chapt3 chapt4
$
```

在这里，* 又一次被替换成当前目录中的所有文件名，然后用 echo 命令显示出了这些文件名。

命令行中只要是 * 出现的地方，Shell 都会进行替换：

```
$ echo * : *
chapt1 chapt2 chapt3 chapt4 : chapt1 chapt2 chapt3 chapt4
$
```

* 能够实现部分文件替换功能，它实际上还可以与其他字符配合使用，以限制所能够匹配到的文件名范围。

举例来说，假设在当前目录下不仅有 chapt1～chapt4 这些文件，还包括文件 a、b 和 c：

```
$ ls
a
b
c
chapt1
chapt2
chapt3
chapt4
$
```

要想只显示出以 chap 开头的文件，可以输入：

```
$ cat chap*
      .
      .
      .
$
```

chap * 能够匹配以 chap 开头的所有文件。在指定的命令被调用之前，这些文件名替换就已经完成了。

* 并不仅限于放在文件名尾部，它还可以出现在开头或中间的位置：

```
$ echo *t1
chapt1
$ echo *t*
chapt1 chapt2 chapt3 chapt4
$ echo *x
*x
$
```

在第一个 echo 中，*t1 指定了所有以字符 t1 作为结尾的文件名。在第二个 echo 中，首个*能够匹配 t 字符之前的任意多个字符，另一个*匹配 t 之后的任意多个字符，因此，只要包含 t 的文件名，就会被打印出来。因为没有以 x 作为结尾的文件名，所以最后一个例子中并没有发生替换，echo 命令也就只是显示出了*x。

1.4.2 匹配单个字符

星号（*）能够匹配零个或多个字符，也就是说，x*能够匹配文件 x，也能够匹配 x1、x2、xabc 等。问号（?）仅能够匹配单个字符。因此 cat ?能够显示出所有文件名中只有单个字符的文件，而 cat x?则会显示出文件名长度为两个字符且第一个字符是 x 的所有文件。我们再一次用 echo 来演示这种匹配行为：

```
$ ls
a
aa
aax
alice
b
bb
c
cc
report1
report2
report3
$ echo ?
a b c
$ echo a?
aa
$ echo ??
aa bb cc
$ echo ??*
aa aax alice bb cc report1 report2 report3
$
```

在上面的例子中，??匹配两个字符，*匹配余下的零个或多个字符，其效果就是找出所有文件名长度至少为两个字符的文件。

另一种匹配单个字符的方法是在中括号[]中给出待匹配的字符列表。例如，[abc]能够匹配字符 a、b 或 c。这类似于?，但是允许你选择具体要匹配哪些字符。

你可以使用破折号指定一个字符的逻辑范围，这可是太方便了！例如，[0-9]能够匹配字符 0~9。在指定字符范围的时候，唯一的限制就是第一个字符在字母表上必须位于最后一个字符之前，因此[z-f]并不是一个有效的字符范围，而[f-z]就没有问题。

可以通过配合使用字符范围以及字符列表来实现复杂的替换。例如，[a-np-z]*能够匹配以字母 a~n 或者 p~z 开头的所有文件（或者说得再简单些，就是不以小写字母 o 开头的文件）。

如果[之后的第一个字符是!，那么所匹配的内容正好相反。也就是说，匹配中括号内容之外的任意字符。因此：

```
[!a-z]
```

能够匹配小写字母以外的任意字符，另外：

```
*[!o]
```

能够匹配不以小写字母 o 结尾的那些文件。

表 1.1 给出了文件名替换的另外一些例子。

表 1.1　文件名替换示例

命令	描述
echo a*	打印出以 a 开头的文件名
cat *.c	打印出以.c 结尾的所有文件的内容
rm *.*	删除包含点号的所有文件
ls x*	列出以 x 开头的所有文件
rm *	删除当前目录下的所有文件（执行该命令的时候务必小心）
echo a*b	打印出以 a 开头且以 b 结尾的所有文件名
cp ../programs/* .	将../programs 中的所有文件复制到当前目录中
ls [a-z]*[!0-9]	列出以小写字母开头且不以数字结尾的所有文件

1.5　文件名中不易察觉的部分

1.5.1　文件名中的空格

我们当前对于命令行和文件名的讨论并不完整，因为尚未谈及 UNIX 老用户的困扰以及 Linux、Windows 及 Mac 用户天天都要碰到的东西：文件名中的空格。

因为 Shell 使用空格作为单词之间的分隔符，这样一来，问题就出现了。也就是说，echo hi mom 会被解析成调用 echo 命令，命令参数为 hi 和 mom。

现在想象你有一个叫做 my test document 的文件。你该如何在命令行中引用该文件？该如何使用 cat 命令查看或显示？

```
$ cat my test document
cat: my: No such file or directory
cat: test: No such file or directory
cat: document: No such file or directory
```

这样子肯定不行。为什么？因为 cat 需要指定文件名，而在这里它看到的不是一个文件名，而是 3 个：my、test 和 document。

有两种标准的解决方法：使用反斜杠将所有的空格进行转义，或者将整个文件名放在引号中，让 Shell 知道这是一个包含了空格的单词，并非多个单词。

```
$ cat "my test document"
This is a test document and is full
of scintillating information to edify
and amaze.
$ cat my\ test\ document
This is a test document and is full
of scintillating information to edify
and amaze.
```

这样就没问题了，了解这一点非常重要，因为你所打交道的文件系统中很可能有很多包含了空格的目录和文件名称。

1.5.2 其他怪异的字符

尽管空格可能是文件名中最麻烦、也是最烦人的特殊字符，但偶尔你会发现还有其他一些字符也能把你在命令行上的工作搞砸。

例如，你该如何处理包含问号的文件名？在下一节中，你会知道字符"?"对于 Shell 具有特殊含义。大多数的现代 Shell 都能够聪明地避免歧义，但仍需要引用文件名或使用反斜杠指明文件名中的特殊字符：

```
$ ls -l who\ me\?
-rw-r--r--  1 taylor staff 0 Dec 4 10:18 who me?
```

当文件名中包含反斜杠和问号的时候，事情才变得真正有意思起来，这种情况是不可避免的，尤其是对于那些由 Liunx 或 Mac 系统中的图像化工具所创建的文件。有什么技巧吗？将包含双引号的文件名放到单引号中，反之亦然。就像这样：

```
$ ls -l "don't quote me" 'She said "yes"'
-rw-r--r--  1 taylor staff 0 Dec 4 10:18 don't quote me
-rw-r--r--  1 taylor staff 0 Dec 4 10:19 She said "yes"
```

这个话题我们随后还会谈及，但对于那些由包含空格或其他非标准字符的目录或文件所引发的问题，你现在已经知道了该如何避免。

1.6 标准输入/输出和 I/O 重定向

1.6.1 标准输入和标准输出

大多数 UNIX 系统命令都是从屏幕中获得输入，然后将输出结果发送回屏幕。在 UNIX 行话中，屏幕通常叫做终端，这一称谓可以追溯到计算机时代的初期。如今，它更多指的是运行在图形化环境（Linux 窗口管理器、Windows 系统或 Mac 系统）中的终端程序。

命令通常从标准输入（默认是计算机键盘）中读取输入。这是一种表明键入信息的不错方法。与此类似，命令通常将输出写入标准输出，这可以是终端或者终端程序（默认）。图 1.9 中描述了这种概念。

图 1.9　典型的 UNIX 命令

举一个例子，回忆一下，在执行 who 命令的时候会显示出当前已登录的所有用户。说得更正式一些，who 命令会将已登录的用户列表写入标准输出，如图 1.10 所示。

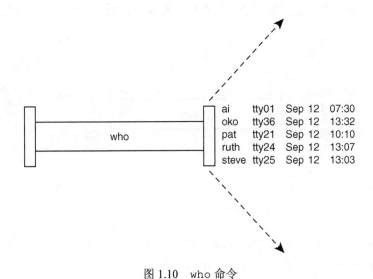

图 1.10　who 命令

UNIX 命令可以使用文件或上一条命令的输出作为其输入，也可以将其输出发送给另一条命令或其他程序。这个概念极其重要，它不仅有助于理解命令行的威力，另外还解释了为什么即便在有图形化界面可用的情况下还要去记忆各种命令。

不过在这之前，先考虑一种情况：如果在调用 sort 命令的时候没有指定文件名参数，那么该命令会从标准输入中获得命令输入。和标准输出一样，默认对应的是终端（或键盘）。

如果采用这种方式输入，必须在完成最后一行输入后指定文件结尾序列（end-of-file sequence），按照 UNIX 的惯例，这指的是 Ctrl+d，即同时按下 Control 键（视所使用的键盘不同，也可以是 Ctrl 键）和 d 键所产生的序列。

让我们使用 sort 命令对下面 4 个名字进行排序：Tony、Barbara、Harry 和 Dirk。用不着先把名字放到文件中，我们可以直接在终端中输入：

```
$ sort
Tony
Barbara
Harry
Dirk
Ctrl+d
Barbara
Dirk
Harry
Tony
$
```

因为没有在 sort 命令指定文件名，所以就直接从标准输入（终端）中获得输入了。键入第 4 个名字之后，按下 **Ctrl** 键和 **d** 键表明数据输入完毕。这时，sort 命令就会对这 4 个名字进行排序，将排序结果显示在标准输出设备（也就是终端）上，如图 1.11 所示。

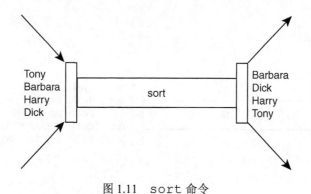

图 1.11   sort 命令

wc 命令是能够从标准输入中获得输入的另一个例子（如果没有在命令行中指定文件名）。在下面的例子中统计了从终端中所输入文本的行数：

```
$ wc -l
This is text that
is typed on the
standard input device.
Ctrl+d
     3
$
```

注意，wc 命令不会将用于结束输入的 Ctrl+d 视为单独的一行，因为这并不是由它处理的，而是 Shell 负责解释。由于指定了 wc 命令的 -l 选项，因此该命令只输出了总行数（3）。

1.6.2   输出重定向

很容易就可以将发送到标准输出的命令输出转移到文件中。这种能力叫做输出重定向，也是理解 UNIX 强大功能必不可少的一环。

如果将> *file* 放置在能够将输出写入到标准输出上的命令之后，那么该命令的输出就会被写入到文件 *file* 中：

```
$ who > users
$
```

上面的命令使得 who 的输出结果被写入到文件 users 中。注意，这不会有任何输出内容出现，因为输出已经从默认的标准输出设备（终端）重定向到了指定的文件中。我们不妨验证一下：

```
$ cat users
oko   tty01 Sep 12 07:30
ai    tty15 Sep 12 13:32
ruth  tty21 Sep 12 10:10
pat   tty24 Sep 12 13:07
steve tty25 Sep 12 13:03
$
```

如果命令的输出被重定向到某个文件，而这个文件中之前已经有内容存在，那么这些已有内容会被重写。

```
$ echo line 1 > users
$ cat users
line 1
$
```

现在考虑下面的例子，别忘了 users 中包含着之前 who 命令的输出：

```
$ echo line 2 >> users
$ cat users
line 1
line 2
$
```

如果你留心的话，会注意到本例中的 echo 命令使用了由字符>>表示的另一种类型的输出重定向。这组字符使得命令的标准输出内容被追加到指定文件的现有内容之后。文件中先前的内容并不会丢失，新的输出只不过被添加到了尾部而已。

借助于重定向符号>>，你可以使用 cat 将一个文件的内容追加到另一个文件之后：

```
$ cat file1
This is in file1.
$ cat file2
This is in file2.
$ cat file1 >> file2          将 file1 的内容追加到 file2 之后
$ cat file2
This is in file2.
This is in file1.
$
```

之前说过，如果给 cat 命令指定多个文件名，那么这些文件的内容会先后被显示出来。这意味着还有另外一种做法可以实现同样的效果：

```
$ cat file1
This is in file1.
$ cat file2
This is in file2.
$ cat file1 file2
This is in file1.
This is in file2.
$ cat file1 file2 > file3                        使用重定向
$ cat file3
This is in file1.
This is in file2.
$
```

实际上，cat 命令的名字正是得自于此：当用于多个文件时，其效果就是将这些文件连接（concatenate）在一起。

1.6.3　输入重定向

正如命令的输出可以被重定向到文件中，文件也可以被重定向到命令的输入中。大于号>作为输出重定向符号，而小于号<则作为输入重定向符号。当然，只有那些从标准输入中接收输入的命令才能够使用这种方法将文件重定向到其输入中。

要想重定向输入，需要将作为输入内容的文件名放在<之后。举例来说，命令 wc -l users 可以统计出文件 users 中的行数：

```
$ wc -l users
      2 users
$
```

你也可以通过重定向 wc 命令的标准输入来完成同样的任务：

```
$ wc -l < users
      2
$
```

注意，wc 命令的这两种不同的形式所产生的输出并不一样。在前一个输出中，文件 users 的名字是和文件行数一同出现的，而在后一个输出中，并没有出现文件名。

这一点反映出了两个命令在执行上的细微差异。在第一个例子中，wc 知道自己是从文件 users 中读取输入。在第二个例子中，它只看到了通过标准输入传来的原始数据。Shell 将输入从终端重定向到了文件 users（下一章还有更多的相关讨论）。就 wc 而言，因为它不知道自己的输入到底是来自终端还是文件，所以也就没办法输出文件名了！

1.7　管道

之前创建的文件 users 中包含了当前已登录系统的用户列表。因为每一行对应着一个已登录的用户，所以可以通过统计文件行数很容易知道有多少个登录会话：

```
$ who > users
$ wc -l < users
      5
$
```

输出表明当前有 5 位用户已经登录，或者说有 5 个登录会话，其区别在于用户（尤其是管理员）经常多次登录。以后只要你想知道有多少用户登录，都可以使用上面的命令。

另一种确定登录用户的方法可以避免使用中间文件。之前提到过，UNIX 能够将两个命令"连接"在一起。这种连接叫做管道，它可以将一个命令的输出直接作为另一个命令的输入。管道使用字符|表示，被放置在两个命令之间。要想在 who 和 wc -l 之间创建一个管道，可以输入 who | wc -l：

```
$ who | wc -l
      5
$
```

创建出的管道如图 1.12 所示。

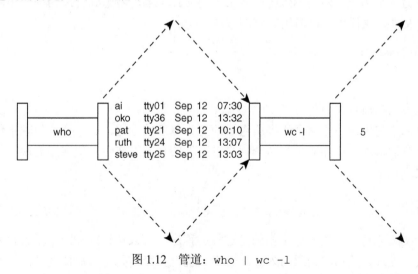

图 1.12　管道：who | wc -l

在命令之间建立好管道之后，第一个命令的标准输出就被直接连接到第二个命令的标准输入。who 命令会将已登录用户的列表写入标准输出。而且，如果没有为 wc 命令指定文件名参数的话，该命令会从标准输入中接收输入。因此，作为 who 命令输出的已登录用户列表就自动成为了 wc 命令的输入。要注意的是，在终端上是绝对看不到 who 命令的输出的，因为它直接通过管道进入了 wc 命令。管道的处理过程如图 1.13 所示。

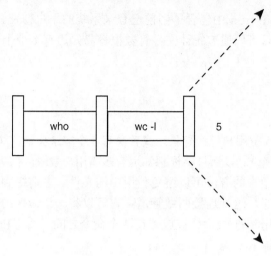

图 1.13   管道的处理过程

管道可以在任意两个程序之间创建，前提是第一个程序会将输出写入到标准输出，第二个程序会从标准输入中读取输入。

再看另一个例子，假设你想统计目录中的文件个数。考虑到 ls 命令输出的每行都对应一个文件，这样就可以借用之前的方法：

```
$ ls | wc -l
    10
$
```

输出表明当前目录中包含了 10 个文件。

也可以创建出由不止两个程序所组成的更为复杂的管道，一个程序的输出依次作为下一个命令的输入。在你成长为命令行"老手"的路上，你会发现很多展现了管道强大威力的地方。

过滤器

在 UNIX 术语中，过滤器常指的是这样的程序：可以从标准输入中接收输入，对输入数据进行处理，然后将结果写入标准输出。说得再简洁些，过滤器就是能够用来在管道中修改其他程序输出的程序。因此，在上个例子的管道里，wc 就是过滤器。因为 ls 并没有从标准输入中读取输入，所以并不是过滤器。另外，如 cat 和 sort 都可以作为过滤器，而 who、date、cd、pwd、echo、rm、mv 及 cp 就算不上了。

1.8 标准错误

除了标准输入和标准输出，还有第 3 种虚拟设备：标准错误。绝大多数 UNIX 命令会将其错误信息写入到这里。和其他两个"标准"位置一样，标准错误默认是同终端或终端应用程序相关联的。在绝大多数情况下，你无法分辨标准输出和标准错误之间的差别：

```
$ ls n*                              列出所有以 n 开头的文件
n* not found
$
```

这里的"not found"消息实际上就是由 ls 命令写入到标准错误的。你可以通过重定向 ls 命令的输出来验证该消息的确没有输出到标准输出：

```
$ ls n* > foo
n* not found
$
```

你可以看到，即便是做了标准输出重定向，这条消息依然出现在了终端，并没有被添加到文件 foo 中。

上面的例子揭示了标准错误存在的原因：即便是标准输出被重定向到了文件中或通过管道导向了其他命令，错误消息依然能够显示在终端中。

你也可以使用一种略微复杂的形式将标准错误重定向到文件中（假如你想在长期的操作过程中记录程序可能出现的错误）：

```
command 2> file
```

注意，2 和>之间可没有空格。所有正常情况下应该进入标准错误的错误信息都会被转入 *file* 所指定的文件中，类似于标准输出重定向。

```
$ ls n* 2> errors
$ cat errors
n* not found
$
```

1.9 命令后话

1.9.1 在一行中输入多个命令

如果想在一行中输入多个命令，只需要使用分号作为命令之间的分隔符就行了。举例来说，你可以在同一行中输入 date 和 pwd 命令来显示出当前时间及当前工作目录：

```
$ date; pwd
Sat Jul 20 14:43:25 EDT 2002
/users/pat/bin
$
```

你可以在一行中写入任意数量的命令，只要每个命令之间使用分号分隔就可以了。

1.9.2   向后台发送命令

在正常情况下，输入命令后需要等待命令结果显示在终端中。就目前碰到的所有例子而言，等待的时间都很短，连一秒钟都不到。

但有时候，你需要运行的多个命令得花上几分钟甚至更长的时间才能结束。在这种情况下，除非你将命令放入后台执行，否则在继续往下处理之前，你只能等着这些命令执行完毕。

结果看起来就好像 UNIX 或 Linux 系统将注意力完全放在了当前的操作上，但这些系统实际上具备多任务能力，可以同时运行多个命令。如果你用的是 Ubuntu 系统，其中的窗口管理器、时钟、状态监视器及终端窗口都是同时在运行的。你同样可以在命令行上同时运行多个命令。这就是将命令"放入后台"的含义，让你可以同其他任务一同工作。

将命令或命令序列放入后台运行的写法是在命令尾部加上字符&。这表示该命令不再和终端绑定在一起，你可以继续其他工作。后台命令的标准输出仍会被导向终端，不过在大多数情况下，标准输入不会再和终端相关联。如果命令试图从标准输入中读取，它将停止运行，等待被带回前台（我们会在第 14 章"交互式与非标准 Shell 特性"中对此详述）。

下面是一个例子：

```
$ sort bigdata > out &        将 sort 命令放入后台
[1] 1258                      进程 id
$ date                        终端随即就可以供其他工作使用了
Sat Jul 20 14:45:09 EDT 2002
$
```

当命令被放入后台后，UNIX 系统会自动显示出两个数字。第一个是命令的作业号（job number），第二个是进程 ID（process ID），也称为 PID。在刚才的例子中，作业号是 1，进程 ID 是 1258。作业号可以供某些 Shell 命令作为一种引用特定后台作业的便捷方式（你会在第 14 章学到更多的相关内容）。进程 ID 唯一地标识了后台命令，可用于获取该命令的状态信息。这些信息可以通过 ps 命令来得到。

1.9.3   ps 命令

ps 命令能够给出系统中所运行进程的信息。如果不使用任何选项的话，该命令只会打印出你所拥有的进程状态。在终端中输入 ps，会得到几行描述运行进程的信息：

```
$ ps
    PID TTY           TIME CMD
 13463 pts/16    00:00:09 bash
 19880 pts/16    00:00:00 ps
$
```

ps 命令会打印出 4 列信息（视系统而定）：PID（进程 ID）；TTY（进程所在的终端号）；TIME（以分秒计算的进程所使用的计算机时间）；CMD（进程名称）。（上例中的 bash 进程是登录时所启动的 Shell，它使用了 9 秒钟的计算机时间。）在该命令结束之前，它在输出中都显示为一个运行的进程，因此上例中的进程 19880 就是 ps 命令本身。

如果配合-f 选项，ps 会打印出更多的进程信息，包括父进程 ID（PPID）、进程开始时间（STIME）及其他命令参数：

```
$ ps -f
UID        PID   PPID  C STIME TTY         TIME CMD
Steve    13463  13355  0 12:12 pts/16  00:00:09 bash
Steve    19884  13463  0 13:39 pts/16  00:00:00 ps -f
$
```

1.10　命令总结

表 1.2 总结了本章介绍过的命令。在表 1.2 中，*file* 指的是单个文件，*file(s)* 指的是一个或多个文件，*dir* 指的是单个目录，*dir(s)* 指的是一个或多个目录。

表 1.2　命令总结

命令	描述
cat *file(s)*	显示一个或多个文件的内容，如果没有提供参数的话，则显示标准输入内容
cd *dir*	将当前工作目录更改为 *dir*
cp *file₁ file₂*	将 $file_1$ 复制到 $file_2$
cp *file(s) dir*	将一个或多个文件复制到 *dir* 中
date	显示日期和时间
echo *args*	显示给出的一个或多个参数
ln *file₁ file₂*	将 $file_1$ 链接到 $file_2$
ln *file(s) dir*	将一个或多个文件链接到 *dir*
ls *file(s)*	列出一个或多个文件
ls *dir(s)*	列出一个或多个目录中的文件，如果没有指定目录，则列出当前目录中的文件
mkdir *dir(s)*	创建一个或多个指定的目录
mv *file₁ file₂*	移动 $file_1$ 并将其重命名为 $file_2$（如果均处于相同目录下，则仅执行重命名操作）

续表

命令	描述
mv *file(s) dir*	将一个或多个文件移动到指定目录 *dir* 中
ps	列出活动进程的信息
pwd	显示出当前工作目录的路径
rm *file(s)*	删除一个或多个文件
rmdir *dir(s)*	删除一个或多个空目录
sort *file(s)*	将一个或多个文件中的行进行排序，如果没有指定文件，则对标准输入内容进行排序
wc *file(s)*	统计一个或多个文件中的行数、单词数和字符数，如果没有指定文件的话，则统计标准输入中的内容
who	显示出已登录的用户

第 2 章
什么是 Shell

在本章中，你将学习到什么是 UNIX 的 Shell，Shell 能够做什么，以及为什么说它是每个高级用户工具箱中不可或缺的一部分。

2.1　内核和实用工具

UNIX 系统在逻辑上被划分为两个不同的部分：内核和实用工具（Utility），如图 2.1 所示。或者你也可以认为是内核和其他部分，通常来说，所有的访问都要经由 Shell。

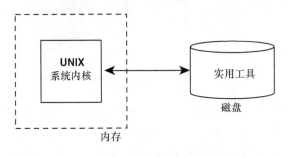

图 2.1　UNIX 系统

内核是 UNIX 系统的核心所在，当打开计算机并启动（booted）之后，内核就位于计算机的内存中，直到关机为止。

组成完整的 UNIX 系统的各种实用工具位于计算机磁盘中，在需要的时候会被加载到内存中并执行。实际上你所知道的所有 UNIX 命令都是实用工具，因此这些命令所对应的程序也都在磁盘上，仅在需要时才会被载入内存。举例来说，当你执行 date 命令时，UNIX 系统会将名为 date 的程序从磁盘上载入到内存中，读取其代码来执行特定的操作。

Shell 也是一个实用工具程序，它作为登录过程的一部分被载入到内存中执行。实际上，有必要了解当终端或终端窗口中的第一个 Shell 启动时所发生的一系列事件。

2.2   登录 Shell

在早期，终端是一个物理设备，通过线缆连接到安装了 UNIX 系统的硬件上。而如今，终端程序能够让你停留在 Linux、Mac 或 Windows 环境内部，在受控窗口（managed window）中同网络上的设备交互。通常来说，你会启动如 Terminal 或 xterm 这类程序，然后在需要的时候利用 ssh、telnet 或 rlogin 连接到远程系统。

对于系统上的每个物理终端，都会激活一个叫作 getty 的程序，如图 2.2 所示。

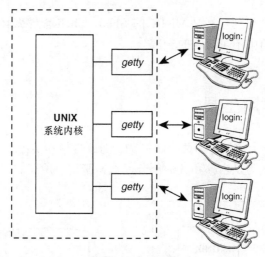

图 2.2   getty 进程

只要系统允许用户登录，UNIX 系统（更准确地说，应该是叫作 init 的程序）就会在每个终端端口自动启动一个 getty 程序。getty 是一个设备驱动程序，能够让 login 程序在其所分配的终端上显示 login:，等待用户输入内容。

如果你是通过 ssh 这类程序来连接的，会分配到一个伪终端或伪 tty。这就是为什么在输入 who 命令时会看到有类似于 ptty3 或 pty1 这样的条目。

在这两种情况下，会有程序读取账户和密码信息，对这些信息进行验证，如果没有问题的话，就调用登录所需的登录程序。

只要输入相应字符并敲下 Enter 键，login 程序就完成了登录过程（见图 2.3）。

当 login 开始执行时，它会在终端上显示字符串 Password:，然后等待用户输入密码。完成输入并按下 Enter 键后（出于安全性的考虑，你在屏幕上看不到输入的内容），login 会比对文件/etc/passwd 中相应的条目来验证登录名和密码。每个用户在该文件中都有对应的条目，其中包括了登录名、主目录以及用户登录后要启动的程序。最后一部分信息（登录 Shell）存储在每行最后一个冒号之后。如果这个冒号后面没有内容，则默认使用标准 Shell，即 /bin/sh。

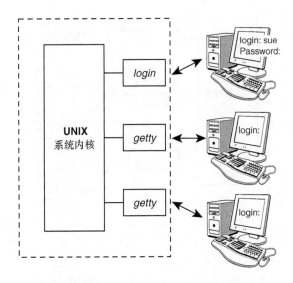

图 2.3 用户 sue 终端上启动的 login

如果是通过终端程序登录，数据交换也许会涉及系统上的程序（如 ssh）和服务器上的程序（如 sshd），要是你在自己的 UNIX 计算机上打开了窗口，可能不需要再次输入密码就能够立刻登入。非常方便！

把话题转回密码文件。下面 3 行展示了 /etc/passwd 文件内容的典型形式，对应着系统用户：sue、pat 和 bob。

```
sue:*:15:47::/users/sue:
pat:*:99:7::/users/pat:/bin/ksh
bob:*:13:100::/users/data:/users/data/bin/data_entry
```

待 login 将所输入密码的加密形式与特定账户保存在 /etc/shadow 中的加密形式进行比对之后，如果没有问题，它会检查要执行的登录程序的名称。在绝大多数情况下，这个登录程序会是 /bin/sh、/bin/ksh 或 /bin/bash。在少数情况下，可能会是一个特殊的定制程序或者 /bin/nologin，后者用于不能进行交互式访问的账户（常用于文件所有权管理）。其背后的理念就是你可以为登录账户进行设置，使其登录到系统之后能够自动运行指定的程序。大多数时候指定的程序都是 Shell，毕竟它是一种通用的实用工具，不过这并非是唯一的选择。

来看用户 sue。一旦该用户通过验证，login 会结束掉自身，将控制权转交给 sue 的终端连接，该连接与标准 Shell 相连，然后 login 就从内存中消失了（见图 2.4）。

按照之前 /etc/passwd 文件中显示的其他条目，pat 得到的是存储在 /bin 下的 ksh（这是 Korn Shell），bob 得到的是一个名为 data_entry 的指定程序（见图 2.5）。

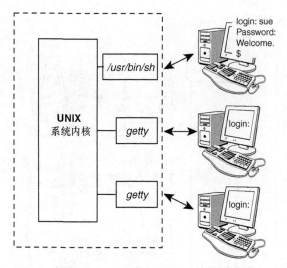

图 2.4　`login` 执行 `/usr/bin/sh`

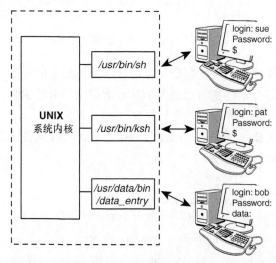

图 2.5　3 个登录的用户

　　之前提到过，`init` 程序会针对网络连接运行类似于 `getty` 的程序。例如，`sshd`、`telnetd` 和 `rlogind` 会响应来自 `ssh`、`telnet` 和 `rlogin` 的连接请求。这些程序并没有直接和特定的物理终端或调制解调器线路联系在一起，而是将用户的 Shell 连接到伪终端上。你可以在 X Window 系统的窗口中或使用 `who` 命令查看是否已经通过网络或联网的终端连接登录到了系统中：

```
$ who
phw        pts/0    Jul 20 17:37                使用 rlogin 登录
$
```

2.3　在 Shell 中输入命令

当 Shell 启动时，它会在终端中显示出一个命令行提示符，通常是美元符$，然后等待用户输入命令（图 2.6 中的第 1 步和第 2 步）。每次输入命令并按 Enter 键（第 3 步），Shell 就会分析输入的内容，然后执行所请求的操作（第 4 步）。

如果你要求 Shell 调用某个程序，Shell 会搜索磁盘，查找环境变量 PATH 中指定的所有目录，直到找到指定的程序。找到了该程序后，Shell 会将自己复制一份（称为子Shell），让内核使用指定的程序替换这个子 Shell，接着登录 Shell 就会"休眠"，等待被调用的程序执行完毕（第 5 步）。内核将指定程序复制到内存中并开始执行。这个复制过来的程序称为进程。程序和进程之间是有区别的，前者是保存在磁盘上的文件，而后者位于内存中并被逐行执行。

如果程序将输出写入到标准输出中，那么输出内容会出现在终端里，除非你将其重定向或通过管道导向其他命令。与此类似，如果程序从标准输入中读取输入，那么它会等着你输入内容，除非输入被重定向到了另一个文件或通过管道从其他命令导入（第 6 步）。

当命令执行完毕后，就会从内存中消失，控制权再次交给登录 Shell，它会提示你输入下一条命令（第 7 步和第 8 步）。

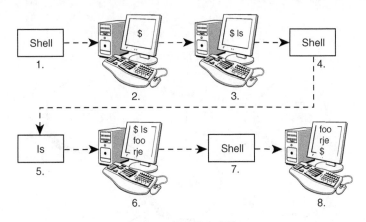

图 2.6　命令执行周期

注意，只要你没有登出系统，这个周期就会周而复始下去。如果登出系统，Shell 就会终止执行，系统将会启动一个新的 getty（或者 rlogind 等）并等待其他用户登入，如图 2.7 所示。

重要的是要认识到 Shell 就是一个程序而已。它在系统中没有什么特权，也就是说，只要有足够的专业技术和热情，任何人都可以创建自己的 Shell。这就是为什么如今会有这么多不同风格的 Shell，其中包括由 Stephen Bourne 开发的古老的 Bourne Shell、由 David

Korn 开发的 KornShell、主要用于 Linux 系统的 Bourne again Shell 以及由 Bill Joy 开发的 C Shell。这些 Shell 都旨在应对特定的需求,各自都有自己独特的功能和特色。

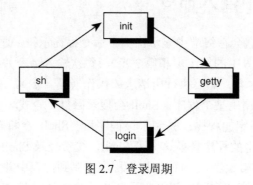

图 2.7　登录周期

2.4　Shell 的职责

现在你知道了 Shell 会分析(用计算机行话来说,就是解析)输入的每一行命令,然后执行指定的程序。在解析期间,文件名中的特殊字符(如*)会被扩展,就像第一章讲到的那样。

Shell 还有其他的职责,如图 2.8 所示。

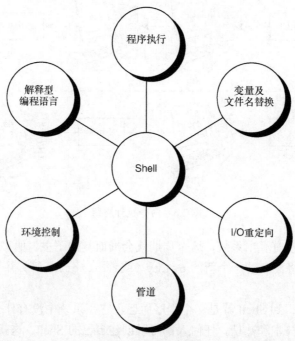

图 2.8　Shell 的职责

2.4.1　程序执行

Shell 负责执行你在终端中指定的所有程序。

每次输入一行内容，Shell 就会分析该行，然后决定执行什么操作。就 Shell 而言，每一行都遵循以下基本格式：

program-name arguments

说得更正式些，输入的这一行叫做命令行。Shell 会扫描该命令行，确定要执行的程序名称及所传入的程序参数。

Shell 使用一些特殊字符来确定程序名称及每个参数的起止。这些字符统称为空白字符（whitespace characters），它们包括空格符、水平制表符和行尾符（更正式的叫法是换行符）。连续的多个空白字符会被 Shell 忽略。如果你输入命令

```
mv    tmp/mazewars games
```

Shell 会扫描该命令行，提取行首到第一个空白字符之间的所有内容作为待执行的程序名称：mv。随后的空白字符（多余的空格）会被忽略，直到下一个空白字符之间的字符作为 mv 的第一个参数：tmp/mazewars。再到下一个空白字符（在本例中是换行符）之间的字符作为 mv 的第二个参数：games。解析完命令行之后，Shell 就开始执行 mv 命令，其中包括两个指定的参数：tmp/mazewars 和 games（见图 2.9）。

图 2.9　执行带有两个参数的 mv 命令

刚才提到过，多个空白字符会被 Shell 忽略。这意味着当 Shell 处理下面的命令行时：

```
echo        when  do    we    eat?
```

会向 echo 程序传递 4 个参数：when、do、we 和 eat?（见图 2.10）。

图 2.10　执行带有 4 个参数的 echo 命令

echo 会提取命令参数并将其显示在终端中，因此在输出的参数之间加上一个空格会使得命令输出变得更易读：

```
$ echo         when    do       we      eat?
when do we eat?
$
```

结果证明 echo 命令完全看不到这些空白字符，它们都被 Shell 给"没收"了。等到第 5 章讲引用的时候，你就知道该如何把空白字符包含到程序参数中了，不过，通常来说，去掉这些多余的空白字符正是我们想要的做法。

我们之前讲到过，Shell 会搜索磁盘，直到找到需要执行的程序为止，然后由 UNIX 内核负责程序的执行。在大多数时候，的确如此。但有些命令实际上是内建于 Shell 自身中的。这些内建命令包括 cd、pwd 和 echo。Shell 在磁盘中搜索命令之前，它首先会判断该命令是否为内建命令，如果是的话，就直接执行。

不过在调用命令之前，Shell 还有点事需要处理，因此，让我们先来讨论一下这方面的内容。

2.4.2   变量及文件名替换

和比较正式的编程语言一样，Shell 允许将值赋给变量。只要你在命令行中将某个变量放在美元符号$之后，Shell 就会将该变量替换成对应的变量值。我们会在第 4 章中详细讨论这个话题。

除此之外，Shell 还会在命令行中执行文件名替换。实际上 Shell，在确定要执行的程序及其参数之前，会扫描命令行，从中查找文件名替换字符*、?或[...]。

假设当前目录下包含这些文件：

```
$ ls
mrs.todd
prog1
shortcut
sweeney
$
```

现在让我们在 echo 命令中使用文件名替换（*）：

```
$ echo *              列出所有文件
mrs.todd prog1 shortcut Sweeney
$
```

我们给 echo 程序传入了几个参数？1 个还是 4 个？因为 Shell 会执行文件名替换，所以答案是 4 个。当 Shell 分析下列命令行时

```
echo *
```

它识别出了特殊字符*，将其替换成当前目录下的所有文件名（甚至还会将这些文件名依字母顺序排列）：

echo mrs.todd prog1 shortcut sweeney

然后 Shell 决定将哪些参数传给实际的命令。因此，echo 根本不知道星号*的存在，它只知道命令行上有 4 个参数（见图 2.11）。

图 2.11　执行 echo

2.4.3　I/O 重定向

Shell 还要负责处理输入/输出重定向。它会扫描每一个命令行，从中查找特殊的重定向字符<、>或>>（如果你觉得好奇的话，还有一个重定向序列<<，你会在第 12 章中学到相关的内容）。

如果你输入命令

echo Remember to record The Walking Dead > reminder

Shell 会识别出特殊的输出重定向字符>，然后将命令行中的下一个单词作为输出重定向所指向的文件名。在本例中，这个文件名为 reminder。如果 reminder 已经存在且用户具有写权限，那么文件中已有的内容会被覆盖掉。如果没有该文件或其所在目录的写权限，Shell 会产生错误信息。

在 Shell 执行程序之前，它会将程序的标准输出重定向到指定的文件。在大多数情况下，程序根本不知道自己的输出被重定向了。它仍照旧向标准输出中写入（这通常是终端），意识不到 Shell 已经将信息重定向到了文件中。

让我们来看两个几乎一样的命令：

```
$ wc -l users
      5 users
$ wc -l < users
      5
$
```

在第一个例子中，Shell 解析命令行，确定要执行的程序名称是 wc 并为其传入两个参数：-l 和 users（见图 2.12）。

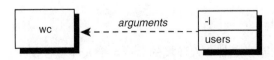

图 2.12　执行 wc -l users

当 wc 执行时，会看到传入的两个参数。第一个参数是-l，告诉它需要统计行数。第二个参数指定了待统计行数的文件。因此 wc 会打开文件 users，统计行数，然后打印出结果及对应的文件名。

第二个例子中的 wc 操作略有不同。Shell 在扫描命令行时发现了输入重定向字符<，其后的单词就被解释成从中重定向输入的文件名。从命令行中提取出了"< users"之后，Shell 就开始执行 wc 程序，将其标准输入重定向为文件 users 并传入单个参数-l（见图 2.13）。

图 2.13   执行 wc -l < users

这次当 wc 执行时，它会看到传入的单个参数-l。因为没有指定文件名，wc 会转而去统计标准输入中内容的行数。因此 wc -l 在统计行数时，并不知道它实际上是在对文件 users 进行统计。最后的显示结果和平时一样，但是缺少了文件名，因为我们并没有为 wc 指定。

要理解两条命令在执行上的不同，这一点非常重要。如果还不太清楚，那么在继续阅读之前复习一下上面的内容。

2.4.4   管道

Shell 在扫描命令行时，除了重定向符号之外还会查找管道字符|。每找到一个，就会将之前命令的标准输出连接到之后命令的标准输入，然后执行这两个命令。

如果你输入

```
who | wc -l
```

Shell 会查找分隔了命令 who 和 wc 的管道符号。它将上一个命令的标准输出连接到下一个命令的标准输入，然后执行两者。who 命令执行时会生成已登录用户列表并将结果写入标准输出，它并不知道输出内容并没有出现在终端而是进入了另一个命令。

当 wc 命令执行时，它发现并没有指定文件名，因此就对标准输入内容进行统计，并没有意识到标准输入并非来自终端，而是来自于 who 命令的输出。

随着本书内容的深入，你会看到管道中并不仅限于有两条命令，你可以在复杂的管道中将 3 条、4 条、5 条甚至更多的命令串联在一起。这多少有点不好理解，但却是 UNIX 系统强大威力的所在。

2.4.5   环境控制

Shell 提供了一些能够定制个人环境的命令。个人环境包括主目录、命令行提示符以及用于搜索待执行程序的目录列表。我们会在第 10 章中对此展开详述。

2.4.6 解释型编程语言

Shell 有自己内建的编程语言。这种语言是解释型的，也就是说，Shell 会分析所遇到的每一条语句，然后执行所发现的有效的命令。这与 C++ 及 Swift 这类编程语言不同，在这些语言中，程序语句在执行之前通常会被编译成可由机器执行的形式。

相较于编译型语言，由解释型语言所编写的程序一般要更易于调试和修改。然而，所花费的时间要比实现相同功能的编译型语言程序更长。

Shell 编程语言提供了可在大多数其他编程语言中找到的其他特性。它有循环结构、决策语句、变量、函数，而且是面向过程的。基于 IEEE POSIX 标准的现代 Shell 还有许多其他特性，包括数组、数据类型和内置的算术运算。

第 3 章

常备工具

本章详细介绍了一些常用的 Shell 编程工具，其中包括 cut、paste、sed、tr、grep、uniq 和 sort。这些工具用得越熟练，就越容易写出高效的 Shell 脚本。

3.1 正则表达式

在讨论这些工具的用法之前，你得先学习正则表达式。包括 ed、sed、awk、grep 以及 vi 编辑器在内的很多 UNIX 命令都用到了正则表达式。它给出了一种便捷、一致的方式来指定待匹配的模式。

令人困惑的地方在于 Shell 只能在文件名替换中识别部分正则表达式。回忆一下，星号（*）可以指定待匹配的零个或多个字符，问号（?）可以指定任意单个字符，[...] 可以指定包含在中括号中的任意字符。但是这和我们接下来要介绍的更为正式的正则表达式并不是一回事。例如，Shell 认为?能够匹配任意单个字符，而在正则表达式中（regular expression，通常简写为 regex），则是使用点号（.）来实现相同的效果。

真正的正则表达式远比 Shell 能够识别的要复杂得多，如何编写出复杂的正则表达式足够写上一本书了。不过别担心，你不用非得变成专家才能发现正则表达式的巨大价值！

在本节中，我们假设你熟悉行编辑器的用法（如 ex 或 ed）。如果你还不怎么会用的话，可参考附录 B，或者阅读对应的手册页。

3.1.1　匹配任意字符：点号（.）

正则表达式中的点号能够匹配任意单个字符，无论这些字符具体是什么。因此，正则表达式

    r.

可以匹配 r 以及任意单个字符。

正则表达式

```
.x.
```

可以匹配由任意两个字符包围的 x，这两个字符不必相同。

我们可以利用一个简单的编辑器 ed 来演示大量的正则表达式，ed 是一个旧式的行编辑器，一直存在于 Linux 系统中。

例如，以下 ed 命令

```
/ ... /
```

会在你所编辑的文件中向前搜索这样一行：该行中包含了由空格所包围的 3 个任意字符。在我们演示之前，注意在例子的最开始，ed 显示了文件中总的字符数（248），命令（如打印命令 p）前面可以加上范围限定符作为前缀，最基本的范围限定符就是 1,$，这表示从文件的第一行到最后一行。

```
$ ed intro
248
1,$p                              打印出全部的行
The Unix operating system was pioneered by Ken
Thompson and Dennis Ritchie at Bell Laboratories
in the late 1960s. One of the primary goals in
the design of the Unix system was to create an
environment that promoted efficient program
development.
```

这就是我们用来演示的文件。现在来试试几个正则表达式：

```
/ ... /                          查找由空格包围的 3 个字符
The Unix operating system was pioneered by Ken
/                                Repeat last search
Thompson and Dennis Ritchie at Bell Laboratories
1,$s/p.o/XXX/g                   将所有的 p.o 修改成 XXX
1,$p                             查看修改结果
The Unix operating system was XXXneered by Ken
ThomXXXn and Dennis Ritchie at Bell Laboratories
in the late 1960s. One of the primary goals in
the design of the Unix system was to create an
environment that XXXmoted efficient XXXgram
development.
```

在第一次搜索中，ed 从文件起始部分开始查找，在第一行中发现字符序列 was 符合指定的模式并将其打印出来。

重复上一次的搜索（ed 命令 /）使得文件的第二行被显示出来，因为 and 与指定模式匹配。接下来的替换命令 s 将符合下列模式的字符系列替换成 XXX：字符 p，接着是任意单个字符，然后是字符 o。前缀 1,$ 指明在全文范围内应用替换操作，替换操作的格式为 s/old/new/g，其中 s 表明是替换操作，斜线用来界定被替换内容和替换内容，g 表明执行全局替换，而不仅仅是替换某一行。

3.1.2　匹配行首：脱字符（^）

如果脱字符^作为正则表达式的第一个字符，它可以匹配行首位置。因此，下列正则表达式

^George

只能够匹配出现在行首的 George。在正则表达式中，这因此称为"左根部"（left-rooting）。

来看下面的例子：

```
$ ed intro
248
/the/
>>in the late 1960s. One of the primary goals in
>>the design of the Unix system was to create an
/^the/                              查找以 the 开头的行
the design of the Unix system was to create an
1,$s/^/>>/                          在每一行的行首插入>>
1,$p
>>The Unix operating system was pioneered by Ken
>>Thompson and Dennis Ritchie at Bell Laboratories
>>in the late 1960s. One of the primary goals in
>>the design of the Unix system was to create an
>>environment that promoted efficient program
>>development.
```

上述例子中同样展示了如何使用正则表达式^匹配行首位置。其中利用其在每行的首部插入字符>>。

下列命令

1,$s/^/   /

也常用于在行首插入空格（在本例中插入了 4 个空格）。

3.1.3　匹配行尾：美元符号（$）

如同^可以用来匹配行首，美元符号$可以匹配行尾。因此，正则表达式

contents$

能够匹配出现在行尾的字符序列 contents。那么你认为下列正则表达式能够匹配到什么？

.$

它能够匹配行尾的点号？不仅如此。别忘了点号可以匹配任意字符，因此这个正则表达式匹配的是行尾的任意字符（包括点号）。

那该如何匹配点号？一般而言，如果你想匹配任何对于正则表达式来说有特殊含义的字符，可以在该字符前加上一个反斜线（\）来去除其特殊含义。例如，下面的正则表达式

    \.$

能够匹配以点号结尾的行。正则表达式

    ^\.

能匹配以点号开头的行。

想将反斜线作为普通字符？可以使用连续两个反斜线\\。

```
$ ed intro
248
/\.$/                              搜索以点号结尾的行
development.
1,$s/$/>>/                         将>>添加到每行的行尾
1,$p
The Unix operating system was pioneered by Ken>>
Thompson and Dennis Ritchie at Bell Laboratories>>
in the late 1960s. One of the primary goals in>>
the design of the Unix system was to create an>>
environment that promoted efficient program>>
development.>>
1,$s/..$//                         删除每行最后两个字符
1,$p
The Unix operating system was pioneered by Ken
Thompson and Dennis Ritchie at Bell Laboratories
in the late 1960s. One of the primary goals in
the design of the Unix system was to create an
environment that promoted efficient program
development.
```

^和$的一种普遍用法是下面的正则表达式

    ^$

它能够匹配空行。注意，这个正则表达式和下面的正则表达式不同：

    ^ $

它匹配的是由单个空格组成的行。

3.1.4 匹配字符组：[...]

假设你正在编辑一个文件，想搜索第一次出现的字符序列 the。在 ed 中，这很简单，只需要输入命令：

```
/the/
```

ed 会在缓冲区中向前搜索，直至找到包含指定字符序列的行。符合要求的第一行将被 ed 显示：

```
$ ed intro
248
/the/                                       找出包含指定字符序列的行
in the late 1960s. One of the primary goals in
```

注意，文件的第一行中也包含了单词 the，只不过首字母是大写的 T。能够搜索 the 或 The 的正则表达式可以利用字符组来构建：字符 [和] 用来指定封闭其中的字符组中待匹配的某个字符。下列正则表达式

```
[tT]he
```

可以匹配小写或大写的 t，然后是字符 he。

```
$ ed intro
248
/[tT]he/                            查找 the 或 The
The Unix operating system was pioneered by Ken
/                                   继续搜索
in the late 1960s. One of the primary goals in
/                                   再次搜索
the design of the Unix system was to create an
1,$s/[aeiouAEIOU]//g                删除所有的元音字母
1,$p
Th nx prtng systm ws pnrd by Kn
Thmpsn nd Dnns Rtch t Bll Lbrtrs
n th lt 1960s. n f th prmry gls n
th dsgn f th nx systm ws t crt n
nvrnmnt tht prmtd ffcnt prgrm
dvlpmnt.
```

注意，上面例子中的 [aeiouAEIOU] 能够匹配单个元音字母，无论大小写都可以。不过这种写法太笨拙了，可以在中括号内使用字符范围来代替。具体的写法是使用连接符（-）来分隔起始字符与终止字符。因此，要想匹配 0 到 9 之间的任意数字的话，既可以使用下列正则表达式

```
[0123456789]
```

又可以使用更简洁的形式：

```
[0-9]
```

要匹配大写字母，可以使用：

```
[A-Z]
```

要匹配大写或小写字母，可以使用：

[A-Za-z]

下面是在 ed 中的用法：

```
$ ed intro
248
/[0-9]/                          找出包含数字的行
in the late 1960s. One of the primary goals in
/^[A-Z]/                         找出以大写字母起始的行
The Unix operating system was pioneered by Ken
/                                再次查找
Thompson and Dennis Ritchie at Bell Laboratories
1,$s/[A-Z]/*/g                   将所有的大写字母修改成 *
1,$p
*he *nix operating system was pioneered by *en
*hompson and *ennis *itchie at *ell *aboratories
in the late 1960s. *ne of the primary goals in
the design of the *nix system was to create an
environment that promoted efficient program
development.
```

稍后你就会知道，星号在正则表达式中是一个特殊字符。但是在替换命令的替换字符串部分中，你并不需要在它前面添加反斜线，因为替换字符串部分（replacement string）是另外一种不同的表达式语言（有时候这的确有点费解）。

在 ed 编辑器中，像*、.、[...]、$和^这类正则表达式序列仅在搜索字符串（search string）中有意义，在替换字符串中没有任何特殊含义。

如果脱字符（^）是左中括号后的第一个字符，那么所匹配内容的意义就相反了（相比之下，Shell 使用!来实现相同的效果）。例如，下列正则表达式：

[^A-Z]

能够匹配除大写字母以外的任意字符。与此类似，

[^A-Za-z]

能够匹配任何非字母字符。作为演示，让我们从测试文件中删除所有的非字母字符：

```
$ ed intro
248
1,$s/[^a-zA-Z]//g                删除所有的非字母字符
1,$p
TheUnixoperatingsystemwaspioneeredbyKen
ThompsonandDennisRitchieatBellLaboratories
InthelatesOneoftheprimarygoalsin
ThedesignoftheUnixsystemwastocreatean
Environmentthatpromotedefficientprogram
development
```

3.1.5 匹配零个或多个字符：星号（*）

Shell 在文件名替换中使用星号来匹配零个或多个字符。在正则表达式中，星号用于匹配零次或多次出现在其之前的正则表达式元素（这可以是另外的正则表达式）。

因此，下列正则表达式

X*

能够匹配 0 个、1 个、2 个、3 个……大写字母 X，而正则表达式

XX*

能够匹配一个或多个大写字母 X，因为它指定了单个 X 后面需要跟随零个或多个 X。你也可以使用+来实现相同的效果：+可用于匹配一次或多次出现在其之前的表达式，因此 XX*和 X+在功能上并没有什么不同。

有一种类似的正则表达式常用于匹配行内一个或多个空格：

```
$ ed lotsaspaces
85
1,$p
This          is    an example    of a
file    that  contains     a  lot
of    blank spaces
1,$s/  */ /g
1 $p                                    将多个空格修改成单个空格
This is an example of a
file that contains a lot
of blank spaces
```

ed 命令：

1,$s/ */ /g

其作用在于将空格以及跟随的零个或多个空格一并替换成单个空格。换言之，也就是将所有的空格压缩成单个空格。如果匹配的是单个空格，不会有任何变化。但假如匹配到了 3 个空格，则将其替换成单个空格。

下列正则表达式：

.*

常用于指定零个或多个任意字符。记住，正则表达式匹配的是符合模式的最长的字符串。因此，该正则表达式匹配的总是整个文本行。

.和*结合的另一个例子是下列正则表达式：

e.*e

它能够匹配一行中第一个 e 到最后一个 e 之间的全部字符（包括首尾的 e 在内）。

注意，该正则表达式并不是只能匹配首尾均是 e 的那些行，因为它并没有指定左根部或右根部（也就是说，在模式中没有使用^或$）。

```
$ ed intro
248
1,$s/e.*e/+++/
1,$p
Th+++n
Thompson and D+++S
in th+++ primary goals in
th+++ an
+++nt program
d+++nt.
```

你觉得下面这个挺有意思的正则表达式能匹配到什么内容？

[A-Za-z][A-Za-z]*

它能够匹配后面跟着零个或多个字母字符的那些字母字符。其效果和用来匹配单词的正则表达式差不多，可用于在下面的例子中将所有的单词替换成 X，同时保留所有的空格和标点符号。

```
$ ed intro
248
1,$s/[A-Za-z][A-Za-z]*/X/g
1,$p
X X X X X X X
X X X X X X
X X X 1960X.  X X X X X
X X X X X X X X
X X X X X
X.
```

在这个例子中，唯一无法匹配的就是数字序列 1960。你可以修改正则表达式，将数字序列也看做单词：

```
$ ed intro
248
1,$s/[A-Za-z0-9][A-Za-z0-9]*/X/g
1,$p
X X X X X X X
X X X X X X
X X X X.  X X X X X
X X X X X X X X X
X X X X X
X.
```

我们还可以对其扩展，来涵盖带有连接符的单词以及简写词（如 don't），这个就留给读者作为练习了。有一点要注意，如果你想在字符组中匹配连接符，必须将其放在左中括号之后（如果其中还有字符^的话，就放在^的后面）或右中括号之前，这样正则表达式引擎才能够正确地理解你的意图。也就是说，下面两个正则表达式

```
[-0-9]
[0-9-]
```

都能够匹配单个的连接符或数字字符。

与此类似，如果你想匹配一个右中括号的话，就必须将其放在左中括号之后（如果其中还有字符^的话，就放在^的后面）。因此，

```
[]a-z]
```

能够匹配右中括号或小写字母。

3.1.6   匹配固定次数的子模式：\{...\}

在先前的例子中，你已经看到了如何使用星号来匹配一次或多次出现在其之前的正则表达式。例如，下面的正则表达式

```
XX*
```

能够匹配到 X 以及跟随在其后的零个或多个连续的 X。类似的

```
XXX*
```

能够匹配至少两个连续的 X。

一旦理解了这种用法，你会发现写起来很麻烦，其实有一种更为通用的方法可以用来精确地指定需要匹配的字符数量：

```
\{min,max\}
```

其中 *min* 指定了待匹配的正则表达式需要出现的最小次数，*max* 指定了要出现的最大次数。注意，你必须使用反斜线对花括号进行转义。

下面的正则表达式

```
X\{1,10\}
```

能够匹配 1 到 10 个连续的 X。只要有可能，正则表达式总是匹配最长的字符序列，因此，如果输入文本中包含 8 个连续的 X，那就匹配这 8 个 X。

来看另一个正则表达式：

```
[A-Za-z]\{4,7\}
```

它能够匹配长度为 4 到 7 之间的字母字符序列。

接下来使用这种写法执行替换操作：

```
$ ed intro
248
1,$s/[A-Za-z]\{4,7\}/X/g
1,$p
The X Xng X was Xed by Ken
Xn and X X at X XX
in the X 1960s.  One of the X X in
the X of the X X was to X an
XX X Xd Xnt X
XX.
```

这是 ed（或 vi）中全局搜索及替换的用法：s/*old*/*new*/。在这个例子中，我们在命令之前加上了替换范围 1,$，在之后加上了 g 标志，用以确保在每一行中执行多次替换操作。

有几个特殊情况值得一提。如果花括号中只有一个数字：

\{10\}

这个数字就指明了之前的正则表达式必须匹配的次数。因此，

[a-zA-Z]\{7\}

能够匹配 7 个字母字符，而

.\{10\}

能够匹配 10 个任意字符。

```
$ ed intro
248
1,$s/^.\{10\}//                     删除每行的前 10 个字符
1,$p
perating system was pioneered by Ken
nd Dennis Ritchie at Bell Laboratories
e 1960s. One of the primary goals in
 of the Unix system was to create an
t that promoted efficient program
t.
1,$s/.\{5\}$//                      删除每行的后 5 个字符
1,$p
perating system was pioneered b
nd Dennis Ritchie at Bell Laborat
e 1960s. One of the primary goa
 of the Unix system was to crea
t that promoted efficient pr
t.
```

注意，文件的最后一行中并不够 5 个字符，无法满足匹配条件（要删除的字符必须

是 5 个），故不做任何修改。

如果花括号中的单个数字后紧跟着一个逗号，则表示之前的正则表达式至少应该匹配的次数，最多匹配的次数不限。因此，

+\{5,\}

能够匹配至少 5 个连续的加号。如果输入数据中连续的加号不止 5 个，则按照最大数量匹配。

```
$ ed intro
248
1,$s/[a-zA-Z]\{6,\}/X/g          将至少 6 个字符长的单词修改成 X
1,$p
The Unix X X was X by Ken
X and X X at Bell X
in the late 1960s. One of the X goals in
the X of the Unix X was to X an
X that X X X
X.
```

3.1.7 保存已匹配的字符：\(...\)

要想引用已经由正则表达式匹配到的字符，可以将这部分正则表达式放在由反斜线转义过的括号里。这些被捕获到的字符会被保存在由正则表达式解析器预定义好的叫作寄存器的变量中，其编号从 1 到 9。

这会有点让人犯糊涂，因此，这一节我们会放慢速度。

作为第一个例子，下列正则表达式

^\(.\)

能够匹配文本行中的第一个字符并将其保存在寄存器 1 中。

要想检索保存在某个寄存器中的字符，使用\n，其中 n 是从 1 到 9 的数字。因此，下列正则表达式

^\(.\)\1

首先匹配文本行中的第一个字符并将其保存在寄存器 1 中，然后匹配保存在寄存器 1 中的内容（这是由\1 来指定的）。这个正则表达式的最终效果就是能够匹配一行中头两个相同的字符。有点技巧吧？

下面的正则表达式

^\(.\).*\1$

能够匹配行首字符（^.）和行尾字符（\1$）相同的所有行。首尾字符之间的所有字符由.*匹配。

让我们把这个正则表达式拆开来讲解。记住，^匹配行首，$匹配行尾。不使用括号的话，模式..*可以匹配行首字符（第一个.）以及行中余下的所有字符（使用.*）。加上\(\)之后，会将第一个字符保存到寄存器 1 中，然后可以使用\1 来引用这个字符，这样解释你应该就能明白了吧。

连续出现的\(...\)可以将其匹配的内容分配给后续的多个寄存器。因此，如果使用下面的正则表达式来匹配文本：

    ^\(.\)\(.\)

文本行中的前 3 个字符会保存在寄存器 1 中，接下来 3 个字符会保存在寄存器 2 中。如果你在该模式后面加上\2\1，那么就能够匹配到一个长度为 12 个字符的字符串，其中第 1～3 个字符和第 10～12 个字符一样，第 4～6 个字符和第 7～9 个字符一样。

在 ed 中使用替换命令时，寄存器也可以作为替换字符串中的一部分引用，这才是它真正发挥威力的地方：

```
$ ed phonebook
114
1,$p
Alice Chebba      973-555-2015
Barbara Swingle 201-555-9257
Liz Stachiw       212-555-2298
Susan Goldberg  201-555-7776
Tony Iannino      973-555-1295
1,$s/\(.*\)    \(.*\)/\2 \1/                          交换两个字段
1,$p
973-555-2015 Alice Chebba
201-555-9257 Barbara Swingle
212-555-2298 Liz Stachiw
201-555-7776 Susan Goldberg
973-555-1295 Tony Iannino
```

在 phonebook 文件中，人名和电话号码之间是由单个制表符来分隔的。下列正则表达式

    \(.*\)   \(.*\)

\(和\)中的.*能够匹配第一个制表符之前的所有字符并将其分配给寄存器 1，接下来再匹配到该制表符之后的所有字符并将其分配给寄存器 2。而替换字符串

    \2 \1

指明使用寄存器 2 的内容，跟上一个空格，然后是寄存器 1 中的内容。

当 ed 将该替换命令用于文件第一行时：

```
Alice Chebba          973-555-2015
```

它首先匹配到制表符之前的所有内容（Alice Chebba）并将其保存在寄存器 1 中，然

后匹配到制表符之后的所有内容（973-555-2015）并将其保存在寄存器 2 中。制表符本身不会被保存，因为它并没有出现在正则表达式的括号中。ed 使用寄存器 2 中的内容（973-555-2015）、空格及寄存器 1 中的内容（Alice Chebba）替换掉匹配的字符（整个文本行）：

```
973-555-2015 Alice Chebba
```

如你所见，正则表达式的强大威力可以让你匹配和处理复杂的模式，尽管写出来的表达式有时候看起来有点像是猫咪踩过了你的键盘。

表 3.1 总结了正则表达式中的特殊字符，以此加深理解。

表 3.1　正则表达式字符

记法	含义	例子	匹配结果
.	任意字符	a..	a 以及紧随其后的两个任意字符
^	行首	^wood	仅出现在行首的 wood
$	行尾	x$	仅出现在行尾的 x
		^INSERT$	仅包含 INSERT 的行
		^$	空行
*	重复之前的正则表达式零次或多次	x* xx* .* w.*s	零个或多个连续的 x 一个或多个连续的 x 零个或多个字符 w 及紧随其后的零个或多个字符，再加上 s
+	重复之前的正则表达式一次或多次	x+ xx+ .+ w.+s	一个或多个连续的 x 两个或多个连续的 x 一个或多个字符 w 及紧随其后的一个或多个字符，再加上 s
[chars]	chars 中的任意字符	[tT] [a-z] [a-zA-Z]	小写或大写的 t 小写字母 小写或大写字母
[^chars]	不在 chars 中的任意字符	[^0-9] [^a-zA-Z]	非数字字符 非字母字符
\\{min,max\\}	重复之前的正则表达式至少 min 次，至多 max 次	x\\{1,5\\} [0-9]\\{3,9\\} [0-9]\\{3\\} [0-9]\\{3,\\}	至少 1 个 x，至多 5 个 x 连续的 3～9 个数字 3 位数字 至少 3 位数字
\\(...\\)	将括号中匹配到的字符保存到接下来的寄存器中（1～9）	^\\(.\\) ^\\(.\\)\1 ^\\(.\\)\\(.\\)	行首字符，并将其保存在寄存器 1 中 行首前两个相同的字符 行首前两个字符；分别将这两个字符保存在寄存器 1 和寄存器 2 中

3.2 cut

本节要介绍一个有用的命令 cut。该命令在从数据文件或命令输出中提取（切出）各种字段的时候非常方便。其一般格式为：

cut -c*chars file*

chars 指定了你想从 *file* 中的每行内提取哪些字符（依据位置）。这可以是单个数字，如-c5 可以从输入的每行中提取第 5 个字符；以逗号分隔的数字列表，如 -c1,13,50，可以提取第 1 个、第 13 个及第 50 个字符；以连接符分隔的数字范围，如 -c20-50，可以提取第 20～50 个字符。要提取从指定位置到行尾的所有字符，只需要忽略范围写法中的第二个数字就可以了：

```
cut -c5- data
```

该命令可以将 data 文件的每一行中的第 5 个字符到行尾提取出来并将结果写入标准输出。

如果没有指定 *file*，cut 会从标准输入中读取输入，这意味着你可以在管道中将 cut 作为过滤器使用。

来看另一个 who 命令的输出：

```
$ who
root      console Feb 24 08:54
steve     tty02   Feb 24 12:55
george    tty08   Feb 24 09:15
dawn      tty10   Feb 24 15:55
$
```

如上所示，有 4 个用户已经登入了系统。假如你只是想知道这些用户的名字，但不关心他们所在的终端或登录时间。你可以使用 cut 命令从 who 命令的输出中只提取用户名部分：

```
$ who | cut -c1-8                        提取前 8 个字符
root
steve
george
dawn
$
```

cut 的选项-c1-8 指定了从输入的每行中提取第 1～8 个字符，然后写入到标准输出中。

下面的例子展示了如何将 sort 放在管道的另一端来获得经过排序后的已登录用户列表：

```
$ who | cut -c1-8 | sort
dawn
george
root
steve
$
```

注意，这是我们碰到的第一个包含了 3 个命令的管道。只要明白了将输出连接到后续输入中的概念，无论管道中有 3 个、4 个或更多的命令，这都不在话下。

如果你想查看当前所用的终端或伪终端/虚拟终端，只需要从 who 命令的输出中提取 tty 字段即可：

```
$ who | cut -c10-16
console
tty02
tty08
tty10
$
```

如何知道 who 命令会在第 10～16 个字符的位置上显示出终端类型呢？非常简单！在终端上执行 who 命令，然后数一下对应的字符位置就行了。

你可以利用 cut 从文本行中提取不同位置上的字符。在下面的例子中，cut 用来显示所有登录用户的用户名和登录时间：

```
$ who | cut -c1-8,18-
root     Feb 24 08:54
steve    Feb 24 12:55
george   Feb 24 09:15
dawn     Feb 24 15:55
$
```

选项“-c1-8,18-”指定了“提取第 1～8 个字符（用户名），然后提取第 18 个到行尾的字符（登录时间）”。

-d 和-f 选项

cut 命令的-c 选项适合从拥有固定格式的文件或命令输出中提取数据。

例如，可以将 cut 与 who 命令配合使用，因为你知道用户名、终端类型和登录时间总是会出现在第 1～8 个、第 10～16 个和第 18～29 个字符位置上。不过可不是所有的数据的格式都是经过良好组织的！

来看一下/etc/passwd 文件：

```
$ cat /etc/passwd
root:*:O:O:The Super User:/:/usr/bin/ksh
cron:*:1:1:Cron Daemon for periodic tasks:/:
```

```
bin:*:3:3:The owner of system files:/:
uucp:*:5:5:::/usr/spool/uucp:/usr/lib/uucp/uucico
asg:*:6:6:The Owner of Assignable Devices:/:
steve:*.:203:100:::/users/steve:/usr/bin/ksh
other:*:4:4:Needed by secure program:/:
$
```

/etc/passwd 文件是包含计算机系统中所有用户名的主文件。其中还包含了如用户 ID、主目录以及特定用户登录后自动运行的程序名称等信息。

显而易见，这个文件中的数据不会像 who 命令的输出那样整整齐齐。因此，想依靠 cut 的-c 选项从中提取系统中所有的用户名就不行了。

仔细观察该文件的话，会发现各个字段是由冒号分隔的。尽管各行中每个字段的长度未必一致，但你可以通过"数字段"的方式从每行中得到相同的字段内容。

当数据是由特定字符分隔的时候，cut 命令的-d 和-f 选项就能派上用场了。-d 指定字段分隔符，-f 指定待提取的字段。cut 命令的形式如下：

```
cut -ddchar -ffields file
```

其中，*dchar* 是分隔数据中字段的字符，*fiedls* 指定了从 *file* 中要提取的字段。字段号从 1 开始，字段编号的格式与之前讲过的字符位置格式一样（例如，-f1,2,8、-f1-3、-f4-）。

要从/etc/passwd 中提取所有的用户名，可以使用如下命令：

$ **cut -d: -f1 /etc/passwd**   提取第一个字段
```
root
cron
bin
uucp
asg
steve
other
$
```

每个用户的主目录保存在字段 6，你可以提取出用户名及其主目录：

$ **cut -d: -f1,6 /etc/passwd**   提取出第 1 个字段和第 6 个字段
```
root:/
cron:/
bin:/
uucp:/usr/spool/uucp
asg:/
steve:/users/steve
other:/
$
```

如果在不使用-d 选项的情况下用 cut 命令从文件中提取字段，则使用制表符作为默认的字段分隔符。

下面演示了 cut 命令的一个常见的用法错误。假设你有一个名为 phonebook 的文件，其内容如下：

```
$ cat phonebook
Alice Chebba     973-555-2015
Barbara Swingle  201-555-9257
Jeff Goldberg    201-555-3378
Liz Stachiw      212-555-2298
Susan Goldberg   201-555-7776
Tony Iannino     973-555-1295
$
```

如果想获得电话簿中的人名，你第一个想法会是这样来使用 cut：

```
$ cut -c1-15 phonebook
Alice Chebba    97
Barbara Swingle
Jeff Goldberg   2
Liz Stachiw     212
Susan Goldberg
Tony Iannino    97
$
```

这可不是你想要的！因为人名和电话号码是由制表符分隔的，而非空格。在使用-c 选项时，cut 将制表符视为单个字符。因此 cut 从每行中提取了前 15 个字符，生成了你刚刚看到的结果。

如果字段是由制表符分隔的，可以使用 cut 的-f 选项：

```
$ cut -f1 phonebook
Alice Chebba
Barbara Swingle
Jeff Goldberg
Liz Stachiw
Susan Goldberg
Tony Iannino
$
```

别忘了，你并不需要使用-d 选项来制定分隔符，因为 cut 默认使用的分隔符就是制表符。

该怎么知道字段是由空格还是由制表符分隔的？其中一种方法是像之前那样采用试错法。另一种方法是在终端中输入命令：

```
sed -n l file
```

如果字段是由制表符分隔的，在制表符的位置上会显示\t：

```
$ sed -n l phonebook
Alice Chebba\t973-555-2015
Barbara Swingle\t201-555-9257
```

```
Jeff Goldberg\t201-555-3378
Liz Stachiw\t212-555-2298
Susan Goldber\t201-555-7776
Tony Iannino\t973-555-1295
$
```

输出结果证明了电话号码与名字之间是由制表符分隔的。流编辑器 sed 会在本章随后部分详细讲述。

3.3 paste

paste 命令的效果和 cut 相反：它不是拆分行，而是合并行。该命令的一般格式为：

`paste files`

由 *files* 指定的每个文件中对应的行被"粘贴"或合并在一起，形成了一行，然后写入到标准输出中。连接符"-"可以用在 *files* 中，将输入源指定为标准输入。

假设有一个名为 names 的文件，其中是一系列姓名：

```
$ cat names
Tony
Emanuel
Lucy
Ralph
Fred
$
```

假设还有另一个名为 numbers 的文件，其中包含了 names 文件中姓名所对应的电话号码：

```
$ cat numbers
(307) 555-5356
(212) 555-3456
(212) 555-9959
(212) 555-7741
(212) 555-0040
$
```

你可以使用 paste 命令并排打印出姓名和电话号码：

```
$ paste names numbers              打印在一起
Tony    (307) 555-5356
Emanuel (212) 555-3456
Lucy    (212) 555-9959
Ralph   (212) 555-7741
Fred    (212) 555-0040
$
```

names 文件中的每一行都和 numbers 文件中对应的行一同被打印出来，两者之间由制表符分隔。

下一个例子演示了多个文件合并时的情形：

```
$ cat addresses
55-23 Vine Street, Miami
39 University Place, New York
17 E. 25th Street, New York
38 Chauncey St., Bensonhurst
17 E. 25th Street, New York
$ paste names addresses numbers
Tony    55-23 Vine Street, Miami       (307) 555-5356
Emanuel 39 University Place, New York  (212) 555-3456
Lucy    17 E. 25th Street, New York    (212) 555-9959
Ralph   38 Chauncey St., Bensonhurst   (212) 555-7741
Fred    17 E. 25th Street, New York    (212) 555-0040
$
```

3.3.1   -d 选项

如果你不希望使用制表符作为输出字段的分隔符，可以通过-d 选项来指定：

-dchars

chars 可以是一个或多个字符，用于分隔粘贴在一起的行。也就是说，*chars* 中的第一个字符用来分隔来自第一个文件和第二个文件的行，第二个字符用来分隔来自第二个文件和第三个文件的行，以此类推。

如果文件的数量比 *chars* 中列出的字符要多，paste 会"绕回"（wraps around）到字符列表头部，重新开始。

-d 选项的最简单形式就是只指定单个分隔符，该分隔符用来分隔粘贴的所有字段：

```
$ paste -d'+' names addresses numbers
Tony+55-23 Vine Street, Miami+(307) 555-5356
Emanuel+39 University Place, New York+(212) 555-3456
Lucy+17 E. 25th Street, New York+(212) 555-9959
Ralph+38 Chauncey St., Bensonhurst+(212) 555-7741
Fred+17 E. 25th Street, New York+(212) 555-0040
```

注意，将分隔符放在单引号中总是最安全的方法，具体原因我们稍后解释。

3.3.2   -s 选项

-s 选项告诉 paste 只从同一个文件中粘贴行，不管其他文件。如果只指定了单个文件，其效果是将该文件中所有的行合并到一起，彼此之间用制表符分隔（或是由-d 选项指定的分隔符）。

```
$ paste -s names            粘贴 names 文件中所有的行
Tony    Emanuel Lucy    Ralph    Fred
$ ls | paste -d' ' -s -     粘贴 ls 命令的输出，使用空格作为分隔符
addresses intro lotsaspaces names numbers phonebook
$
```

在上一个例子中，`ls` 的输出通过管道传给了 `paste`，后者将来自标准输入（`-`）的所有行（`-s` 选项）进行合并，字段之间使用单个空格（`-d' '` 选项）分隔。在第 1 章中我们见过下列命令：

```
echo *
```

它也可以列出当前目录下的所有文件，用起来要比 `ls|paste` 稍微简单些。

3.4 sed

sed 可以用来在管道或命令序列中编辑数据。它是 stream editor（流编辑器）的简称。和 ed 不同，sed 并非交互式程序，尽量两者的命令类似。sed 的一般用法如下：

```
sed command file
```

其中，*command* 类似于 ed 中的命令，可以应用到 *file* 指定的文件中的每一行。如果没有指定文件，则使用标准输入。

sed 会将指定的命令应用在输入的每一行上，并将结果写入到标准输出。

来看一个例子。首先还是 intro 文件：

```
$ cat intro
The Unix operating system was pioneered by Ken
Thompson and Dennis Ritchie at Bell Laboratories
in the late 1960s. One of the primary goals in
the design of the Unix system was to create an
environment that promoted efficient program
development.
$
```

假设你想将所有的 Unix 替换成 UNIX。这对于 sed 来说不在话下：

```
$ sed 's/Unix/UNIX/' intro        将 Unix 替换成 UNIX
The UNIX operating system was pioneered by Ken
Thompson and Dennis Ritchie at Bell Laboratories
in the late 1960s. One of the primary goals in
the design of the UNIX system was to create an
environment that promoted efficient program
development.
$
```

要养成将 sed 命令放入单引号中的习惯。随后你就会知道必须要用引号的原因以及什么时候使用双引号更好。

sed 命令 s/Unix/UNIX/会作用在 intro 文件的每一行。无论这一行有没有被修改，都会写入标准输出。sed 并不会修改原始输入文件。

要想让更改永久生效，必须将 sed 的输出重定向到临时文件，然后使用该临时文件替换掉原文件：

```
$ sed 's/Unix/UNIX/' intro > temp        作出修改
$ mv temp intro                          使修改永久生效
$
```

在覆盖原文件之前务必确保修改没有问题。最好是在使用 mv 命令覆盖原始数据文件之前用 cat 命令查看一下临时文件中的修改内容。

如果文件的一行中包含了不止一个 Unix，上面的 sed 命令只会修改第一次出现的 Unix。在替换命令 s 末尾加上全局选项 g，这样就能够修改一行中多次出现的内容。

因此，本例中的 sed 命令修改如下：

```
$ sed 's/Unix/UNIX/g' intro > temp
```

现在假设你只想提取 who 命令输出中的用户名。你已经知道了怎么用 cut 命令来实现：

```
$ who | cut -c1-8
root
ruth
steve
pat
$
```

除此之外，也可以在 sed 命令中利用正则表达式删除从第一个空格（标记了用户名的结束）到本行末尾的所有字符：

```
$ who | sed 's/ .*$//'
root
ruth
steve
pat
$
```

sed 命令使用空（nothing）（//）将第一个空格到本行末尾的所有字符（ .*$）全部替换掉。也就是说，删除了每行中第一个空格之后的所有字符。

3.4.1   -n 选项

默认情况下，sed 将输入的每一行都写入到标准输出中，不管其内容是否发生了变化。但有时你可能希望 sed 从文件中提取特定的行。这正是-n 发挥作用的地方：它告诉 sed 默认不打印任何行。与之搭配使用的是 p 命令，p 命令可以打印出符合指定范围或模式的所有行。例如，要打印文件的前两行：

```
$ sed -n '1,2p' intro          只打印前两行
The UNIX operating system was pioneered by Ken
Thompson and Dennis Ritchie at Bell Laboratories
$
```

如果不使用行号，而是在 p 命令之前加上由斜线包围的一系列字符的话，sed 只打印出标准输入中匹配该模式的行。在下面的例子中，展示了如何使用 sed 显示包含指定字符串的行：

```
$ sed -n '/UNIX/p' intro          只打印出包含 UNIX 的行
The UNIX operating system was pioneered by Ken
the design of the UNIX system was to create an
$
```

3.4.2　删除行

可以使用 d 命令删除文本行。只需要指定行号或者行范围，就可以从输入中删除指定的行。在下面的例子中，使用 sed 删除文件 intro 中的前两行：

```
$ sed '1,2d' intro          删除行 1 和行 2
in the late 1960s. One of the primary goals in
the design of the UNIX system was to create an
environment that promoted efficient program
development.
$
```

记住，sed 默认会将所有的输入行写入标准输出，文件中余下的行，也就是第 3 行到结尾，都会被写入标准输出。

如果在 d 命令前加上模式，就可以使用 sed 删除所有符合模式的行。在下面的例子中，sed 删除了所有包含单词 UNIX 的行：

```
$ sed '/UNIX/d' intro          删除所有包含 UNIX 的行
Thompson and Dennis Ritchie at Bell Laboratories
in the late 1960s. One of the primary goals in
environment that promoted efficient program
development.
$
```

sed 的强大性和灵活性远不止我们在这里所展现的。sed 还有其他一些功能，允许你编写循环、在缓冲区中创建文本以及将多条命令组合成脚本。表 3.2 中展示了更多的 sed 命令的示例。

表 3.2　sed 示例

sed 命令	描述
sed '5d'	删除第 5 行
sed '/[Tt]est/d'	删除包含 Test 或 test 的所有行
sed -n '20,25p' text	只打印 text 文件中第 20～25 行
sed '1,10s/unix/UNIX/g' intro	将 intro 文件的前 10 行中的 unix 更改成 UNIX
sed '/jan/s/-1/-5/'	将包含 jan 的所有行中的第一个-1 更改成-5
sed 's/...//' data	删除 data 中每行前 3 个字符
sed 's/...$//' data	删除 data 中每行后 3 个字符
sed -n 'l' text	打印出 text 文件中所有的行，将不可打印字符显示为 \nn（nn 是字符的八进制值），将制表符显示为\t

3.5　tr

过滤器 tr 可用于转换标准输入中的字符。该命令的一般形式为：

tr *from-chars* *to-chars*

其中，*from-chars* 和 *to-chars* 可以是一个或多个字符，也可以是字符组。*from-chars* 中的任意字符只要出现在输入中，就会被转换成 *to-chars* 中对应的字符。转换结果会被写入标准输出。

tr 最简单的用法可以将一个字符转换成另一个字符。回忆一下本章早先的 intro 文件：

```
$ cat intro
The UNIX operating system was pioneered by Ken
Thompson and Dennis Ritchie at Bell Laboratories
in the late 1960s. One of the primary goals in
the design of the UNIX system was to create an
environment that promoted efficient program
development.
$
```

下面展示了如何使用 tr 将所有的字符 e 转换成 x：

```
$ tr e x < intro
Thx UNIX opxrating systxm was pionxxrxd by Kxn
Thompson and Dxnnis Ritchix at Bxll Laboratorixs
in thx latx 1960s. Onx of thx primary goals in
thx dxsign of thx UNIX systxm was to crxatx an
xnvironmxnt that promotxd xfficixnt program
dxvxlopmxnt.
$
```

必须将文件 intro 重定向到 tr 的输入中，因为 tr 要从标准输入中获得输入。转换结果被写入标准输出，不会改动原始文件。接着来看一个更为实用的例子，我们之前用过管道来提取系统中所有的用户名和主目录：

```
$ cut -d: -f1,6 /etc/passwd
root:/
cron:/
bin:/
uucp:/usr/spool/uucp
asg:/
steve:/users/steve
other:/
$
```

你可以把 tr 命令放在管道的末尾，通过将冒号转换成制表符，从而生成可读性更好的输出结果：

```
$ cut -d: -f1,6 /etc/passwd | tr : '    '
root     /
cron     /
bin      /
uucp     /usr/spool/uucp
asg      /
steve    /users/steve
other    /
$
```

单引号中的是制表符（可能你看不出来，听我们的就行了）。必须将其放在引号中，以避免在解析命令行时被 Shell 当做多余的空白字符丢弃。

能处理不可打印字符吗？可以在 tr 中使用字符的八进制描述形式：

\nnn

其中 nnn 是字符的八进制值。这种写法用得不多，不过记住的话，还是有用处的。

例如，制表符的八进制值是 11，因此，将冒号转换成制表符的另一种方法就是使用下列 tr 命令：

tr : '\11'

表 3.3 列出了常用字符的八进制形式。

表 3.3　一些 ASCII 字符的八进制值

字符	八进制值
响铃（Bell）	7
退格（Backspace）	10
制表符（Tab）	11

续表

字符	八进制值
回车换行（Newline）	12
换行（Linefeed）	12
换页（Formfeed）	14
回车（Carriage Return）	15
取消（Escape）	33

在下面的例子中，tr 从 date 命令的输出中获取输入，将所有的空格转换成换行符。结果就是 date 输出中的每个字段都出现在不同的行上：

```
$ date | tr ' ' '\12'                  将空格转换为换行等
Sun
Jul
28
19:13:46
EDT
2002
$
```

tr 也可以对某个范围的字符进行转换。例如，下面的例子展示了如何将 intro 文件中所有的小写字母转换成对应的大写字母：

```
$ tr '[a-z]' '[A-Z]' < intro
THE UNIX OPERATING SYSTEM WAS PIONEERED BY KEN
THOMPSON AND DENNIS RITCHIE AT BELL LABORATORIES
IN THE LATE 1960S. ONE OF THE PRIMARY GOALS IN
THE DESIGN OF THE UNIX SYSTEM WAS TO CREATE AN
ENVIRONMENT THAT PROMOTED EFFICIENT PROGRAM
DEVELOPMENT.
$
```

将字符范围[a-z]和[A-Z]放在引号中是为了避免 Shell 将其解释为模式。如果在命令中不使用引号的话，你很快就会发现结果非你所想。

把这两个参数颠倒一下的话，就可以将所有的大写字母转换成小写字母：

```
$ tr '[A-Z]' '[a-z]' < intro
the unix operating system was pioneered by ken
thompson and dennis ritchie at bell laboratories
in the late 1960s. one of the primary goals in
the design of the unix system was to create an
environment that promoted efficient program
development.
$
```

还有一个更有趣的例子，猜猜下面的 tr 命令有什么效果？

```
tr '[a-zA-Z]' '[A-Za-z]'
```

想出来没？它可以将大写字母转换成小写字母，将小写字母转换成大写字母。

3.5.1　-s 选项

你可以使用-s 选项来"压缩"（squeeze）*to-chars* 中多次连续出现的字符。也就是说，如果转换完成后，在 *to-chars* 中出现了多个连续的字符，这些字符会被单个字符替代。

例如，下面的命令将所有的冒号转换成制表符，使用单个制表符替换多个制表符：

```
tr -s ':' '\11'
```

因此，输入中的一个或多个连续的冒号在输出中会被单个制表符所替换。

注意，'\t'在很多时候也可以使用以代替'\11'，如果想提高可读性的话，不妨一试。

假设你有一个名为 lotsaspaces 的文件，其内容如下：

```
$ cat lotsaspaces
This        is   an example  of a
File    that contains        a lot
Of   blank spaces.
$
```

你可以使用 tr 中的-s 选项来压缩多个空格，只需要将单个空格字符作为第一个和第二个参数即可：

```
$ tr -s ' ' ' ' < lotsaspaces
This is an example of a
file that contains a lot
of blank spaces.
$
```

该 tr 命令的意思是"使用空格来转换多个空格，将输出中的多个空格替换成单个空格。"

3.5.2　-d 选项

tr 也可以用于删除输入流中的个别字符。其用法为：

```
tr -d from-chars
```

只要是在 *from-chars* 中列出字符，都会从标准输入中删除。在下面的例子中，使用 tr 删除了文件 intro 中的所有空格：

```
$ tr -d ' ' < intro
```

```
TheUNIXoperatingSystemwaspioneeredbyKen
ThompsonandDennisRitchieatBellLaboratories
inthelate1960s.Oneoftheprimarygoalsin
thedesignoftheUNIXSystemwastocreatean
environmentthatpromotedefficientprogram
development.
$
```

你会发现也可以使用 sed 来实现相同的效果：

```
$ sed 's/ //g' intro
TheUNIXoperatingsystemwaspioneeredbyKen
ThompsonandDennisRitchieatBellLaboratories
inthelate1960s.Oneoftheprimarygoalsin
thedesignoftheUNIXsystemwastocreatean
environmentthatpromotedefficientprogram
development.
$
```

这在 UNIX 系统中不足为奇，解决特定问题的方法几乎不止一种。在上面的例子中，两种方法（tr 或 sed）都能够满足需求，不过 tr 可能更好一些，因为其本身更小，执行速度更快。

表 3.4 中总结了如何使用 tr 来转换及删除字符。记住，tr 只能够处理单个字符。如果你需要转换的字符不止一个（如将所有的 unix 转换成 UNIX），就只能借助于其他程序了，如 sed。

表 3.4　tr 示例

tr 命令	描述
tr 'X' 'x'	将所有的大写字母 X 转换成小写字母 x
tr '()' '{}'	将所有的左小括号转换成左花括号，所有的右小括号转换成右花括号
tr '[a-z]' '[A-Z]'	将所有的小写字母转换成大写字母
tr '[A-Z]' '[N-ZA-M]'	将所有的大写字母 A~M 转换成 N~Z，将 N~Z 转换成 A~M
tr ' ' ' '	将所有的制表符（第一对引号中的字符）转换成空格
tr -s ' ' ' '	将多个空格转换成单个空格
tr -d '\14'	删除所有的换页符（formfeed）（八进制值为 14）
tr -d '[0-9]'	删除所有的数字

3.6　grep

grep 能够在一个或多个文件搜索指定的模式。该命令的一般格式为：

grep *pattern files*

每个文件中匹配模式的行都会显示在终端中。如果在 grep 命令中指定了不止一个文件，文件名会出现在每一行之前，以便于识别模式所对应的文件。

假设你想在文件 ed.cmd 中查找所有的单词 shell：

```
$ grep shell ed.cmd
files, and is independent of the shell.
to the shell, just type in a q.
$
```

输出结果表明文件 ed.cmd 中有两行包含了单词 shell。

如果指定的模式不存在于指定的文件中，grep 命令什么都不显示：

```
$ grep cracker ed.cmd
$
```

在 sed 一节（3.4 节）中，你已经看到了如何使用命令打印出文件 intro 中所有包含字符串 UNIX 的行：

```
sed -n '/UNIX/p' intro
```

你也可以使用 grep 命令实现同样的效果：

```
grep UNIX intro
```

回忆一下之前的 phonebook 文件：

```
$ cat phonebook
Alice Chebba      973-555-2015
Barbara Swingle   201-555-9257
Jeff Goldberg     201-555-3378
Liz Stachiw       212-555-2298
Susan Goldberg    201-555-7776
Tony Iannino      973-555-1295
$
```

如果你需要查找特定的电话号码，用 grep 命令就很方便：

```
$ grep Susan phonebook
Susan Goldberg  201-555-7776
$
```

如果你需要在大量的文件中查找包含特定单词或短语的某些文件，grep 命令就尤为有用了。下面的例子展示了如何使用 grep 命令在当前目录的所有文件中搜索单词 shell：

```
$ grep shell *
cmdfiles:shell that enables sophisticated
ed.cmd:files, and is independent of the shell.
ed.cmd:to the shell, just type in a q.
```

```
grep.cmd:occurrence of the word shell:
grep.cmd:$ grep shell *
grep.cmd:every use of the word shell.
$
```

像刚才说过的那样，如果给 grep 指定了不止一个文件，包含该行的文件名会出现在输出的每行之前。

和 sed 中的表达式以及 tr 中的模式一样，最好是把 grep 中的模式放在单引号之中，避免 Shell 误解。如果不这么做的话，下面就是一个例子。假设你想找出文件 stars 中所有包含星号的行，输入以下命令：

grep * stars

结果并不如你所愿，因为 Shell 发现了命令行中的星号，自动将其替换成当前目录下的所有文件名！

```
$ ls
circles
polka.dots
squares
stars
stripes
$ grep * stars
$
```

在这个例子中，Shell 将星号替换成当前目录下的文件列表，然后开始执行 grep，它将第一个文件名（circles）作为第一个参数，试图在由剩余参数所指定的文件中查找该字符串，如图 3.1 所示。

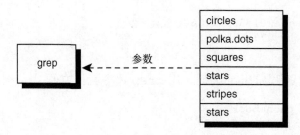

图 3.1 grep * stars

将星号放在引号中就可以避免 Shell 对其进行解析和解释：

```
$ grep '*' stars
The asterisk (*) is a special character that
***********
5 * 4 = 20
$
```

引号告诉 Shell 不要处理其中的字符。Shell 然后开始执行 grep，为其传入两个参数：*（不包括两边的引号，Shell 在处理过程中已经将其删除了）和 stars（见图 3.2）。

图 3.2 grep '*' stars

除了*之外，还有其他一些对于 Shell 而言有特殊含义的字符，如果这些字符出现在模式中，都必须使用引号将其引用起来。关于 Shell 是如何处理引号的这个话题确实有难度，我们会在整个第 5 章中专门讨论。

如果没有指定文件名，grep 就会从标准输入中获取输入。因此，你可以在管道中使用 grep 来扫描其他命令的输出，从中查找符合指定模式的行。假设你想查看用户 jim 是否已经登录，可以使用 grep 搜索 who 命令的输出：

```
$ who | grep jim
jim          tty16                Feb 20 10:25
$
```

注意，这里并没有指定要搜索的文件，grep 自动对标准输入进行扫描。显然，如果用户 jim 还没有登录，除了显示出一个新的命令行提示符之外，不会有任何输出：

```
$ who | grep jim
$
```

3.6.1 正则表达式与 grep

再来看一下文件 intro：

```
$ cat intro
The UNIX operating system was pioneered by Ken
Thompson and Dennis Ritchie at Bell Laboratories
in the late 1960s. One of the primary goals in
the design of the UNIX system was to create an
environment that promoted efficient program
development.
$
```

和 ed 一样，grep 也允许你使用正则表达式指定模式。这意味着你可以指定如下模式：

```
[tT]he
```

grep 可以用它来搜索以小写 t 或大写 T 开头，然后是 he 的字符串。

下面使用 grep 来列出所有包含字符串 the 或 The 的行：

```
$ grep '[tT]he' intro
The UNIX operating system was pioneered by Ken
in the late 1960s. One of the primary goals in
the design of the UNIX system was to create an
$
```

另一种更聪明的方法是利用 grep 的-i 选项，该选项可以忽略模式中的大小写。也就是说，下列命令：

```
grep -i 'the' intro
```

可以告诉 grep 在使用模式匹配 intro 文件中的行时忽略大小写。因此，包含 the 或 The 的行都能被打印，另外那些包含了 THE、THe、tHE 等的行也会出现。

表 3.5 展示了其他一些可以用于 grep 的正则表达式及其所匹配的内容。

表 3.5 grep 示例

命令	输出
grep '[A-Z]' list	list 文件中包含大写字母的行
grep '[0-9]' data	data 文件中包含数字的行
grep '[A-Z]...[0-9]' list	list 文件中符合以下模式的行：字符串长度为 5，以大写字母开头，以数字结尾
grep '\.pic$' filelist	filelist 中以 .pic 结尾的行

3.6.2 -v 选项

有时候你感兴趣的并不是匹配指定模式的行，而是不匹配的那些行。这正是 grep 中的-v 选项的效果：获得不匹配的行。在下面的例子中，grep 被用来找出 intro 文件中不包含模式 UNIX 的行。

```
$ grep -v 'UNIX' intro          打印不包含 UNIX 的行
Thompson and Dennis Ritchie at Bell Laboratories
in the late 19605. One of the primary goals in
environment that promoted efficient program
development.
$
```

3.6.3 -l 选项

有时候你可能并不想输出匹配模式的那些行，而只是想知道这些行所在文件的文件名。例如，假设在当前目录下有一些 C 源程序文件（按照惯例，这些文件都以 .c 作为扩展名），你想知道哪些文件中使用了变量 Move_history。下面是实现方法：

```
$ grep 'Move_history' *.c                    在所有的 C 源文件中查找 Move_history
exec.c:MOVE Move_history[200] = {0};
exec.c:       cpymove(&Move_history[Number_half_moves -1],
exec.c: undo_move(&Move_history[Number_hal f_moves-1],;
exec.c: cpymove(&last_move,&Move_history[Number_half_moves-1]);
exec.c: convert_move(&Move_history[Number_half_moves-1]),
exec.c:       convert_move(&Move_history[i-1]),
exec.c: convert_move(&Move_history[Number_half_moves-1]),
makemove.c:IMPORT MOVE Move_history[];
makemove.c:       if ( Move_history[j].from != BOOK (i,j,from) OR
makemove.c:              Move_history[j] .to != BOOK (i,j,to) )
testch.c:GLOBAL MOVE Move_history[100] = {0};
testch.c:    Move_history[Number_half_moves-1].from = move.from;
testch.c:    Move_history[Number_half_moves-1].to = move.to;
$
```

注意，在输出信息的最前面列出了使用该变量的 3 个文件：exec.c、makemove.c 和 testch.c。

给 grep 加上 -l 选项的话，你得到的就不再是文件中所匹配的行，而是匹配指定模式的行所在的文件：

```
$ grep -l 'Move_history' *.c            列出包含 Move_history 的文件
exec.c
makemove.c
testch.c
$
```

因为 grep 会在每行列出一个文件，所以可以将 grep -l 的输出通过管道传给 wc，统计出匹配特定模式的文件数：

```
$ grep -l 'Move_history' *.c | wc -l
     3
$
```

上面的命令显示出有 3 个 C 源程序文件引用了变量 Move_history。好，现在注意，如果你不使用 grep 的 -l 选项，也不将结果通过管道传给 wc -l，你能统计出什么信息？

3.6.4 -n 选项

如果使用 grep 的 -n 选项，文件中匹配指定模式的每一行前面会加上对应的行号。从上一个例子中可以看到，testch.c 是 3 个引用了变量 Move_history 的文件之一，下面展示了如何在其中准确定位引用了该变量的行：

```
$ grep -n 'Move_history' testch.c         在匹配的行前加上行号
13:GLOBAL MOVE Move_history[100] = {0};
```

```
197: Move_history[Number_half_moves-1].from = move.from;
198: Move_history[Number_half_moves-1].to = move.to;
$
```

如你所见，`Move_history` 出现在了 `testch.c` 中的第 13 行、第 197 行和第 198 行。

由于 grep 的灵活性及其在模式匹配方面的所长，因此，它是 UNIX 专家最常用到的命令之一。grep 非常值得下功夫研究。

3.7   sort

就最基础的功能而言，`sort` 命令的确非常容易理解：给出输入，它会将其按照字母顺序排序并输出排序结果：

```
$ sort names
Charlie
Emanuel
Fred
Lucy
Ralph
Tony
Tony
$
```

默认情况下，sort 会提取指定输入文件中的每一行，按照升序排列。

特殊字符会根据其内部编码来排序。例如，空格在内部是用数字 32 描述的，双引号是用数字 34 描述的。这意味着前者会排在后者之前。尤其对于其他语言和地区来说，排序顺序千差万别，因此，尽管通常在面对由字母、数字组成的输入时，sort 肯定不会出什么岔子，但对于其他外语字符、标点符号和其他特殊字符，排序结果并不总是如你所料。

sort 的大量选项为排序过程提供了更多的灵活性。在这里，我们选择其中一些选项来讲解。

3.7.1   -u 选项

-u 选项告诉 sort 消除输出中重复的行。

```
$ sort -u names
Charlie
Emanuel
Fred
Lucy
Ralph
Tony
$
```

这里你可以看到输出中重复的 Tony 已经不见了。很多老派的 UNIX 用户利用另一个程序 uniq 来实现相同的效果，你在阅读系统 Shell 脚本的时候，会经常看到 sort | uniq 这样的命令行。其实这完全可以使用 sort -u 来替代！

3.7.2   -r 选项

-r 选项可以实现逆序排列：

```
$ sort -r names               逆序
Tony
Tony
Ralph
Lucy
Fred
Emanuel
Charlie
$
```

3.7.3   -o 选项

在默认情况下，sort 会将排序结果写入标准输出。如果想将结果放在文件中，可以使用输出重定向：

```
$ sort names > sorted_names
$
```

或者可以使用-o 选项来指定输出文件。只需要把输出文件名放在-o 的后面就行了：

```
$ sort names -o sorted_names
$
```

该命令会将排序后的 names 写入到文件 sorted_names 中。

-o 选项的价值体现在什么地方了？我们经常需要对文件中的行进行排序，然后使用排序后的结果替换原始文件。但是，如果输入：

```
$ sort names > names
$
```

该命令并不会奏效——它会将 names 文件的内容清空！但如果使用-o 选项的话，就算是输入文件和输出文件都是同一个也没有问题：

```
$ sort names -o names
$ cat names
Charlie
Emanuel
Fred
Lucy
Ralph
Tony
```

```
Tony
$
```

建议
如果你所使用的过滤器或进程要替换原始输入文件，一定要小心，在数据被覆盖之前
务必确保不会出偏差。UNIX 擅长很多方面，但是并没有 unremove 命令可以用来恢
复丢失的数据或文件。

3.7.4   -n 选项

假设你的文件中包含了多对数据坐标（x，y）：

```
$ cat data
5        27
2        12
3        33
23       2
-5       11
15       6
14       -9
$
```

如果你想将这些数据导入名为 plotdata 的测绘程序中，但该程序要求导入的数据
对必须按照 x 的值（每行的第一个值）进行升序排序。

sort 的-n 选项指定将行中的第一个字段视为数字，对应的数据进行算术排序。比
较一下使用-n 选项前后的排序结果：

```
$ sort data
-5       11
14       -9
15       6
2        12
23       2
3        33
5        27
$ sort -n data          算术排序
-5       11
2        12
3        33
5        27
14       -9
15       6
23       2
$
```

3.7.5   跳过某些字段

如果你需要依据 y 的值（每行的第二个数字）对 data 文件排序，你可以使用以下
选项告诉 sort 从第二个字段开始排序：

-k2n

-k2n 表示跳过每行的第一个字段，从第二个字段开始排序。与此类似，-k5n 表示对每行的第 5 个字段进行算术排序。

```
$ sort -k2n data                 从第二个字段开始排序
14      -9
23      2
15      6
-5      11
2       12
5       27
3       33
$
```

字段之间默认是用空格或制表符分隔的。如果要想使用其他的分隔符，需要使用-t 选项。

3.7.6 -t 选项

如果你跳过了某些字段，sort 则假定这些字段之间是以空格或制表符分隔的。-t 选项提供了其他选择。如果使用了该选项，-t 后的字符被视为分隔符。

再看一下密码文件示例：

```
$ cat /etc/passwd
root:*:0:0:The super User:/:/usr/bin/ksh
steve:*:203:100::/users/steve:/usr/bin/ksh
bin:*:3:3:The owner of system files:/:
cron:*:1:1:Cron Daemon for periodic tasks:/:
george:*:75:75::/users/george:/usr/lib/rsh
pat:*:300:300::/users/pat:/usr/bin/ksh
uucp:nc823ciSiLiZM:5:5::/usr/spool/uucppublic:/usr/lib/uucp/uucico
asg:*:6:6:The Owner of Assignable Devices:/:
sysinfo:*:10:10:Access to System Information:/:/usr/bin/sh
mail:*:301:301::/usr/mail:
$
```

如果你想按照用户名排序（每行的第一个字段），可以使用以下命令：

```
sort /etc/passwd
```

要想对第 3 个以冒号分隔的字段（用户 ID）进行算术排序，需要先从第 3 个字段开始（-k3），然后将冒号指定为字段分隔符（-t:）：

```
$ sort -k3n -t: /etc/passwd              按照用户 ID 进行排序
root:*:0:0:The Super User:/:/usr/bin/ksh
cron:*:1:1:Cron Daemon for periodic tasks:/:
bin:*:3:3:The owner of system files:/:
uucp:*:5:5::/usr/spool/uucppublic:/usr/lib/uucp/uucico
```

```
asg:*:6:6:The Owner of Assignable Devices:/:
sysinfo:*:10:10:Access to System Information:/:/usr/bin/sh
george:*:75:75::/users/george:/usr/lib/rsh
steve:*:203:100::/users/steve:/usr/bin/ksh
pat:*:300:300::/users/pat:/usr/bin/ksh
mail:*:301:301::/usr/mail: .
$
```

这里我们加粗了每行的第 3 个字段，这样你就能够轻易地看出文件的确已经按照用户 ID 正确排序了。

3.7.7   其他选项

sort 还有其他一些选项允许你跳过字段中的某些字符、指定排序的结束字段、合并排序过的输入文件以及依据 “字典序” （在比较过程中，只使用字母、数字和空格）排序。这些选项的更多信息，可以参见 UNIX 用户手册中的 sort 条目。

3.8   uniq

uniq 命令可用于查找或删除文件中的重复行。该命令的基本格式为：

uniq *in_file out_file*

其中，uniq 将 *in_file* 复制为 *out_file*，同时删除所有重复的行。uniq 将重复的行定义为内容一模一样的连续行。

如果没有指定 *out_file*，则结果会写入标准输出。如果 *in_file* 也没有指定，那么 uniq 可以作为过滤器，从标准输入中读取输入。

下面是一些 uniq 的用法示例。假设你有一个名为 names 的文件，内容如下：

```
$ cat names
Charlie
Tony
Emanuel
Lucy
Ralph
Fred
Tony
$
```

你可以看到 Tony 在文件中出现了两次。你可以使用 uniq 删除重复的行：

```
$ uniq names                    打印出不重复的行
Charlie
Tony
Emanuel
```

```
Lucy
Ralph
Fred
Tony
$
```

Tony 在输出中仍然出现了两次，这是由于这两次出现并不是连续的，因此并不满足 uniq 对于重复的定义。可以使用 sort 来解决，sort 通常用于将重复的行调整到一起并将 sort 排序后的结果再交给 uniq：

```
$ sort names | uniq
Charlie
Emanuel
Fred
Lucy
Ralph
Tony
$
```

sort 将包含 Tony 的两行移动到了一起，然后使用 uniq 过滤掉重复的行（其实使用 sort 命令的-u 选项也完全可以实现该功能）。

3.8.1　-d 选项

你可能经常想要找出文件中重复的内容，uniq 的-d 选项可以帮助你实现这一目标：-d 选项告诉 uniq 只把重复的行写入 *out_file*（或者标准输出）。这样的行只写入一次，不管连续出现多少次。

```
$ sort names | uniq -d        列出重复行
Tony
$
```

来看一个更实用的例子，让我们把注意力转回/etc/passwd 文件。该文件中包含了系统中每个用户的信息。在从中添加和删除用户的过程中，完全有可能出现同一个用户名被不小心多次输入的情况。找出这种重复的条目也很简单：先对/etc/passwd 进行排序，然后像之前那样将排序结果通过管道导入 uniq -d：

```
$ sort /etc/passwd | uniq -d      找出/etc/passwd 中重复的条目
$
```

没有重复的完整行/etc/passwd 条目。如果想要找到用户名字段的重复条目，可以查看每一行的第一个字段（还记得，每一行的/etc/passwd 的前导字符开始，到冒号的位置是用户名）。这无法直接通过 uniq 选项来完成，但可以使用 cut 将用户名从每行的密码文件中取出，然后再发送给 uniq 来实现。

```
$ sort /etc/passwd | cut -f1 -d: | uniq -d    查找重复内容
cem
harry
$
```

结果发现在/etc/passwd 中 cem 和 harry 出现了重复。如果你需要查看特定条目更多的相关信息，可以使用 grep：

```
$ grep -n 'cem' /etc/passwd
20:cem:*:91:91::/users/cem:
166:cem:*:91:91::/users/cem:
$ grep -n 'harry' /etc/passwd
29:harry:*:103:103:Harry Johnson:/users/harry:
79:harry:*:90:90:Harry Johnson:/users/harry:
$
```

-n 选项可以找出重复条目出现的位置。在本例中，cem 有两个重复条目，分别出现在第 20 行和第 166 行；harry 有两个重复条目，分别在第 29 行和第 79 行。

3.8.2　其他选项

uniq 的-c 选项可以统计出现的次数，在脚本中极为有用：

```
$ sort names | uniq -c          统计行出现的次数
   1 Charlie
   1 Emanuel
   1 Fred
   1 Lucy
   1 Ralph
   2 Tony
$
```

uniq -c 的一个常见用法是找出数据文件中词频最高的单词，可以通过下面的命令行轻松实现：

```
tr '[A-Z]' '[a-z]' datafile | sort | uniq -c | head
```

还有另外两个选项，但考虑到本书篇幅的问题，这里就不再详述了，它们可以让 uniq 忽略一行中的起始字符/字段。更多的相关信息，可以使用命令 man uniq 来查询 uniq 的手册页。

要是没有提及 awk 和 perl 的话，可就是我们的疏忽了，它们对编写 Shell 脚本大有帮助。这两者本身都是大型的复杂编程环境，因此我们建议你到 *UNIX Programmer's Manual*，*Volume II* 中去阅读由 Aho 等人著写的 *Awk — A Pattern Scanning and Processing Language*，以及由 O'Reilly 出版的 *Learning Perl*、*Programming Perl*，它们都可以作为良好的语言教程及参考。

第 4 章
脚本与变量

有了第 2 章的基础，你现在应该已经明白了只要输入类似于下面的命令：

```
who | wc -l
```

你实际上就是在进行 Shell 编程。因为 Shell 负责解释命令行、识别管道符号、将第一个命令的输出连接到第二个命令的输入并执行这两个命令。

在本章中，你将会学到如何编写自己的命令，如何使用 Shell 变量。

4.1   命令文件

Shell 程序可以直接输入，例如：

```
$ who | wc -l
```

也可以在文件中输入，然后由 Shell 执行该文件。假如你在一天中需要多次查找已登录用户的人数。要是每次都得输入上面的管道命令，那效率就太低了，我们可以把这个管道命令放到文件中。

我们把这个文件叫做 nu（number of users 的缩写），其内容就是刚才看到的管道命令：

```
$ cat nu
who | wc -l
$
```

要执行文件 nu 中的命令，你要做的就是在 Shell 中像执行其他命令那样输入 nu：

```
$ nu
sh: nu: cannot execute
$
```

哦！我们忘了提醒一件事。在命令行中执行脚本之前，必须将文件权限修改为可执行。这可以通过 chmod 命令来实现。要给 nu 加上可执行权限，只需要输入：

```
chmod +x file(s)
```

+x 表明希望 *file(s)* 具有可执行权限。Shell 要求在命令行中可直接调用执行的文件必须具备可读和可执行权限。

```
$ ls -l nu
-rw-rw-r--    1 steve     steve         12 Jul 10 11:42 nu
$ chmod +x nu                           使其具备可执行权限
$ ls -l nu
-rwxrwxr-x    1 steve     steve         12 Jul 10 11:42 nu
$
```

现在就可以执行 nu 了:

```
$ nu
        8
$
```

一切正常。

警告

如果你解决了权限的问题，但仍旧得到错误信息"Command not found"，尝试在命令前面加上 ./ (如 ./nu)，确保 Shell 除了在常用的系统位置之外，也会在当前目录下查找命令。要想"一劳永逸"的话，把 . 添加到 PATH 环境变量 (通常在 .profile 文件中) 内容的末尾。

你可以将任何命令放入文件中，为其设置可执行权限，然后在 Shell 中输入文件名来执行其中的命令。这种方法形式简单、功能强大，你学到的所有命令行相关的知识都可以应用到 Shell 脚本编写上。

例如，I/O 重定向和管道这类标准的 Shell 机制也可以用于你自己编写的程序:

```
$ nu > tally
$ cat tally
        8
$
```

假设你正在处理一个名为 sys.caps 的提案，每次打印该提案的时候都得执行下列命令:

```
tbl sys.caps | nroff -mm -Tlp | lp
```

为了避免每次都得输入，可以把这个命令序列放到一个可执行文件中(命名为 run)，然后在需要打印提案的时候输入文件名 run 就行了:

```
$ cat run
tbl sys.caps | nroff -mm -Tlp | lp
```

```
$ chmod +x run
$ run
request id is laser1-15 (standard input)
$
```

（例子中的 request id 消息来自 lp 命令。）

在接下来的例子中，假设你想编写一个叫做 stats 的 Shell 程序来打印出日期和时间、用户登录的次数以及当前工作目录。要获取到这些信息，需要用到 3 个命令序列：date、who | wc -l 和 pwd：

```
$ cat stats
date
who | wc -l
pwd
$ chmod +x stats
$ stats                              运行脚本
Wed Jul 10 11:55:50 EDT 2002
      13
/users/steve/documents/proposals
$
```

你还可以加入一些 echo 命令，使 stats 的输出更清晰、易懂：

```
$ cat stats
echo The current date and time is:
date
echo
echo The number of users on the system is:
who | wc -l
echo
echo Your current working directory is:
pwd
$ stats                              执行脚本
The current date and time is:
Wed Jul 10 12:00:27 EDT 2002

The number of users on the system is:
      13

Your current working directory is:
/users/steve/documents/proposals
$
```

没有参数的 echo 会产生一个空行。很快你就会看到如何让消息和命令输出出现在同一行中，就像这样：

```
The current date and time is: Wed Jul 10 12:00:27 EDT 2002
```

注释

如果没有注释语句的话，Shell 编程语言就难称完整。注释语句是在程序中插入说明性信息的一种方法，除此之外，它对于程序的执行没有任何影响。

只要 Shell 碰到了特殊字符#，就会忽略#之后，直到行尾的所有字符。如果#出现在行首，那么这一整行都被视为注释。下面就是一些有效注释的例子：

```
# Here is an entire commentary line
who | wc -l        # count the number of users
#
#   Test to see if the correct arguments were supplied
#
```

对于那些意图不明显或比较复杂的命令或命令序列，有可能你会忘记这么写的原因或用途，那么注释便是一种有用的描述方法。恰到好处的注释也有助于 Shell 程序的调试和维护——无论是对于你还是其他为程序进行技术支持的人。

让我们回过头来给 stats 程序加入一些注释和空行，增加其可读性：

```
$ cat stats
#
# stats -- prints: date, number of users logged on,
#          and current working directory
#

echo The current date and time is:
date

echo
echo The number of users on the system is:
who | wc -l

echo
echo Your current working directory is:
pwd
$
```

多出的这些空行几乎不会增加磁盘空间上的成本，但从程序的可读性上来说，其效果可是立竿见影。所有的注释都会被 Shell 忽略。

4.2 变量

像所有其他编程语言一样，Shell 允许你将值保存在变量中 Shell。变量名以字母或下划线（_）开头，后面可以跟上零个或多个字母及数字字符或下划线。

注意

用来匹配 Shell 变量名的正则表达式因此就是[A-Za-z_][a-zA-Z0-9_]*，对吧？

要将值保存在变量中，要先写出变量名，然后紧跟上等号=，接着是要存入变量的值：

variable=value

举例来说，要将值 1 分配给变量 count，只需要写作：

count=1

要将值/users/steve/bin 分配给 Shell 变量 my_bin，可以写作：

my_bin=/users/steve/bin

这里有几处重要的地方。首先，等号两边不能有空格。这点要记住，尤其是如果你使用过其他编程语言，可能养成了在操作符周围插入空格的习惯。但是在 Shell 语言中，可不能有空格。

其次，不像其他大多数编程语言，Shell 并没有数据类型的概念。无论你给 Shell 变量分配什么样的值，Shell 都简单地将其视为字符串。因此，如果你给变量 count 分配 1，Shell 只会将字符 1 存入变量 count 中，并不会认为该变量保存的是一个整数值。

如果你习惯了需要声明变量的编程语言，如 C、Perl、Swift 或 Ruby，那么现在得做一下调整：因为 Shell 并没有数据类型的概念，变量在使用前并不需要声明，在用到的时候直接赋值就行了。

对于那些所包含的字符串同时也是合法数字的 Shell 变量而言，Shell 可以通过特殊的内建操作来支持整数运算，即便如此，也会继续对变量求值，以确保的确是有效的数字。

因为 Shell 是一种解释型语言，所以可以直接在终端中为变量赋值：

```
$ count=1                        将字符 1 分配给 count
$ my_bin=/users/steve/bin        将/users/steve/bin 分配给 my_bin
$
```

现在你应该已经知道了如何给变量赋值了，不过这有什么用？问得好。

4.2.1　显示变量值

echo 命令（我们曾用它打印从标准输入中获得的字符串）可以用来显示 Shell 变量的值。你只需要这样写：

echo $variable

字符$的后面如果跟的是一个或多个字母及数字字符，那么对于 Shell 而言，$就是一个特殊字符。如果变量名出现在$之后，Shell 会认为这时应该使用变量中保存的值进行替换。当你输入：

```
echo $count
```

Shell 就会使用变量值来替换$count，然后执行 echo 命令：

```
$ echo $count
1
$
```

记住，Shell 是在执行命令前进行变量替换的（见图 4.1）。

图 4.1　echo $count

可以一次替换多个变量：

```
$ echo $my_bin
/users/steve/bin
$ echo $my_bin $count
/users/steve/bin 1
$
```

在第二个例子中，Shell 先替换了 my_bin 和 count 的值，然后执行 echo 命令（见图 4.2）。

图 4.2　echo $my_bin $count

变量可以出现在命令行中的任何位置，Shell 会在调用命令之前完成变量值的替换，如下例所示：

```
$ ls $my_bin
mon
nu
testx
$ pwd                            当前所在位置?
/users/steve/documents/memos
$ cd $my_bin                     改变到 bin 目录
$ pwd
/users/steve/bin
$ number=99
$ echo There are $number bottles of beer on the wall
```

```
There are 99 bottles of beer on the wall
$
```

还有其他一些例子：

```
$ command=sort
$ $command names
Charlie
Emanuel
Fred
Lucy
Ralph
Tony
Tony
$ command=wc
$ option=-l
$ file=names
$ $command $option $file
      7 names
$
```

从中可以看到，即便是命令名也可以保存在变量中。因为 Shell 是在决定待执行的程序名及其参数之前完成变量替换的，它会解析命令行：

$command $option $file

然后完成替换操作，使最终的命令行变成：

```
wc -l names
```

接着 Shell 会执行 `wc`，为其传入两个参数：`-l` 和 `names`。

变量还可以分配给其他变量，如下所示：

```
$ value1=10
$ value2=value1
$ echo $value2
value1                                   这样不对
$ value2=$value1
$ echo $value2
10                                       这才是正确的做法
$
```

记住，如果想使用变量的值，就必须把美元符号$放置在变量名之前。

4.2.2　未定义变量的值为空

如果要显示一个尚未赋值的变量的值，你觉得会是什么结果？来试试看：

```
$ echo $nosuch                                         没有赋过值的变量
$
```

并没有出现错误信息。echo 命令到底显示出了什么东西？让我们来看看有没有更
准确的方法可以判断出来：

```
$ echo :$nosuch:                                       在变量值周围加上冒号
::
$
```

可以看到 Shell 没有使用任何字符来替换 nosuch。

没有值的变量叫做未定义变量，其值为空（null）。这是没有赋过值的变量的默认状
态。当 Shell 执行变量替换时，为空的值会被从命令行中删除（这么做也说得通）：

```
$ wc  $nosuch -l $nosuch $nosuch names
     7 names
$
```

Shell 扫描命令行，使用空值替换变量 nosuch。扫描完成之后，命令行实际上就变
成了下面的样子：

```
wc -l names
```

这样就解释了为什么能够输出正常的结果。

有时你也许想将某个变量的值初始化为空值。这时只需要把等号右侧留空就行了，
例如：

dataflag=

还有另一种更好的方法，你可以在=之后使用两个连续的引号：

dataflag=""

以及

dataflag=''

两种写法的效果一样，都可以将空值赋给 dataflag，而且看起来意图明显，不像第一
个例子中那样让人觉得是不小心写错了。

注意，下面的赋值：

dataflag=" "

并不等同于上面 3 个赋值语句，它是将一个空格字符赋给了 dataflag，这和空字符可
不是一回事。

4.2.3　文件名替换与变量

下面是一道智力题：如果你输入

x=*

Shell 保存到变量 x 中的是字符*，还是当前目录下的所有文件名？让我们来试试看：

```
$ ls                                          查看当前目录下的文件
addresses
intro
lotsaspaces
names
nu
numbers
phonebook
stat
$ x=*
$ echo $x
addresses intro lotsaSpaces names nu numbers phonebook stat
$
```

从这个简单的例子中反映出的知识点可不少。文件列表究竟是在执行

x=*

时被保存在了变量 x 中，还是由 Shell 在执行

echo $x

时完成了替换操作？

答案就是：在对变量赋值时，Shell 并不执行文件名替换。因此

x=*

就是将字符*赋给了变量 x。依据上面看到的输出结果，这就意味着 Shell 必须在执行 echo 命令时完成文件名替换。实际上，在执行

echo $x

时，严格的操作步骤如下所示。

1．Shell 扫描命令行，将 x 替换成*。

2．Shell 重新扫描命令行，遇到*后，使用当前目录下的所有文件名来替换。

3．Shell 执行 echo，将文件列表作为参数传入（见图 4.3）。

求值顺序非常重要。记住，Shell 先进行变量替换，然后是文件名替换，接着是将命令行解析成参数。

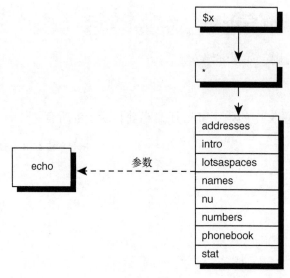

图 4.3 `echo $x`

4.2.4 ${*variable*}结构

假设你有一个文件名保存在变量 filename 中。如果你想给文件更名，新文件名的构成采用旧文件名加上字符 X 的形式，你的第一反应可能会是：

```
mv $filename $filenameX
```

当 Shell 扫描命令行时，会将变量 filename 和 filenameX 替换成对应的值 Shell。认为 filenameX 是一个完整的变量名，因为该名称中都是合法的字符。

要想避免这种情况，可以将整个的变量名放进花括号里，也就是这样：

```
${filename}X
```

这样就避免了歧义，mv 命令也就能够获得预想的结果了：

```
mv $filename ${filename}X
```

记住，只有在变量名的最后一个字符后面跟的是字母及数字字符或下划线的时候才有必要使用花括号。

在花括号写法中，还有不少其他的功能，其中包括提取子集、给未赋值的变量赋值等。敬请期待我们的讲解吧！

4.3 内建的整数算术操作

所有的现代 UNIX 以及 Linux 变种（包括 Mac OSX 的命令 Shell）中所包含的

POSIX 标准 Shell 提供了一种叫做算术扩展（arithmetic expansion）的机制，能够用于执行 Shell 变量的整数运算。注意，有些比较旧的 Shell 并不支持该特性。

算术扩展的格式为：

$((*expression*)

其中，*expression* 是包含 Shell 变量和操作符的算术表达式。有效的 Shell 变量必须包含数字值（值的首部和尾部可以有空白字符）。有效的操作符和 C 语言中的一样，附录 A 中列出了全部的操作符。

$(()) 操作符

可用的操作符可是不少，其中包括基本的 6 种：+、-、*、/、%和**，另外还有一些比较复杂的记法：+=、-=、*、=、/=，以及自增 *variable*++和自减 *variable*--等。我们喜欢哪种？你可以处理不同的数字进制，甚至是在进制之间进行转换。例如，下面的命令能够告诉你八进制的 100（基数为 8）和二进制的 101010101010101010（基数为 2）相当于十进制的多少：

```
$ echo $(( 8#100 ))
64
$ echo $(( 2#101010101010101010 ))
174762
```

命令行中 *expression* 的计算结果会被替换。例如：

echo $(i+1)

将 Shell 变量 i 加 1，然后打印出结果。注意，变量 i 前面的$不是必需的，因为 Shell 知道能够出现在算术扩展中的有效元素只有操作符、数字和变量。如果变量未定义或包含空串，其值被视为 0。因此，就算是我们没给变量 a 赋值，它依然可以出现在整数表达式中：

```
$ echo $a                    变量a 未赋值
$ echo $(( a = a + 1 ))       等同于 a = 0 + 1
$ 1
$ echo $a
1                            a 的值现在是 1
$
```

注意，赋值是一个合法的运算符，在上例中的第二个 echo 命令中，算术扩展被赋值的结果所替换。

在表达式的内部可以根据需要使用括号来分组，例如：

```
echo $((i = (i + 10) * j))
```

如果你在赋值的时候不想使用 echo 或其他命令，可以把赋值操作符放在算术扩展之前。

因此，如果要将变量 i 的值乘以 5，然后将结果赋给 i，可以这样写：

```
i=$(( i * 5 ))
```

注意，双括号内部的空格是可选的，但是在外部进行赋值的时候不能有空格。

$i 乘以 5 的另一种更紧凑的写法如下，它可以出现在另一个语句中：

```
$(( i *= 5 ))
```

如果你只是要给变量值加 1，这样写更简洁：

```
$(( i++ ))
```

最后，要想测试 i 是否大于或等于 0 且小于或等于 100，可以写作：

```
result=$(( i >= 0 && i <= 100 ))
```

如果表达式为真，就为 result 赋值 1（真）；如果表达式为假，则为 result 赋值 0（假）：

```
$ i=$(( 100 * 200 / 10 ))
$ j=$(( i < 1000 ))              如果 i < 1000，将 j 设为 1；否则就设为 0
$ echo $i $j
2000 0                          i 的值为 2000，因此 j 的值为 0
$
```

以此例作为本章介绍编写命令和使用变量的结束。在下一章中，我们将深入学习 Shell 的各种引用机制。

本章将要讲述 Shell 编程语言中一种独特的特性：如何解释引用字符。Shell 能够识别 4 种不同的引用字符：

- 单引号'
- 双引号"
- 反斜线\
- 反引号`

前两种和最后一种必须成对出现，而反斜线可以在命令中根据需要多次出现。这些引用字符在 Shell 中的含义各不相同。我们将在本章的不同节中依次讲述。

5.1 单引号

在 Shell 中需要使用引号的因素有很多。其中最常见的就是要使包含空白字符的字符序列成为一个整体。

下面名为 phonebook 的文件中包含了姓名和电话号码：

```
$ cat phonebook
Alice Chebba      973-555-2015
Barbara Swingle   201-555-9257
Liz Stachiw       212-555-2298
Susan Goldberg    201-555-7776
Susan Topple      212-555-4932
Tony Iannino      973-555-1295
$
```

要想在 phonebook 文件中查找某人的话，需要使用 grep：

```
$ grep Alice phonebook
Alice Chebba      973-555-2015
$
```

当查找 Susan 时，结果显示如下：

```
$ grep Susan phonebook
Susan Goldberg   201-555-7776
Susan Topple     212-555-4932
$
```

由于在该文件中有两个人叫 Susan，因此也就有两行输出。假设你只需要 Susan Goldberg 的信息，其中一种解决方法是进一步限定姓名。例如，可以把姓氏也加上：

```
$ grep Susan Goldberg phonebook
grep: can't open Goldberg
Susan Goldberg   201-555-7776
Susan Topple     212-555-4932
$
```

但你也看到了，这不管用。

为什么？因为 Shell 使用空白字符来分隔命令参数，上面的命令行使得 grep 获得了 3 个参数：Susan、Goldberg 和 phonebook（见图 5.1）。

图 5.1　grep Susan Goldberg phonebook

当 grep 执行时，它将第一个参数作为模式，余下的参数作为要搜索的文件名。在本例中，grep 认为自己要在文件 Goldberg 和 phonebook 中查找 Susan。它会尝试打开文件 Goldberg，然后发现找不到该文件，于是就显示出错误信息：

```
grep: can't open Goldberg
```

接着转向下一个文件 phonebook，打开并搜索模式 Susan，打印出匹配到的两行。从操作逻辑上来说，的确没毛病。

问题在于如何将包含空白字符的参数传递给程序。

解决方法就是将整个参数放到一对单引号中：

```
grep 'Susan Goldberg' phonebook
```

当 Shell 看到第一个单引号时，它会忽略随后的所有特殊字符，直到碰到下一个与之匹配的的封闭单引号（matching closing quote）。

```
$ grep 'Susan Goldberg' phonebook
Susan Goldberg   201-555-7776
$
```

只要 Shell 碰到第一个 ' ，在遇到用于封闭的 ' 之前，它不会再解释任何特殊字符。因此，Susan 和 Goldberg 之间通常用作分隔参数的空格就被 Shell 忽略了。Shell 然后将命令行分割成两个参数，第一个参数是 Susan Goldberg（其中包含了空格字符），另一个参数是 phonebook。然后调用 grep，为其传入这两个参数（见图 5.2）。

图 5.2 grep 'Susan Goldberg' phonebook

grep 将第一个参数 Susan Goldberg 视为一个包含了空格的模式，然后在由第二个参数指定的文件 phonebook 中查找匹配该模式的内容。注意，引号会被 Shell 删除，并不会传入程序中。

无论引号中有多少个空格，它们都会被 Shell 所保留。

```
$ echo  one          two        three      four
one two three four
$ echo 'one          two        three      four'
one          two        three      four
$
```

在第一个例子中，Shell 从命令行中（没有引号！）删除了多余的空白字符，为 echo 传入了 4 个参数：one、two、three 和 four（见图 5.3）。

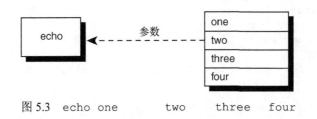

图 5.3 echo one   two   three   four

在第二个例子中，Shell 保留了所有多余的空格，在执行 echo 时，将引号中的整个字符串视为单个参数（见图 5.4）。

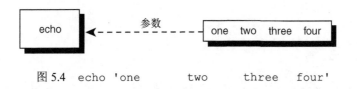

图 5.4 echo 'one   two   three   four'

值得一提的是：只要是出现在单引号中的特殊字符，Shell 会将其全部忽略。这就解释了下面的这些例子：

```
$ file=/users/steve/bin/progl
$ echo $file
/users/steve/bin/progl
$ echo '$file'                     $没有被 Shell 解释
$file
$ echo *
addresses intro lotsaspaces names nu numbers phonebook stat
$ echo '*'
*
$ echo '< > | ; ( ) { } >> " &'
< > | ; ( ) { } >> " &
$
```

如果是在单引号中，即便是 Enter 键也会被保留并作为命令参数的一部分：

```
$ echo 'How are you today,
> John'
How are you today,
John
$
```

解析完第一行之后，Shell 发现引号并没有配对，因此提示用户（通过>）输入结尾的引号。>叫做辅助提示符（secondary prompt character），Shell 会在等待用户完成多行命令的输入时显示该提示符。

如果在给变量赋值时，其中包含空白字符或其他特殊字符，也需要使用引号，例如：

```
$ message='I must say, this sure is fun'
$ echo $message
I must say, this sure is fun
$ text='* means all files in the directory'
$ echo $text
names nu numbers phonebook stat means all files in the directory
$
```

第一句中使用引号的原因在于值中包含空格。

我们在包含变量 text 的语句中注意到：Shell 会在变量名替换后进行文件名替换操作，也就是说，变量被扩展后，*会在 echo 执行前被替换成当前目录下所有的文件名。真烦人！这种问题该怎么解决？可以利用双引号。

5.2　双引号

双引号的作用类似于单引号，除了它对于内容的保护要弱于后者：单引号告诉 Shell 忽略引用的所有特殊字符，而双引号则忽略引用的大部分特殊字符。具体来说，下面的 3 个字符在双引号中不会被忽略：

- 美元符号
- 反引号
- 反斜线

美元符号不会被忽略意味着 Shell 会在双引号中完成变量名替换。

```
$ filelist=*
$ echo $filelist
addresses intro lotsaspaces names nu numbers phonebook stat
$ echo '$filelist'
$filelist
$ echo "$filelist"
*
$
```

在这里你看到了不使用引号、使用单引号以及使用双引号之间的主要不同。在第一个例子中，Shell 看到了星号并将其替换成当前目录下的所有文件名。在第二个例子中，Shell 完全不处理单引号中的字符，因此显示出了 $filelist。在最后一个例子中，双引号指示 Shell 需要在其中执行变量名替换，因此，Shell 将 $filelist 替换成了 *。因为文件名替换不会在双引号中完成，所以被安全传递给了 echo 并作为参数值显示出来。

> **注意**
> 尽管我们是在对比单引号和双引号，但你需要知道在 Shell 中并没有 "smart quotes"[①] 这种东西。这种由字处理器（如 Microsoft Word）所生成的向内弯的引号，打印效果要更好看，但它们会破坏 Shell 脚本，一定要警惕！

如果你想获得变量被替换后的值，但是不希望 Shell 随后再解析替换后出现的特殊字符，可以将变量放进双括号里。

下面另一个例子演示了有无双引号之间的区别：

```
$ address="39 East 12th Street
> New York, N. Y. 10003"
$ echo $address
39 East 12th Street New York, N. Y. 10003
$ echo "$address"
39 East 12th Street
New York, N. Y. 10003
$
```

注意，在这个例子中，无论是把值放在单引号还是双引号中赋给 address 都没有什么差别。无论是哪种方式，Shell 都会显示出辅助提示符，等待输入对应的闭引号（close quote）。

将两行地址分配给 address 后，echo 会显示出该变量的值。对于没有被引用的变量，其保存的地址会被显示在一行中。原因如同

[①] 关于 smart quotes，可参见 https://www.fonts.com/content/learning/fyti/typographic-tips/smart-quotes 和 http://phaibin.tk/2014/01/23/macli-de-smart-quotesgong-neng。——译者注

echo one   two   three   four

会被显示成

```
one two three four
```

因为 Shell 会从命令行中删除空格、制表符和换行符（空白字符），然后切分成参数交给所请求的命令。

echo $address

这样会使得 Shell 删除内嵌的换行符，其处理方式和空格或制表符一样：作为参数分隔符。然后将 9 个参数传给 echo 显示。echo 自始至终都没见到过换行符，Shell 已经提前处理了（见图 5.5）。

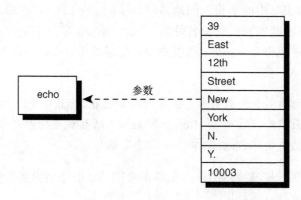

图 5.5   echo $address

而在使用命令

echo "$address"

的时候，Shell 和之前一样会替换变量 address 的值，但是双引号会告诉 Shell 保留所有内嵌的空白字符。因此，在这种情况下，Shell 只给 echo 传递了一个参数，其中包含了嵌入的换行符。echo 然后就将这个参数显示了出来。图 5.6 演示了这个过程，换行符在图中用 \n 表示。

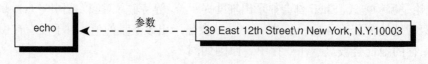

图 5.6   echo "$address"

稍有点怪异的地方是双引号还可以用来保留单引号，反之亦然：

```
$ x="' Hello,' he said"
$ echo $x
'Hello,' he said
$ article=' "Keeping the Logins from Lagging," Bell Labs Record'
$ echo $article
"Keeping the Logins from Lagging," Bell Labs Record
$
```

5.3　反斜线

除了少数几处例外，反斜线（作为前缀使用）在功能上相当于在单个字符周围放置单引号。反斜线可以对紧随其后的字符进行转义。一般形式为：

\c

其中，c是你想要转义的字符。该字符的所有特殊含义都会被移除。下面是一个例子：

```
$ echo >
syntax error: 'newline or ;' unexpected
$ echo \>
>
$
```

在第一种用法中，Shell 看到了>，认为你是想将 echo 的输出重定向到文件中，因此它预计接下来应该是一个文件名。但是却没有，因此 Shell 发出了错误信息。

在接下来的用法中，反斜线去除了>的特殊含义，因此传给 echo 显示的只是一个普通的字符。

```
$ x=*
$ echo \$x
$x
$
```

在这个例子中，Shell 忽略了反斜线之后的$，故不再执行变量替换。

反斜线去除了之后字符的特殊含义，你能不能猜出如果其后的字符是另一个反斜线，结果又会怎样？这会使反斜线失去特殊含义：

```
$ echo \\
\
$
```

你也可以使用单引号实现相同的效果：

```
$ echo '\'
```

```
\
$
```

5.3.1   使用反斜线续行

本节一开始就提到过，\c 基本上等同于'c'。有一个例外是当反斜线作为一行最后的一个字符时：

```
$ lines=one'
> 'two                              单引号使得 Shell 忽略了换行符
$ echo "$lines"
one
two
$ lines=one\                        换用 \
> two
$ echo "$lines"
onetwo
$
```

如果反斜线是输入行的最后一个字符，Shell 将其视为续行符。它会删除随后的换行符，也不会将该换行符作为参数分隔符（就好像这个字符从没出现过）。在输入跨多行的长命令时经常使用这种方法。

例如，下面的命令完全没问题：

```
Longinput="The Shell treats a backslash that's the \
last character of a line of input as a line \
continuation. It removes the newline too."
```

5.3.2   双引号中的反斜线

我们先前提到过反斜线是在双引号中会被 Shell 解释的 3 个字符之一。这意味着你可以在双引号中使用反斜线来去除会被 Shell 解释的那些字符的特殊含义（也就是说，包括其他的反斜线、美元符号、反引号、换行符以及其他的双引号）。如果反斜线出现在双引号中其他字符之前，Shell 会将该反斜线忽略，继续往后处理：

```
$ echo "\$x"
$x
$ echo "\ is the backslash character"
\ is the backslash character
$ x=5
$ echo "The value of x is \"$x\""
The value of x is "5"
$
```

在第一个例子中，反斜线出现在美元符号之前，因此 Shell 忽略了该美元符号，删除反斜线，将结果交给 echo 处理。在第二个例子中，反斜线被放在了一个空格之前，

Shell 并不会在双引号中对其作出解释，因此 Shell 忽略了反斜线并将它传给了 echo 命令。最后一个例子展示了使用反斜线在由双引号引用的字符串中使用双引号。

下面来做一个练习，假设你想在终端中显示如下文本行：

```
<<< echo $x >>> displays the value of x, which is $x
```

这里的目的是将第二个 $x 替换成对应的值，第一个 $x 原样输出。让我们先来给 x 赋值：

```
$ x=1
$
```

现在尝试不使用任何引号来显示这一行：

```
$ echo <<< echo $x >>> displays the value of x, which is $x
syntax error: '<' unexpected
$
```

< 对于 Shell 来说表示输入重定向，在这里它缺少后续的文件名，因此导致了错误信息。

如果你把整个字符串放入单引号中，x 不会被替换成对应的值。但如果你把整个字符串放进双引号中，两个 $x 都会被替换掉。这就难办了！

下面两种不同的方法都可以正确地引用字符串，达到预期的效果：

```
$ echo "<<< echo \$x >>> displays the value of x, which is $x"
<<< echo $x >>> displays the value of x, which is 1
$ echo '<<< echo $x >>> displays the value of x, which is' $x
<<< echo $x >>> displays the value of x, which is 1
$
```

在第一种方式中，所有内容都被放入双引号中，反斜线用来阻止 Shell 对第一个 $x 执行变量替换。在第二种方式中，最后一个 $x 之前的所有内容都被放入单引号中，应该被替换的变量不使用引号引用。

但是后一种方式略有一点风险：如果变量 x 中包含的是文件名替换或者有空白字符，Shell 会对其进行解释。一个更安全的写法是：

```
echo '<<< echo $x >>> displays the value of x, which is' "$x"
```

5.4 命令替换

命令替换指的是 Shell 能够在命令行中的任意位置使用命令的输出来替换特定的命令。Shell 执行命令替换的方式有两种：将命令放在反引号中或放在 $(...) 中。

5.4.1　反引号

反引号（也经常称为"反撇号"）不像之前碰到过的那些引号，因为它的目的不在于避免字符被 Shell 解释，而是告诉 Shell 将其中的命令使用命令输出代替。反引号的一般使用格式为：

`` `command` ``

其中，*command* 是待执行的命令名，命令输出会被插入到它的当前所在位置上。

注意

使用反引号形式的命令替换已经不再是首选的方法了，我们之所以在此谈及是因为很多老旧的 Shell 脚本还在使用这种写法。如果你编写的脚本所要移植到的旧 UNIX 系统不支持更新、更提倡的$(...)形式，那么还是有必要了解反引号的。

这里是一个例子：

```
$ echo The date and time is: `date`
The date and time is: Wed Aug 28 14:28:43 EDT 2002
$
```

当 Shell 扫描命令行时，它识别出了反引号，于是期望接下来的是一个命令。在本例中，Shell 发现了 date 命令，因此执行该命令并使用 date 的输出替换命令行中的 `date` 序列。接下来，Shell 将处理过的命令行分割成参数，然后全部传给 echo 命令。

```
$ echo Your current working directory is `pwd`
Your current working directory is /users/steve/Shell/ch6
$
```

Shell 执行 pwd，将其输出插入命令行中，然后执行 echo。注意，在下一节中，反引号适用于所有使用了$(...)的地方，对于本小节而言，反之亦然。

5.4.2　$(...)结构

所有的现代 UNIX、Linux 以及其他 POSIX 兼容的 Shell 都支持一种更新、更可取的命令替换写法：$(...)。其一般形式为：

$(*command*)

和反引号一样，*command* 是命令名，它会被命令的标准输出内容所替换。例如：

```
$ echo The date and time is: $(date)
The date and time is: Wed Aug 28 14:28:43 EDT 2002
$
```

这种写法要比反引号更好。原因如下：首先，使用了单引号和反引号的复杂命令会很难阅读，尤其是当你所使用的字符无法从视觉上区分两者的时候；其次，$(...)易于嵌套，能够在命令替换中再进行命令替换。尽管使用反引号也可以实现命令替换的嵌套，但是得花点心思。随后你会看到命令替换嵌套的相关例子。

有一点需要重点强调：括号中并不是只能调用一个命令。可以将需要执行的多个命令用分号隔开，而且还可以使用管道。

下面是一个 nu 程序的修改版本，它能够显示出已登录的用户数：

```
$ cat nu
echo There are $(who | wc -l) users logged in
$ nu                              执行程序
There are 13 users logged in
$
```

因为单引号能够保留其中的所有内容，下面的输出会更清晰：

```
$ echo '$(who | wc -l) tells how many users are logged in'
$(who | wc -l) tells how many users are logged in
$
```

但是在双引号中会解释命令替换：

```
$ echo "You have $(ls | wc -l) files in your directory"
You have        7 files in your directory
$
```

记住，Shell 负责执行括号中的命令。echo 命令所看到的是由 Shell 插入的命令输出。

注意

上面例子中的 wc 命令生成的前导空格总是让程序员烦恼不已。你能不能使用 sed 把这些空格删除？

假设你正在编写一个脚本，希望将当前日期和时间分配给变量 now。

可以使用命令替换来实现：

```
$ now=$(date)                     执行 date 命令并将输出保存到变量 now 中
$ echo $now                       查看赋值结果
Wed Aug 28 14:47:26 EDT 2002
$
```

如果你输入

```
now=$(date)
```

Shell 知道将 date 的全部输出保存到 now 中。因此，并不需要把$(date)放在双引号内，尽管这是一个常用的实践。

就算是生成多行输出的命令也可以将其输出保存到变量中：

```
$ filelist=$(ls)
$ echo $filelist
addresses intro lotsaspaces names nu numbers phonebook stat
$
```

这是怎么回事？尽管 ls 输出的换行符都保存在了变量 filelist 中，但是最终的文件列表却是水平排列的。这是因为在 Shell 处理 echo 命令时，filelist 中的换行符被丢弃了。双引号能够保留变量中的换行符：

```
$ echo "$filelist"
addresses
intro
lotsaspaces
names
nu
numbers
phonebook
stat
$
```

下面进一步深入，看看怎么处理文件重定向。例如，如果想将文件内容保存到变量中，可以使用方便的 cat 命令：

```
$ namelist=$(cat names)
$ echo "$namelist"
Charlie
Emanuel
Fred
Lucy
Ralph
Tony
Tony
$
```

如果想把文件 memo 的内容通过电子邮件发送给文件 names 中的所有人，可以这样做：

```
$ mail $(cat names) < memo
$
```

如果 Shell 使用 cat 命令的输出替换掉 cat，那么结果如下：

```
mail Charlie Emanuel Fred Lucy Ralph Tony Tony < memo
```

然后 Shell 执行 mail，将其标准输入重定向到文件 memo 并把它传给指定的 7 名接收人。

注意，Tony 会接收到两封相同的邮件，这是因为他在文件 names 中被列出了两次。你可以换用带有-u 选项的 sort 命令（删除重复行）来删除文件中重复的条目，以保证每人只收到一封邮件：

```
$ mail $(sort -u names) < memo
$
```

记住，Shell 是在替换过命令输出后才执行文件名替换的。将命令放在双引号中能够阻止 Shell 针对命令的输出再做文件名替换。

命令替换常用来修改 Shell 变量中的值。例如，如果变量 name 中包含了某人的名字，你想将名字中的字母全部转换成大写，那么可以使用 echo 将变量内容作为 tr 的输入并执行转换，然后将结果再保存到变量中：

```
$ name="Ralph Kramden"
$ name=$(echo $name | tr '[a-z]' '[A-Z]')          转换成大写
$ echo $name
RALPH KRAMDEN
$
```

在管道中使用 echo 将数据写入到后续命令的标准输入，这种技术看起来简单但却威力强大，在 Shell 程序中经常用到。

下一个例子中展示了如何使用 cut 从变量 filename 的内容中提取第一个字符：

```
$ filename=/users/steve/memos
$ firstchar=$(echo $filename | cut -c1)
$ echo $firstchar
/
$
```

sed 常用来"编辑"变量中保存的值。接下来的例子中使用 sed 提取变量 file 内保存的文本行的最后一个字符：

```
$ file=exec.o
$ lastchar=$(echo $file | sed 's/.*\(.\)$/\1/')
$ echo $lastchar
o
$
```

sed 命令使用最后一个字符替换掉了整行字符（把模式放入括号内会将其匹配的内容保存到寄存器中，在这里是寄存器 1，可以使用\1 来引用）。sed 替换的结果被保存在变量 lastchar。用单引号引用 sed 命令能够避免 Shell 解释其中的反斜线，这一点非常重要。（问题：换用双引号行不行？）

最后，命令替换是可以嵌套使用的。假设你想将变量中第一个字符出现的地方全部修改成其他字符。在上一个例子中，firstchar=$(echo $filename | cut -c1) 从变量 filename 中得到了第一个字符，但是怎样修改 filename 中其他位置上所出现的该字符？可以分两步处理：

```
$ filename=/users/steve/memos
$ firstchar=$(echo $filename | cut -c1)
$ filename=$(echo $filename | tr "$firstchar" "^")      将/转换成^
$ echo $filename
^users^steve^memos
$
```

也可以使用命令替换嵌套来实现相同的效果：

```
$ filename=/users/steve/memos
$ filename=$(echo $filename | tr "$(echo $filename | cut -c1)" "^")
$ echo $filename
^users^steve^memos
$
```

如果你看不明白这种写法，把它和上一个例子比较一下：注意看上例中的 firstchar 变量是怎样被嵌套的命令替换所取代的，两个例子除此之外就没有什么差别了。

5.5　expr 命令

尽管标准 Shell 有内建的整数算术，但老一代 Shell 没有这种功能。在这种情况下，可以使用数学等式解算器（mathematical equation solver）expr 来代替：

```
$ expr 1 + 2
3
$
```

用起来很简单，但是 expr 并不擅长解析等式，因此操作数和操作符之间必须用空格分隔，这样它才能正确理解。这也解释了下面的情形：

```
$ expr 1+2
1+2
$
```

expr 能够识别常用的算术操作符：+、-、/、*和%，分别对应于加法、减法、除法、乘法和求模（取余）。

```
$ expr 10 + 20 / 2
20
$
```

乘法、除法和求模的优先级要比加法和减法高，这和数学中的规则是一样的。因此，在上面的例子中是先执行除法，然后才是加法。

但是这个例子呢？

```
$ expr 17 * 6
expr: syntax error
$
```

Shell 会将 * 替换成当前目录下的所有文件名，expr 不知道如何对其作出处理！尤其是在乘法中，交给 expr 的表达式必须放在引号中，避免受到 Shell 的干扰，但是又不能作为单个参数，例如：

```
$ expr "17 * 6"
17 * 6
$
```

记住，expr 必须看到操作符和操作数是以单纯的参数出现，上面的例子是将整个表达式作为了单个参数，这并不能得到想要的结果。

轮到反斜线发挥作用了！

```
$ expr 17 \* 6
102
$
```

expr 的一个或多个参数自然也可以放到 Shell 变量中，因为 Shell 会首先进行替换：

```
$ i=1
$ expr $i + 1
2
$
```

这是一种对 Shell 变量执行算术运算的老方法，在效率上不如 Shell 内建的 $(...)。如果要增加或修改变量，你可以使用命令替换机制将 expr 的输出再保存到变量中：

```
$ i=1
$ i=$(expr $i + 1)          将变量 i 加 1
$ echo $i
2
$
```

在传统的 Shell 程序中，你很可能会碰到带有反引号的 expr：

```
$ i=`expr $i + 1`            将变量 i 加 1
$ echo $i
3
$
```

类似于 Shell 内建的算术功能，expr 只能够求值整数算术表达式。如果要进行浮点数运算的话，那么可以使用 awk 或 bc。这有什么区别？17 是一个整数，而 13.747 是一个浮点数（带有小数点的数）。

另外要注意的是，expr 还有其他操作数。其中用得最多的一个就是:操作符，它可以针对出现在第二个操作数中的正则表达式来匹配第一个操作数中的字符。默认会返回匹配到的字符数。

例如，下面的 expr 命令：

expr "$file" : ".*"

会返回变量 file 中所包含的字符数，因为正则表达式 .* 能够匹配字符串中的所有字符。expr 的更多细节以及功能强大的冒号操作符，可以参阅 UNIX 用户手册或 expr 的手册页。

附录 A 中的表 A.5 总结了 Shell 处理引用的方法。

第 6 章
传递参数

在学习了如何处理参数之后，Shell 程序会变得愈发实用。在本章中，你将学习如何编写能够接收命令行参数的 Shell 程序。回忆一下在第 4 章编写过的单行程序 run，它能够通过 tbl、nroff 和 lp 运行文件 sys.caps：

```
$ cat run
tbl sys.caps | nroff -mm -Tlp | lp
$
```

假设你需要使用相同的命令序列运行除 sys.caps 之外的其他文件。你可以针对每个文件编写单独版本的 run，或者修改 run 程序，使之可以在命令行上指定要运行的文件名。也就是说，可以这样修改 run：

run new.hire

在这个例子中，我们指定通过该命令序列打印文件 new.hire，或使用

run sys.caps

指定文件 sys.caps。

只要你执行 Shell 程序，Shell 会自动将第一个参数保存在特殊的 Shell 变量 1 中，将第二个参数保存在 Shell 变量 2 中，以此类推（为了描述上的便利，今后我们称其为$1、$2 等，尽管$实际上是变量引用记法的一部分，并非变量名）。这些特殊变量（更正式的叫法是位置参数，因为它们是基于参数在命令行中所处的位置）是在 Shell 完成正常的命令行处理之后（I/O 重定向、变量替换、文件名替换等）被赋值的。

要想修改 run 程序，使之能够接受文件名作为参数，你需要做的就是修改对于文件 sys.caps 的引用方式，让它能够引用到命令行中输入的第一个参数：

```
$ cat run
tbl $1 | nroff -mm -Tlp | lp
$
$ run new.hire                          执行该程序并使用 new.hire 作为参数
request id is laserl-24 (standard input)
$
```

每次执行 run 程序，随后的单词都会被 Shell 保存在第一个位置参数中，然后交由程序处理。在第一个例子中，保存到这个位置参数中的就是 new.hire。

位置参数的替换和其他类型的变量替换一样，因此，当 Shell 看到：

tbl $1

它会使用程序的第一个参数 new.hire 来替换$1。

再看另一个例子，下面这个叫做 ison 的程序能够告诉你特定的用户是否已经登录：

```
$ cat ison
who | grep $1
$ who                                    查看已登录用户
root        console Jul 7 08:37
barney      tty03 Jul 8 12:28
fred        tty04 Jul 8 13:40
joanne      tty07 Jul 8 09:35
tony        tty19 Jul 8 08:30
lulu        tty23 Jul 8 09:55
$ ison tony
tony        tty19 Jul 8 08:30
$ ison pat
$                                        尚未登录
```

6.1   变量$#

除了位置参数，特殊 Shell 变量$#包含了命令行中输入的参数个数。你在下一章中会看到，程序经常使用该变量测试用户指定的参数个数是否正确。

下面的程序 args 能够帮助你更加熟悉参数的传递方式。研究每个例子的输出，确保能够理解这些结果：

```
$ cat args                       查看程序代码
echo $# arguments passed
echo arg 1 = :$1: arg 2 = :$2: arg 3 = :$3:
$ args a b c                     执行程序
3 arguments passed
arg 1 = :a: arg 2 = :b: arg 3 = :c:
$ args a b                       使用两个参数
2 arguments passed
arg 1 = :a: arg 2 = :b: arg 3 = ::    未分配的参数值为空
$ args                           不使用参数
0 arguments passed
arg 1 =:: arg 2 =:: arg 3 = ::
$ args "a b c"                   使用引号
1 arguments passed
arg 1 = :a b c: arg 2 = :: arg 3 = ::
```

```
$ ls x*                          查看以 x 开头的文件
xact
xtra
$ args x*                        进行文件替换
2 arguments passed
arg 1 = :xact: arg 2 = :xtra: arg 3 = ::
$ my_bin=/users/steve/bin
$ args $my_bin                   变量替换
1 arguments passed
arg 1 = :/users/steve/bin: arg 2 = :: arg 3 = ::
$ args $(cat names)              传入文件 names 的内容
7 arguments passed
arg 1 = :Charlie: arg 2 = :Emanuel: arg3 = :Fred:
$
```

如你所见，即便是执行你自己的 Shell 程序，Shell 也会进行正常的命令行处理。这意味着在指定程序参数时你可以利用这些处理步骤，如文件名替换和变量替换。

6.2　变量$*

特殊变量$*引用的是传给程序的所有参数。它通常用于能够接受可变数量参数的程序中。随后你会看到一些相关的实用例子。下面是一个演示该变量用法的例子：

```
$ cat args2
echo $# arguments passed
echo they are :$*:
$ args2 a b c
3 arguments passed
they are :a b c:
$ args2 one                two
2 arguments passed
they are :one two:
$ args2
0 arguments passed
they are ::
$ args2 *
8 arguments passed
they are :args args2 names nu phonebook stat xact xtra:
$
```

6.3　在电话簿中查找联系人

这是之前例子中的文件 phonebook：

```
$ cat phonebook
Alice Chebba       973-555-2015
Barbara Swingle 201-555-9257
Liz Stachiw        212-555-2298
Susan Goldberg  201-555-7776
Susan Topple       212-555-4932
Tony Iannino       973-555-1295
$
```

你知道可以使用 grep 在该文件中查找联系人：

```
$ grep Cheb phonebook
Alice Chebba       973-555-2015
$
```

你也知道如果要通过全名查找的话，需要把全名放在引号中，使其成为一个单独的参数：

```
$ grep "Susan T" phonebook
Susan Topple       212-555-4932
$
```

如果能够编写一个可以查找某人的 Shell 程序就方便多了。我们把这个程序叫做 lu，它可以接受待查找的人名作为参数：

```
$ cat lu
#
# 在电话簿中查找联系人
#

grep $1 phonebook
$
```

这里是 lu 的用法示例：

```
$ lu Alice
Alice Chebba       973-555-2015
$ lu Susan
Susan Goldberg  201-555-7776
Susan Topple       212-555-4932
$ lu "Susan T"
grep: can't open T
phonebook:Susan Goldberg  201-555-7776
phonebook:Susan Topple     212-555-4932
$
```

在上面的例子中，你把 Susan T 放进了双引号中，结果呢？再来看看 lu 程序中的 grep 命令：

```
grep $1 phonebook
```

发现问题没？双引号中的 `Susan T` 作为单个参数传给了 `lu`，但是当 Shell 在程序中的 `grep` 命令行上替换 `$1` 时，传给 `grep` 的其实是两个参数。

你可以在 `lu` 程序中把 `$1` 放进双引号中来解决这个问题：

```
$ cat lu
#
# 在电话簿中查找联系人 -- 第 2 版
#

grep "$1" phonebook
$
```

这里不能使用单引号，想想为什么。

现在再试试：

```
$ lu Tony
Tony Iannino    973-555-1295          没问题
$ lu "Susan T"                        再试试这个
Susan Topple    212-555-4932
$
```

6.4 向电话簿中添加联系人

让我们继续改进这个程序。你有时候可能想在文件 phonebook 中加上他人的通讯信息，因为现在保存的电话号码还太少，因此可以编写一个能够接受两个参数的程序 add：一个参数是要添加的人名，另一个参数是对应的电话号码。

add 程序只是简单地将人名和电话号码(之间用制表符分隔)追加到文件 phonebook 的末尾：

```
$ cat add
#
# 向电话簿中添加联系人
#

echo "$1        $2" >> phonebook
$
```

尽管你看不出来，但在 `echo` 命令中的 `$1` 和 `$2` 之间有一个制表符。这个制表符必须放在引号中，否则会被 Shell 丢弃。

来试一下这个程序：

```
$ add 'Stromboli Pizza' 973-555-9478
$ lu Pizza                            看能不能找到新添加的联系人
Stromboli Pizza 973-555-9478          还不错
$ cat phonebook                       查看文件内容
Alice Chebba    973-555-2015
```

```
Barbara Swingle 201-555-9257
Liz Stachiw      212-555-2298
Susan Goldberg  201-555-7776
Susan Topple     212-555-4932
Tony Iannino     973-555-1295
Stromboli Pizza 973-555-9478
$
```

Stromboli Pizza 被放在了引号中，这样 Shell 就会将它作为单个参数传给 add
（如果不使用引号的话会怎样呢？）。add 执行完成之后，使用 lu 可以看到新的联系人
已经被添加到了文件中。cat 命令用来查看修改后的 phonebook 文件。新的联系人如
预期的一样，被添加到了文件末尾。

糟糕的是，新文件已经不再是有序的了。尽管这并不会影响 lu 程序的操作，但保
持有序性毕竟是一个不错的特性。有没有解决方法？利用 sort 命令排序就行了：

```
$ cat add
#
# 向电话簿中添加联系人 -- 版本 2
#

echo "$1        $2" >> phonebook
sort -o phonebook phonebook
$
```

回想一下，sort 命令的-o 选项可以指定排序后的输出被写入何处，可以和输入文
件相同：

```
$ add 'Billy Bach' 201-555-7618
$ cat phonebook
Alice Chebba     973-555-2015
Barbara Swingle 201-555-9257
Billy Bach       201-555-7618
Liz Stachiw      212-555-2298
Stromboli Pizza 973-555-9478
Susan Goldberg  201-555-7776
Susan Topple     212-555-4932
Tony Iannino     973-555-1295
$
```

每次加入新的联系人，文件 phonebook 都会重新排序，保证所有联系人都按照字
母序排列。

6.5　从电话簿中删除联系人

除了查找、添加联系人的程序之外，再加上删除联系人的程序，这样才能称之为完整。
我们把这个程序叫做 rem，它可以让用户将需要删除的联系人姓名指定为命令参数。

这样的程序该怎么编写？基本上来说,你要从文件中删除的那些包含指定姓名的行,其实就是一种反向模式匹配。grep 的-v 选项正好能够满足这种要求,它可以打印出文件中不匹配模式的那些行:

```
$ cat rem
#
# 从电话簿中删除联系人
#

grep -v "$1" phonebook > /tmp/phonebook
mv /tmp/phonebook phonebook
$
```

将所有不匹配模式的行写入到文件/tmp/phonebook 中（提示:/tmp 是 UNIX 系统中专门用于放置临时文件的目录,每次系统重启时,其中的内容都会被清空）。grep 命令完成之后,旧的 phonebook 文件就被/tmp 中的新版本替换掉了。

```
$ rem 'Stromboli Pizza'              删除该联系人
$ cat phonebook
Alice Chebba      973-555-2015
Barbara Swingle   201-555-9257
Billy Bach        201-555-7618
Liz Stachiw       212-555-2298
Susan Goldberg    201-555-7776
Susan Topple      212-555-4932
Tony Iannino      973-555-1295
$ rem Susan
$ cat phonebook
Alice Chebba      973-555-2015
Barbara Swingle   201-555-9257
Billy Bach        201-555-7618
Liz Stachiw       212-555-2298
Tony Iannino      973-555-1295
$
```

在第一个例子中,顺利地删除了联系人 Stromboli Pizza。在第二个例子中,两个名为 Susan 的联系人都被删除了,因为两者都匹配指定的模式。这可不行！你可以使用 add 程序把她们再添加到电话簿中:

```
$ add 'Susan Goldberg' 201-555-7776
$ add 'Susan Topple' 212-555-4932
$
```

在第 7 章中,你会学到如何在执行操作前先进行测试,让程序能够判断是否匹配了多个联系人。这样的话,程序就能够提醒用户发现了多处匹配,而不是盲目地将其全部删除（这一点非常有用,因为如果传给 grep 一个空串作为模式,大多数的 grep 实现能够匹配所有的内容,这会导致整个电话簿被清空。实在糟透了）。

偶尔也可以使用 sed 删除匹配的联系人。在这个例子中，可以将 grep 替换为：

```
sed "/$1/d" phonebook > /tmp/phonebook
```

两者的效果一样。sed 命令的参数需要放在双引号中，以确保$1 的值能够被替换，同时也确保了 Shell 看到的命令不会是：

```
sed /Stromboli Pizza/d phonebook > /tmp/phonebook
```

这样的话，传入 sed 的参数就不是两个，而是三个了。

${*n*}

如果你给程序提供的参数多于 9 个，你是没法访问第 10 个以及之后的参数的。如果你访问第 10 个参数的时候写成：

```
$10
```

那么 Shell 实际上会替换$1 的值，然后在后面加上一个 0。因此，必须使用下列格式：

```
${n}
```

要访问参数 10，得这样写：

```
${10}
```

对于之后的参数 11、参数 12 等，也是如此。

6.6   shift 命令

shift 命令可以让你向左移动位置参数。如果你执行命令：

```
shift
```

那么之前保存在$2 中的内容会分配给$1，保存在$3 中的内容会分配给$2，以此类推。而$1 中的旧值也就丢失了。

执行该命令时，$#（变量总数）的值也会自动减 1：

```
$ cat tshift              测试 shift 的程序
echo $# $*
shift
echo $# $*
shift
echo $# $*
shift
echo $# $*
```

```
shift
echo $# $*
shift
echo $# $*
$ tshift a b c d e
5 a b c d e
4 b c d e
3 c d e
2 d e
1 e
0
$
```

如果在没有位置参数可移动的情况下（也就是当$#已经为 0 的时候）使用 shift，Shell 会发出错误信息（具体的错误依据不同的 Shell 而不同）：

prog: shift: bad number

其中，*prog* 是执行了不当的 shift 命令的程序名。

你可以在 shift 之后加上一个量词，一次移动多个位置，例如：

shift 3

该命令等价于下面的多个 shift 命令：

shift
shift
shift

在处理可变数量参数的时候，shift 命令大有帮助。在第 8 章中学习循环的时候，你会看到它的实际应用。就目前而言，你只需要记住可以使用 shift 来移动位置参数就可以了。

第 7 章
条件语句

本章将要介绍的是条件语句 if，这种语句几乎存在于所有的编程语言中。它可以让你测试某种条件，然后根据测试结果改变程序执行流程。

if 命令的一般格式为：

```
if command_t
then
        command
        command
        ...
fi
```

其中， $command_t$ 是要执行的命令，命令的退出状态会被测试。如果退出状态为 0，执行 then 和 fi 之间的命令；否则，跳过这些命令。

7.1 退出状态

要想理解条件测试是如何运作的，重要的是要明白退出状态在 UNIX 中的作用。只要程序执行完成，就会向 Shell 返回一个退出状态码。这个状态码是一个数值，指明了程序运行是否成功。按照惯例，为 0 的退出状态码表示程序运行成功；非 0 的退出状态码表示程序运行失败，不同的值对应着不同的失败原因。

造成程序运行失败的原因可能是非法参数，也可能是出现的错误条件。举例来说，如果复制操作失败（如无法找到源文件或创建目标文件），或是没有正确指定参数（如参数数量不对，或者多于两个参数的时候，最后一个参数不是目录），cp 命令就会返回一个非 0 的退出状态（运行失败）。

非 0 是什么意思？简单来说，就是除 0 之外的任意整数值。大多数命令的手册页中也会列出可能的退出状态值，对于文件复制命令来说，可能的错误情况会是 1（文件没有找到）、2（文件不可读）、3（目标目录没有找到）、4（目标目录不可写）、5（一般性错误），当然，0 表示执行成功。

对于 grep，如果至少在指定的其中一个文件中匹配到了执行的模式，就会返回为 0 的退出状态（成功），如果没有匹配到模式或是其他错误发生（如无法打开指定的源文件），就返回非 0 值。

对于管道而言，退出状态对应的是管道中的最后一个命令。因此，在下列管道中：

```
who | grep fred
```

grep 的退出状态被 Shell 作为整个管道的退出状态。在这个例子中，为 0 的退出状态（成功）意味着在 who 的输出中找到了 fred（也就是说，在命令执行的时候，fred 处于已登录状态）。

7.2 变量$?

Shell 会将变量$?自动设置为最后一条命令的退出状态。你自然可以使用 echo 在终端中显示该变量的值。

```
$ cp phonebook phone2
$ echo $?
0                      复制命令执行成功
$ cp nosuch backup
cp: cannot access nosuch
$ echo $?
2                      复制命令执行失败
$ who                  看看谁登录了
root console Jul 8 10:06
wilma   tty03 Jul 8 12:36
barney  tty04 Jul 8 14:57
betty   tty15 Jul 8 15:03
$ who | grep barney
barney  tty04 Jul 8 14:57
$ echo $?              打印出最后一条命令的退出状态码(grep)
0                      grep 命令执行成功
$ who | grep fred
$ echo $?
1                      grep 命令执行失败
$ echo $?
0                      最后一条 echo 命令的退出状态码
$
```

注意，对于一些命令来说，其表示"执行失败"的数值在不同的 UNIX 版本中并不相同，但表示执行成功的退出状态码总是 0。

让我们来编写一个叫做 on 的程序，它可以告诉我们指定用户是否已经登录系统。待检查的用户名会作为命令行参数传给程序。如果该用户已登录，会打印出一条消息作为提示；否则，不输出任何信息。下面是该程序的代码：

```
$ cat on
#
# 确定用户是否已经登录
#

user="$1"

if who | grep "$user"
then
    echo "$user is logged on"
fi
$
```

命令行中的第一个参数被保存在 Shell 变量 user 中。然后 if 命令执行管道：

```
who | grep "$user"
```

并测试 grep 返回的退出状态。如果退出状态为 0（成功），表明 grep 在 who 的输出中找到了 user。在这种情况下，执行随后的 echo 命令。如果退出状态不为 0（失败），则表明指定用户尚未登录，echo 命令会被跳过。

echo 命令左侧的缩进仅仅是出于美观的考虑。在本例中，then 和 fi 之间只有一条语句。如果其间包含多条语句，在嵌套层次比较深的时候，缩进能够极大地增强程序的可读性。随后的例子会阐明这个观点。

下面是程序 on 的一些实际应用：

```
$ who
root       console Jul 8 10:37
barney     tty03   Jul 8 12:38
fred       tty04   Jul 8 13:40
Joanne     tty07   Jul 8 09:35
Tony       tty19   Jul 8 08:30
Lulu       tty23   Jul 8 09:55
$ on tony                        我们知道该用户已经登录了
tony       tty19   Jul 8 08:30   这一行从哪来的？
tony is logged on
$ on steve                       我们知道该用户尚未登录
$ on ann                         看看这个用户
joanne        tty07   Jul 8 09:35
ann is logged on
$
```

这个例子中存在一些问题。如果指定用户已登录，who 命令输出中对应的行会作为 grep 的输出也显示出来。这也许算不上什么坏事，但程序的要求是只显示 "logged on" 信息。

多出一行的原因在于条件测试：

```
who | grep "$user"
```

grep 不仅会在管道中返回退出状态，而且还会将匹配的行写入到标准输出，哪怕你对此并不感兴趣。

考虑到除了测试退出状态码之外，我们并不想看到命令结果，可以将 grep 的输出重定向到系统的"垃圾桶"：/dev/null。这是一个特殊的系统文件，任何人都可以读取（立刻会得到一个 EOF）或写入。向该文件写入的任何东西都会消失，就像是一个巨大的黑洞一样！

```
who | grep "$user" > /dev/null
```

好了，问题解决。

程序 on 的第二个问题出现在使用参数 ann 的时候。哪怕是 ann 并没有登录，grep 也会匹配到用户 joanne 中的字符 ann。我们需要使用在第 3 章中学到的正则表达式来应用一种更为严格的模式。因为 who 会将用户名在输出的第一列中列出，所以可以将字符^放在模式的前面，使其在行首进行匹配操作：

```
who | grep "^$user" > /dev/null
```

但是这还不够。如果搜索模式 bob 的话，grep 会匹配到这样的行：

```
bobby      tty07 Jul 8 09:35
```

我们还需要确定右侧的模式。通过观察可以发现每个用户名都是以一个或多个空格结束的，因此可以进一步修改模式：

```
"^$user "
```

现在就能够只匹配到指定用户的行了。两个问题都搞定了。

来试试改进后的 on 程序：

```
$ cat on
#
# 确定用户是否已经登录 -- 版本 2
#
user="$1"

if who | grep "^$user " > /dev/null
then
      echo "$user is logged on"
fi
$ who                          查看已登录用户
root       console Jul 8 10:37
barney     tty03   Jul 8 12:38
fred       tty04   Jul 8 13:40
Joanne     tty07   Jul 8 09:35
tony       tty19   Jul 8 08:30
lulu       tty23   Jul 8 09:55
$ on lulu
lulu is logged on
$ on ann                       再试一次
```

```
$ on                          如果不提供参数会怎么样?
$
```

如果不提供参数，变量 user 的值为空。grep 将会在 who 的输出中查找以空白开头的行（为什么？）。结果是什么都找不到，因此只会出现一个命令行提示符。在下一节中，你会看到如何测试参数个数是否正确以及在参数个数不符的时候采取的应对措施。

7.3　test 命令

尽管上一节的例子中使用了 if 语句来测试管道，但在测试单个或多个条件时，用得更多的是 Shell 内建的 test 命令。其一般格式为：

```
test expression
```

其中，*expression* 描述了待测试的条件。test 会对 *expression* 求值，如果结果为真，返回为 0 的退出状态码；如果结果为假，返回非 0 的退出状态码。

7.3.1　字符串操作符

来看一个例子，如果 Shell 变量 name 的值为 julio，下列命令会返回为 0 的退出状态码：

```
test "$name" = julio
```

操作符=用来测试两个值是否一样。在本例中，我们要测试 Shell 变量 name 的内容是否和字符串 julio 一样。如果一样的话，test 返回为 0 的退出状态码；否则返回非 0 值。

注意，test 命令所有的操作数（$name 和 julio）和操作符（=）都必须是独立的参数，也就是说，它们彼此之间必须使用一个或多个空白字符分隔。

再来看 if 命令，如果 name 中包含的是字符串 julio，则显示信息 "Would you like to play a game?"，可以这样来写：

```
if test "$name" = julio
then
        echo "Would you like to play a game?"
fi
```

当 if 命令执行时，随后的命令也会被执行并会对其退出状态求值。test 命令被传入了 3 个参数：$name（会被替换成相应的值）、=和 julio。然后 test 会测试第一个参数是否等于第三个参数，如果相等，会返回为 0 的退出状态码，反之则返回非 0 值。

if 语句会测试 test 返回的退出状态。如果为 0，执行 then 和 fi 之间的命令，在本例中，执行的是 echo 命令。如果是非 0 的退出状态，则跳过 echo 命令。

如上例中所演示的，将 test 的参数放在双引号中（允许变量替换）是一种良好的编程实践。这确保了就算其值为空，test 也能够将其视为参数。考虑下面的例子：

```
$ name=                          将变量 name 设为空
$ test $name = julio
sh: test: argument expected
$
```

因为 name 的值为空，所以只有两个参数被传给 test：=和 julio（Shell 会在将命令行解析为参数之前替换 name 的值）。实际上，当 Shell 将$name 替换之后，就相当于输入了下列命令：

```
test = julio
```

当 test 执行时，它只看到了两个参数（见图 7.1），因此会发出错误信息。

图 7.1　当 name 值为空时的 test $name = julio

如果把变量放进双引号中，就能够确保 test 可以识别出这个参数，因为当参数值为空的时候，引号就相当于一个"占位符"。

```
$ test "$name" = julio
$ echo $?                        打印出退出状态码
1
$
```

即便 name 的值为空，Shell 传入 test 的仍旧是 3 个参数，其中第一个参数是空值（见图 7.2）。

图 7.2　当 name 值为空时的 test "$name" = julio

还有其他一些操作符也可以用于测试字符串。表 7.1 中总结出了这些操作符。

你已经了解了操作符=的用法。操作符!=的用法类似，除了它测试的是两个字符串是否不相同。也就是说，如果两个字符串不相同，test 的返回状态码为 0，否则为非 0 值。

表 7.1　**test** 字符串操作符

操作符	如果满足下列条件，则返回真（退出状态码为 0）
$string_1$ = $string_2$	$string_1$ 等于 $string_2$
$string_1$!= $string_2$	$string_1$ 不等于 $string_2$
$string$	$string$ 不为空
-n $string$	$string$ 不为空（test 必须能够识别出作为参数的 $string$）
-z $string$	$string$ 为空（test 必须能够识别出作为参数的 $string$）

来看 3 个相似的例子。

```
$ day="monday"
$ test "$day" = monday
$ echo $?
0                      真
$
```

因为变量 day 的值和字符串 monday 相同，所以 test 命令返回为 0 的退出状态码。
现在来看下面的例子：

```
$ day="Monday   "
$ test "$day" = monday
$ echo $?
1                      假
$
```

这次我们将字符串 monday（包括末尾的空格）赋给了变量 day。在执行和之前一样的测试时，test 返回了假，因为字符串"monday "和字符串"monday"并不相同。

如果你希望将这两个值视为等同，只需要把变量引用上的双引号去掉就行了，这会使得 Shell 删除尾部的空格，test 命令就不会再将其视为待比较字符串的一部分了：

```
$ day="monday"
$ test $day = monday
$ echo $?
0
$                      真
```

尽管这样做违反了我们的规则：总是要将作为 test 参数的 Shell 变量引用起来，但如果你确定变量不为空（而且不是完全由空白字符组成），不使用引号也可以。

你可以使用表 7.1 中的第三个操作符测试 Shell 变量是否为空值：

```
test "$day"
```

如果变量 day 不为空，则返回真；否则返回假。引号在这里不是必需的，因为在这个例子中，test 并不在意是否能够识别出参数。不过把引号加上还是有好处的，如果变量完全是由空白字符组成，要是没引号的话，Shell 会把参数删除。

```
$ blanks="    "
$ test $blanks                              是否不为空?
$ echo $?
1                                           假——变量为空
$ test "$blanks"                            现在呢?
$ echo $?
0                                           真——变量不为空
$
```

在第一个例子中，test 没有得到任何参数，因为 Shell 将 blanks 中的 4 个空格全都给删除了。在第二个例子中，test 得到了一个由 4 个空格组成的参数，其值不为空。

在空白字符和引号这个话题上，我们看起来有些长篇大论，但你得知道这可是 Shell 编程中频繁出错的地方。如果真正理解了这些原理，今后能为你避免很多的麻烦。

表 7.1 中列出的最后两种操作符也可以测试字符串是否为空。如果操作符-n 之后的参数不为空，它会返回为 0 的退出状态码。你可以把该操作符看做是测试作为参数的字符串长度是否不为 0（nonzero）。

操作符-z 测试之后的参数是否为空，如果是的话，返回为 0 的退出状态码。你可以把该操作符看做是测试作为参数的字符串长度是否为 0。

因此，对于下列命令：

```
test -n "$day"
```

如果 day 至少包含了一个字符，则返回为 0 的退出状态码。而命令：

```
test -z "$dataflag"
```

如果 dataflag 不包含任何字符，则返回为 0 的退出状态码。也就是说，-n 和-z 是效果相反的操作符，两者存在的原因是为了更便于写出清晰、可读性好的条件语句。

要注意的是，这两个操作符都需要有一个参数紧随其后，因此要养成把参数放到双引号中的习惯：

```
$ nullvar=
$ nonnullvar=abc
$ test -n "$nullvar"                nullvar 的长度不为 0 吗?
$ echo $?
1                                   不
$ test -n "$nonnullvar"             那么 nonnullvar 的长度不为 0 吗?
$ echo $?
0                                   是的
$ test -z "$nullvar"                nullvar 的长度为 0 吗?
$ echo $?
0                                   是的
$ test -z "$nonnullvar"             nonnullvar 的长度为 0 吗?
$ echo $?
1                                   不
$
```

注意，test 对于参数也是有讲究的。举例来说，如果 Shell 变量 symbol 的值是一个等号，来看看在测试其长度是否为 0 时会发生什么：

```
$ echo $symbol
=
$ test -z "$symbol"
sh: test: argument expected
$
```

操作符=的优先级要比操作符-z 高，因此 test 会将命令作为等量关系测试来处理，希望在=之后找到另一个参数。为了避免这种问题，很多 Shell 程序员会将 test 命令写作：

```
test X"$symbol" = X
```

如果 symbol 为空值的话，结果为真；否则结果为假。symbol 前面的 X 避免了 test 将保存在 symbol 中的字符误认为是操作符。

7.3.2　test 的另一种格式

Shell 程序员经常用到 test 命令，该命令的另外一种格式，能够让你的程序看起来整洁得多：[。这种写法提高了 if 语句以及 Shell 脚本中其他条件测试的可读性。

test 命令一般格式为：

test *expression*

也可以使用另外一种格式来表示：

[*expression*]

[实际上是命令名（有谁说过命令名必须得是字母及数字字符吗？）。它仍旧会执行相同的 test 命令，但如果写成这种格式的话，在表达式结尾处需要有对应的]。在 [之后以及] 之前必须要有空格。

你可以用新的格式重写之前例子中的 test 命令：

```
$ [ -z "$nonnullvar" ]
$ echo $?
1
$
```

在 if 命令中使用的时候，格式如下：

```
if [ "$name" = julio ]
then
        echo "Would you like to play a game?"
fi
```

if 命令用哪种格式就看你自己的选择了。我们更喜欢[...]，它使得 Shell 编程的语法看起来更像其他流行的编程语言，因此在本书的余下部分中，我们都采用这种写法。

7.3.3　整数操作符

test 有不少可以用来执行整数比较的操作符。表 7.2 总结出了这些操作符。

表 7.2　**test** 整数操作符

操作符	如果满足下列条件，则返回真（退出状态码为 0）
int_1 -eq int_2	int_1 等于 int_2
int_1 -ge int_2	int_1 大于或等于 int_2
int_1 -gt int_2	int_1 大于 int_2
int_1 -le int_2	int_1 小于或等于 int_2
int_1 -lt int_2	int_1 小于 int_2
int_1 -ne int_2	int_1 不等于 int_2

　　例如，操作符 -eq 可以测试两个整数是否相等。如果你有一个 Shell 变量 count，想要查看它的值是否等于 0，可以写作：

```
[ "$count" -eq 0 ]
```

其他的整数操作符等行为与此类似，因此：

```
[ "$choice" -lt 5 ]
```

可以测试变量 choise 是否小于 5。
下列命令：

```
[ "$index" -ne "$max" ]
```

可以测试 index 的值是否不等于 max。
最后，

```
[ "$#" -ne 0 ]
```

可以测试传入命令的参数个数是否不等于 0。
　　有一点值得注意：在使用整数操作符时，将变量的值视为整数的是 test 命令，而非 Shell。因此，无论 Shell 变量的类型是什么，都能够进行比较。
　　下面通过几个例子来观察 test 的字符串操作符与整数操作符之间的不同。

```
$ x1="005"
$ x2=" 10"
$ [ "$x1" = 5 ]                           字符串比较
$ echo $?
1                                         假
$ [ "$x1" -eq 5 ]                         整数比较
```

```
$ echo $?
0                                               真
$ [ "$x2" = 10 ]                                字符串比较
$ echo $?
1                                               假
$ [ "$x2" -eq 10 ]                              整数比较
$ echo $?
0                                               真
$
```

在第一个测试

```
[ "$x1" = 5 ]
```

中，使用了字符串比较操作符=来测试两个字符串是否相同。结果两者并不相同，因为
第一个字符串是由 3 个字符 005 组成的，另一个字符串是由单个字符 5 组成的。

在第二个测试中，使用了整数比较操作符-eq。两者因此都被视为整数，005 自然
等于 5，这从 test 的退出状态中也能够看出。

最后两个测试类似，但在这两个例子中，你可以看到变量 x2 中的前导空格在字符
串比较符和整数比较符中会有怎样的影响。

7.3.4   文件操作符

几乎所有的 Shell 程序都少不了要跟一个或多个文件打交道。因此，test 提供了各
种可以用来查询文件信息的操作符。这些操作符都是一元操作符，也就是说，它们只接
受其后跟随单个参数。在所有情况下，第二个参数都是文件名（包括必要的目录名）。

表 7.3 列出了常用的文件操作符。

表 7.3   常用的 test 文件操作符

操作符	如果满足下列条件，则返回真（退出状态码为 0）
-d *file*	*file* 是一个目录
-e *file*	*file* 存在
-f *file*	*file* 是一个普通文件
-r *file*	*file* 可由进程读取
-s *file*	*file* 不是空文件
-w *file*	*file* 可由进程写入
-x *file*	*file* 是可执行的
-L *file*	*file* 是一个符号链接

命令：

```
[ -f /users/steve/phonebook ]
```

会测试文件/users/steve/phonebook 是否存在且为一个普通文件（也就是说，不是目录或特殊文件）。

命令：

```
[ -r /users/steve/phonebook ]
```

会测试指定文件是否存在且可由当前用户读取。

命令：

```
[ -s /users/steve/phonebook ]
```

会测试指定文件是否不为空。如果你创建了一个错误日志文件，随后想知道里面是否已经写入了错误日志，这个操作符就能派上用场了：

```
if [ -s $ERRFILE ]
then
        echo "Errors found:"
        cat $ERRFILE
fi
```

还有一些 test 操作符，如果和之前讲述过的操作符配合使用，可以指定更为复杂的条件表达式。

7.3.5　逻辑否定操作符!

一元逻辑否定操作符!可以放置在任意的 test 表达式之前，否定该表达式的求值结果。例如：

```
[ ! -r /users/steve/phonebook ]
```

如果/user/steve/phonebook 不可读的话，会返回为 0 的退出状态码（真）；又如：

```
[ ! -f "$mailfile" ]
```

如果$mailfile 指定的文件不存在或者不是个普通文件，则返回真。最后，

```
[ ! "$x1" = "$x2" ]
```

如果$x1 不等于$x2，则返回真。这显然等价于下面这个更简洁的条件表达式：

```
[ "$x1" != "$x2" ]
```

7.3.6　逻辑"与"操作符-a

操作符-a 在两个表达式之间执行逻辑"与"运算，仅当这两个表达式均为真时，才返回真。因此，下列命令：

```
[ -f "$mailfile"  -a   -r "$mailfile" ]
```

如果由$mailfile 指定的文件是一个普通文件且能够被当前用户读取，则返回真（操作符-a 两边多出的空格是为了提高表达式的可读性，不影响执行效果）。

下列命令：

```
[ "$count" -ge 0  -a "$count" -lt 10 ]
```

如果变量 count 所包含的整数值大于或等于 0 且小于 10 的话，返回真。操作符-a 的优先级要比整数比较操作符（以及字符串和文件操作符）低，这就意味着上面的表达式是这样求值的：

```
("$count" -ge 0) -a ("$count" -lt 10)
```

这和我们预期的一样。

在有些情况下，重要的是要知道 test 只要发现条件不成立，立刻就会停止对逻辑"与"表达式求值，因此像下面的语句：

```
[ ! -f "$file" -a $(who > $file) ]
```

如果! -f（文件不存在）测试没有通过的话，就不会在子 Shell 中执行 who 命令，因为 test 已经知道逻辑"与"(-a) 表达式的结果为假了。但如果试图在条件表达式中塞入太多的内容，认为一切都会在条件测试被应用之前运行，那可是会栽跟头的。

7.3.7　括号

你可以在 test 表达式中利用括号来根据需要改变求值顺序，不过记得把括号本身引用起来，因为它们对于 Shell 是有特殊含义的。上面的例子可以改写为：

```
[ \( "$count" -ge 0 \) -a \( "$count" -lt 10 \) ]
```

括号两边必须有空格，因为 test 要求条件语句中的每一个元素都是独立的参数。

7.3.8　逻辑"或"操作符-o

操作符-o 和-a 类似，只是它在两个表达式之间形成的是逻辑"或"关系。也就是说，两个表达式只要其中一个为真，或者两个都为真，整个逻辑表达式的值就为真。

```
[ -n "$mailopt" -o -r $HOME/mailfile ]
```

如果变量mailopt 不为空或者$HOME/mailfile 可由当前用户读取，则结果为真。操作符-o 的优先级要比操作符-a 低，这就意味着表达式：

```
"$a" -eq 0  -o  "$b" -eq 2  -a  "$c" -eq 10
```

会由 test 按照以下方式求值：

```
"$a" -eq 0  -o  ("$b" -eq 2  -a "$c" -eq 10)
```

如果需要，你自然可以使用括号来更改优先级：

```
\( "$a" -eq 0  -o  "$b" -eq 2 \) -a "$c" -eq 10
```

因为优先级在复杂的条件语句中极为重要，你会发现很多 Shell 程序员使用嵌套的 if 语句来避免错误，而有些程序员则明确地使用括号来理清求值顺序。可别以为求值就是按照从左到右的顺序执行的，这种想法很危险！

本书中会大量用到 test 命令，因为如果没有条件语句的话，几乎连简单的 Shell 程序都写不出来。附录 A 中的表 A.11 总结了所有可用的 test 操作符。

7.4　else

if 命令中可以加入 else，其一般格式为：

```
if command_t
then
        command
        command
. . .
else
        command
        command
. . .
fi
```

其中，*command*$_t$ 会被执行并对其退出状态求值。如果为真（0），执行 then 代码块（then 和 else 之间的所有语句）并忽略 else 代码块。如果为假（非 0），则忽略 then 代码块，执行 else 代码块（else 与 fi 之间的所有语句）。无论在哪种情况下，都只执行一组语句：退出状态码为 0，执行第一组语句；否则，执行第二组语句。

下面是另一种更为简洁的解释方式：

```
if condition then statements-if-true else statements-if-false fi
```

让我们来编写一个 on 程序的修改版本。这次如果指定的用户没有登录，将会输出提示信息：

下面是程序 on 的第 3 个版本：

```
$ cat on
#
# 确定用户是否已经登录 -- 版本 3
```

```
#
user="$1"

if who | grep "^$user " > /dev/null
then
        echo "$user is logged on"
else
        echo "$user is not logged on"
fi
$
```

如果作为第一个参数所指定的用户已登录，grep 能够顺利执行并显示出信息 *user is logged on*；否则，显示出信息 *user is not logged on*。

```
$ who                                      当前已登录用户
root        console  Jul 8 10:37
barney      tty03    Jul 8 12:38
fred        tty04    Jul 8 13:40
Joanne      tty07    Jul 8 09:35
Tony        tty19    Jul 8 08:30
lulu        tty23    Jul 8 09:55
$ on pat
pat is not logged on
$ on tony
tony is logged on
$
```

要想将一个快速编写成的原型变成可供长期使用的实用程序，最好先保证传入程序的参数数量上的正确性。如果用户指定的参数个数不对，要发出相应的错误信息以及用法提示。例如：

```
$ cat on
#
# 确定用户是否已经登录 -- 版本 4
#

#
# 检查所提供的参数个数是否正确
#
if [ "$#" -ne 1 ]
then
        echo "Incorrect number of arguments"
        echo "Usage: on user"
else
        user="$1"

        if who | grep "^$user " > /dev/null
        then
                echo "$user is logged on"
```

```
        else
                echo "$user is not logged on"
        fi
fi
$
```

这个版本的变化看起来颇多，其实除了将之前的代码全都放在了 `else-fi` 中，主要的改变就是使用 `if` 语句来判断提供的参数个数是否正确。如果$#不等于 1（所需的参数个数），程序会打印出两条错误信息；否则，执行 `else` 之后的命令。注意，因为使用了两个 `if` 命令，所以必须有相应的两个 `fi` 命令。

如你所见，缩进提高了程序的可读性，使其变得易于理解。在自己写程序的时候，养成使用缩进的习惯并坚持遵循，等到程序变得日益复杂的时候，你肯定会感谢我们给你的这条建议的。

相比之前的版本，程序的用户体验现在获得了明显的提升：

```
$ on                                        没有参数
Incorrect number of arguments
Usage: on user
$ on priscilla                              一个参数
priscilla is not logged on
$ on jo anne                                两个参数
Incorrect number of arguments
Usage: on user
$
```

7.5　exit 命令

Shell 内建的 `exit` 命令可以立即终止 Shell 程序的执行。其一般格式为：

exit n

其中，*n* 是你想要返回的退出状态码。如果没有指定，则使用在 `exit` 之前最后执行的那条命令的退出状态（其实就是 `exit $?`）。

提醒一下，如果直接在终端中执行 `exit` 命令，会使你登出系统，这是因为它相当于终止了你的登录 Shell。

再探 rem 程序

`exit` 经常作为一种终止 Shell 程序的惯用方法。让我们重新再看一下 `rem` 程序，该程序可以从电话簿（`phonebook` 文件）中删除联系人：

```
$ cat rem
#
```

```
# 从电话簿中删除联系人
#

grep -v "$1" phonebook > /tmp/phonebook
mv /tmp/phonebook phonebook
$
```

如果出现始料未及的情况，这个程序有可能产生问题，甚至会破坏或清空整个 phonebook 文件。

假如你输入

```
rem Susan Topple
```

由于漏写了引号，Shell 会将两个参数传给 rem。它会根据 $1 所指定的内容，删除所有名字中含有 Susan 的联系人，也不会去处理用户所指定的其他参数。

因此，一定要当心任何有潜在破坏效果的程序，确保用户的意图与程序所采取的行为之间的一致性。

rem 中首先要检查的一点就是参数的数量是否正确，就像之前在 on 程序中所做的那样。如果参数个数不对，我们这次要使用 exit 命令终止程序。

```
$ cat rem
#
# 从电话簿中删除联系人 -- 版本 2
#

if [ "$#" -ne 1 ]
then
        echo "Incorrect number of arguments."
        echo "Usage: rem name"
        exit 1
fi

grep -v "$1" phonebook > /tmp/phonebook
mv /tmp/phonebook phonebook
$ rem Susan Goldberg                                测试一下
Incorrect number of arguments.
Usage: rem name
$
```

exit 命令返回退出状态码 1 来表明出现了错误，这样可以让其他程序在条件表达式中对其进行检查。如果不使用 exit 的话，该怎么用 if-else 来写呢？

究竟是用 exit 还是 if-else，这取决于你自己。有时候 exit 是一种快速跳出程序更为便捷的方法，尤其是在程序早期执行的时候，另外它还能够避免使用过多的嵌套条件语句。

7.6 elif

随着程序变得越来越复杂，你也许会发现自己已经"陷入"嵌套的 `if` 语句中：

```
if command₁
then
        command
        command
        ...
else
        if command₂
        then
                command
                command
                ...
        else
                ...
                if commandₙ
                then
                        command
                        command
                        ...
                else
                        command
                        command
                        ...
                fi
                ...
        fi
fi
```

当你需要做出不止两种决策的时候，就需要使用这样的命令序列。在这种情况下，要做出多种决策，如果之前的所有条件都不能满足，就执行最后的那个 `else` 语句块。

作为一个相对简单的例子，我们来编写一个叫做 `greetings` 的程序，它能够根据当天的时间，打印出友好的 `Good morning`、`Good afternoon` 或 `Good evening`。按照这个例子的目的，我们将午夜至正午视为早晨，将正午至午后 6 点视为下午，将午后 6 点至午夜视为晚上。

要实现这个程序，你必须知道当前的时间。`date` 命令可以很好地解决这个问题。来看一下该命令的输出：

```
$ date
Wed Aug 29 10:42:01 EDT 2002
$
```

date 的输出格式是固定的，这一点你可以善加利用，因为这意味着时间总是出现在第 12 个字符到第 19 个字符之间。实际上，你真正需要的只是表示小时的第 12 个和第 13 个字符：

```
$ date | cut -c12-13
10
$
```

现在编写 greetings 程序的任务就直截了当了：

```
$ cat greetings
#
# 打印欢迎信息
#

hour=$(date | cut -c12-13)

if [ "$hour" -ge 0 -a "$hour" -le 11 ]
then
      echo "Good morning"
else
      if [ "$hour" -ge 12 -a "$hour" -le 17 ]
      then
            echo "Good afternoon"
      else
            echo "Good evening"
      fi
fi
$
```

如果 hour 大于或等于 0（午夜）且小于或等于 11（直到 11:59:59），显示 Good morning。如果 hour 大于或等于 12（正午）且小于或等于 17（直到下午 5:59:59），显示 Good afternoon。如果前两种情况都不满足，则显示 Good evening。

```
$ greetings
Good morning
$
```

再看一下这个程序，你会发现其中用到的嵌套 if 命令非常烦琐。为了让这种 if-then-else 序列流畅起来，Shell 还支持一种特殊的 elfi，其行为类似于 else if condition，但它并不会增加嵌套层级。其一般格式为：

```
if command₁
then
        command
        command
        ...
elif command₂
then
```

```
        command
        command
        ...
else
        command
        command
        ...
fi
```

command$_1$, *command*$_2$, ..., *command*$_n$ 会依次执行并测试其退出状态。只要返回的退出状态为真(0),就会执行 then 之后的命令,直到碰上其他 elif、else 或 fi。如果所有的条件表达式都不为真,则执行可选的 else 之后的命令。

现在使用新的格式重写 greetings 程序:

```
$ cat greetings
#
# 打印欢迎信息 -- 版本 2
#

hour=$(date | cut -c12-13)

if [ "$hour" -ge 0 -a "$hour" -le 11 ]
then
        echo "Good morning"
elif [ "$hour" -ge 12 -a "$hour" -le 17 ]
then
        echo "Good afternoon"
else
        echo "Good evening"
fi
$
```

这次改进的效果是显而易见的。程序不仅变得更易读,而且也不会因为逐步递增的缩进而险些进入到页面的右侧空白处了。

顺便说一句,极少会见到将 date | cut 作为管道使用,因为 date 命令本身有着丰富且复杂的输出格式,你可以用来得到需要的信息或值。例如,要想以 24 小时制输出当前的小时,可以使用%H 并加上用于指明该格式化字符串所需的前缀+:

```
$ date +%H
10
$
```

作为练习,你可以修改 greetings,利用这种更流畅的方式来确定当天的小时。

rem 的另一个版本

现在把注意力再转回电话号码删除程序 rem。早先我们说过这个程序是不安全的,因为它没有其检查行为的合法性,有可能会不加分辨地删除多于用户要求的内容。

解决这个问题的一个方法就是在删除之前检查与用户指定模式相匹配的联系人的数量：如果匹配的数量多于一个，发出提示信息并终止程序执行。但是该怎样确定匹配到的联系人数量？

一个简单的方法就是在 phonebook 文件上使用 grep，然后用 wc 统计匹配结果的数量。如果数量不止一个，发出相应的信息。按照这个逻辑，可编写出如下代码：

```
$ cat rem
#
# 从电话簿中删除联系人 -- 版本 3
#

if [ "$#" -ne 1 ]
then
        echo "Incorrect number of arguments."
        echo "Usage: rem name"
        exit 1
fi

name=$1

#
# 找出匹配条目数量
#

matches=$(grep "$name" phonebook | wc -1)

#
# 如果匹配数量多于一个，发出提示信息，否则删除匹配条目
#

if [ "$matches" -gt 1 ]
then
        echo "More than one match; please qualify further"
elif [ "$matches" -eq 1 ]
then
        grep -v "$name" phonebook > /tmp/phonebook
        mv /tmp/phonebook phonebook
else
        echo "I couldn't find $name in the phone book"
fi
$
```

为了提高可读性，在检查过参数数量之后，位置参数 $1 的值被赋给了变量 name。在 Shell 程序中，将命令序列的输出结果赋给变量是一种很常见的操作，例如：

```
matches=$(grep "$name" phonebook | wc -l)
```

计算出 matches 后，就可以很方便地使用 if...elif...else 命令序列来测试所匹配到的联系人数量是否多于一个。如果答案是肯定的，输出信息“More than one match...”。否则，再测试联系人数量是否等于一个。如果是的，则从电话簿中删除该联

系人。如果以上两个条件都不符合，那么匹配数量肯定是零，则输出信息，提醒用户。

注意，grep 命令在该程序中用到了两次：一次是用来确定匹配的联系人数量，另一次是在确定只有单个匹配之后，使用其-v 选项来删除对应的联系人。

下面是一些该版本 rem 程序的应用实例：

```
$ rem
Incorrect number of arguments.
Usage: rem name
$ rem Susan
More than one match; please qualify further
$ rem 'Susan Topple'
$ rem 'Susan Topple'
I couldn't find Susan Topple in the phone book    该联系人已经被删除了
$
```

现在的 rem 程序已经相当健壮了：它会检查参数数量的正确性，在参数数量不正确的时候输出程序的正确用法；另外还能够确保只从 phonebook 文件中删除一个联系人。

还要注意的是 rem 脚本在成功完成用户请求的操作之后没有任何输出，这是典型的 UNIX 风格。

7.7　case 命令

case 命令可以将单个值与一组值或表达式进行比较，在有匹配的时候执行一个或多个命令。其一般格式如下：

```
case value in
pattern₁)     command
                command
                ...
                command;;
pattern₂)     command
                command
                ...
                command;;
...
patternₙ)     command
                command
                ...
                command;;
esac
```

value 会连续地和 *pattern₁*、*pattern₂*...*patternₙ* 比较，直到找到匹配项。接着，执行所匹配值之后的命令，碰到双分号后停止，双分号在这里起到一个 break 语句的作用，表明已经完成了特定条件下指定的语句。在这之后，case 语句就结束了。如果没有发现匹配项，case 中的命令一个都不执行。

　　来看一个 case 语句的例子，下面的程序 number 接受单个数字并将该数字转换成对应的英语：

```
$ cat number
#
# 将数字转换成对应的英语
#

if [ "$#" -ne 1 ]
then
        echo "Usage: number digit"
        exit 1
fi

case "$1"
in
        0) echo zero;;
        1) echo one;;
        2) echo two;;
        3) echo three;;
        4) echo four;;
        5) echo five;;
        6) echo six;;
        7) echo seven;;
        8) echo eight;;
        9) echo nine;;
esac
$
```

来测试一下：

```
$ number 0
zero
$ number 3
three
$ number                    不使用参数
Usage: number digit
$ number 17                 使用两位数作为参数
$
```

　　最后一种情况展示了如果输入的数字多于一个会出现怎样的结果：$1 无法与 case 中列出的任何值所匹配，因此也就没有 echo 命令能够执行。

7.7.1　特殊的模式匹配字符

　　case 语句威力十足的原因在于不仅可以指定字符序列，而且还可以使用 Shell 语法创建复杂的正则表达式[①]。也就是说，你可以使用与文件名替换相同的特殊字符来指定模

[①] 此处原文为："The case statement is quite powerful because instead of just specifying sequences of letters, you can create complex regular expressions in the Shell notation"。这个说法有误，case 中在进行模式匹配的时候使用的并不是正则表达式（regular expression），而是 Shell Pattern Matching，也就是我们常说的通配符。具体可参考 man bash。——译者注

式。例如，?可用来指定任意的单个字符；*可用来指定零个或多个任意字符；[...]可用来指定中括号中出现的任意单个字符。

因为*能够匹配任何字符（就像 echo *能够匹配当前目录下所有文件一样），它常被用在 case 语句的结尾，处理剩余的其他条件或作为默认值：如果之前分支中的值都不能匹配，可以在此处获得匹配。

记住这一点，下面是 number 程序的第二个版本，里面多了一个"万能"的（catch-all）case 语句。

```
$ cat number
#
# 将数字转换成对应的英语 -- 版本 2
#

if [ "$#" -ne 1 ]
then
        echo "Usage: number digit"
        exit 1
fi

case "$1"
in
        0) echo zero;;
        1) echo one;;
        2) echo two;;
        3) echo three;;
        4) echo four;;
        5) echo five;;
        6) echo six;;
        7) echo seven;;
        8) echo eight;;
        9) echo nine;;
        *) echo "Bad argument; please specify a single digit";;
esac
$ number 9
nine
$ number 99
Bad argument; please specify a single digit
$
```

来看另外一个程序 ctype，它可以根据参数中所指定的字符，鉴别并打印出该字符的类别。字符可分为数字、大写字母、小写字母和特殊字符（不属于前三类的字符）。程序还会做额外的检查，确保只有单个字符作为参数。

```
$ cat ctype
#
# 给参数所指定的字符分类
#
```

```
if [ $# -ne 1 ]
then
        echo Usage: ctype char
        exit 1
fi

#
# 确保只输入一个字符
#

char="$1"
numchars=$(echo "$char" | wc -c)

if [ "$numchars" -ne 1 ]
then
        echo Please type a single character
        exit 1
fi

#
# 进行分类
#

case "$char"
in
        [0-9]    ) echo digit;;
        [a-z]    ) echo lowercase letter;;
        [A-Z]    ) echo uppercase letter;;
        *        ) echo special character;;
esac
$
```

但测试几个例子后会发现有些地方不对：

```
$ ctype a
Please type a single character
$ ctype 7
Please type a single character
$
```

7.7.2 调试选项-x

在程序的开发过程中，出现错误（bug）是很常见的事情，无论这个程序是 5 行还是 500 行。在这个例子中，我们的程序对于字符数量的判断看起来并不正确。但是该怎么知道是什么地方出错了？

这是介绍 Shell 的-x 选项的一个不错时机。要想调试 Shell 程序，或是了解其更多的工作原理，可以在程序正常的调用（名字及参数）之前输入 sh -x 以跟踪执行过程。这会启动一个启用了-x 选项的新 Shell 来执行指定的程序。

在该模式下，命令在执行的同时会被打印在终端中，并在其之前加上一个加号。来试试吧！

```
$ sh -x ctype a                跟踪命令执行
+ [ 1 -ne 1 ]                   $#等于1
+ char=a                        将$1的值赋予 char
+ echo a
+ wc -c
+ numchars=        2           wc 返回 2？？？
+ [         2 -ne 1 ]          这就是测试能通过的原因
+ echo please type a single character
please type a single character
+ exit 1
$
```

通过跟踪得到的输出显示，在以下命令执行的时候，wc 返回的是 2：

```
echo "$char" | wc -c
```

但是为什么使用单个字母 a 作为参数的时候，得到的值是 2 呢？这说明传给 wc 的字符实际上是两个：一个是字符 a，另一个是由 echo 命令自动在行尾输出的"不可见"的换行符。因此，在条件表达式测试是否为单个字符的时候，就不能再和 1 进行比较了，而是应该和 2 比较：输入的字符加上 echo 添加的换行符。

回到 ctype 程序中，将其中的 if 命令由

```
if [ "$numchars" -ne 1 ]
then
      echo Please type a single character
      exit 1
fi
```

更改为

```
if [ "$numchars" -ne 2 ]
then
      echo Please type a single character
      exit 1
fi
```

然后再次测试：

```
$ ctype a
lowercase letter
$ ctype abc
Please type a single character
$ ctype 9
digit
$ ctype K
uppercase letter
$ ctype :
```

```
special character
$ ctype
Usage: ctype char
$
```

现在看起来没什么问题了。

在第 11 章中，你将学到如何在程序内部启用/关闭这种跟踪功能。不过就目前而言，我们鼓励你在目前所创建的这些脚本中尝试使用 sh -x。

在转向下一个话题之前，我们要给出 ctype 程序的另一个版本，在这个版本中没有使用 wc，而是使用 case 语句来处理所有可能的情况：

```
$ cat ctype
#
# 给参数所指定的字符分类 -- 版本 2
#

if [ $# -ne 1 ]
then
        echo Usage: ctype char
        exit 1
fi


#
# 分类字符，确保只输入单个字符
#

char=$1

case "$char"
in
        [0-9] ) echo digit;;
        [a-z] ) echo lowercase letter;;
        [A-Z] ) echo uppercase letter;;
        ?     ) echo special character;;
        *     ) echo Please type a single character;;
esac
$
```

别忘了，?能够匹配任意单个字符。因为我们已经针对数字、小写字母和大写字母做了测试，如果模式能够匹配的话，那肯定就是特殊字符。在最后，如果这个模式也没有匹配，说明输入的不止一个字符，因此由"万能"case 分支打印出相应的错误信息。

```
$ ctype u
lowercase letter
$ ctype '>'
special character
$ ctype xx
Please type a single character
$
```

7.7.3 再谈 case

当符号|用于两个模式之间时，其效果等同于逻辑"或"。也就是说，模式：

pat₁ | *pat₂*

表明匹配 *pat₁* 或 *pat₂*。例如：

-l | -list

能够匹配-l 或-list，而

dmd | 5620 | tty5620

能够匹配 dmd、5620 或 tty5620。

了解了 case 语句之后，有很多其他的程序流程结构都可以改写成更简洁有效的 case 语句序列。

例如，本章之前讲到的 greetings 程序就可以抛弃烦琐的 if-elif 写法，改用 case 语句。在这次改写中，我们要利用到 date 的+%H 选项，能够向标准输出中写入两位的小时数。

```
$ cat greetings
#
# 输出欢迎信息 -- case 版本
#

hour=$(date +%H)

case "$hour"
in
        0? | 1[01] ) echo "Good morning";;
        1[2-7]     ) echo "Good afternoon";;
        *          ) echo "Good evening";;
esac
$
```

从 date 处获得的两位的小时数被赋给 Shell 变量 hour，然后执行 case 语句。hour 的值与第一个模式比较：

0? | 1[01]

该模式可以匹配以 0 开头、接着是任意单个字符的值（午夜至上午 9 点），或者是以 1 开头，接着是 0 或 1 的值（上午 10 点或 11 点）。

第二个模式：

1[2-7]

可以匹配以 1 开头、接着是 2～7 之间任意数字的值（午后 12 点至下午 5 点）。

最后的万能 case 分支匹配其他情况（下午 6 点至晚上 11 点）。

```
$ date
Wed Aug 28 15:45:12 EDT 2002
$ greetings
Good afternoon
$
```

7.8　空命令：

每个匹配的 case 语句分支都需要对应的命令，每个 if-then 条件也是一样，但有时候你并不打算执行什么命令，只想把结果丢掉。那该怎么做？可以利用 Shell 内建的空命令（null command）来实现。该命令的格式非常简单：

```
:
```

其目的和你猜的一样，什么都不干。

在大多数情况下，它用来满足必须有命令存在的要求，尤其是在 if 语句中。假设你想确定变量 system 中保存的值是否存在于文件/users/steve/mail/systems中，如果不存在的话，则发出错误信息并退出程序。一开始可以这样写：

```
if grep "^$system" /users/steve/mail/systems > /dev/null
then
```

但是你不知道 then 之后该写些什么，因为你想测试的是文件中不存在变量 system的值，如果 grep 命令成功的话，并不打算做什么别的处理。但 Shell 要求 then 之后必须得有命令，这就得靠空命令来解决了：

```
if grep "^$system" /users/steve/mail/systems > /dev/null
then
        :
else
        echo "$system is not a valid system"
        exit 1
fi
```

如果条件测试通过，什么都不做；如果不通过，输出错误信息并退出程序。

说实话，这个例子可以通过调整 grep 语句的结构（还记不记得 test 的是 "！" 参数？）来实现相反的写法，但有时候仅测试符合条件的情况（positive condition）要更简单些。无论怎样，在这里加上注释会是一个不错的做法。

7.9 &&和||

Shell 有两个特殊的操作符，可以根据之前命令成功与否来执行后续的命令。如果你觉得这听起来似乎有些像 if 命令，从某种程度上来说，的确是的。它是 if 命令的一种简写形式。

如果你写下：

command₁ && command₂

command₁ 会在 Shell 需要命令的地方被执行，如果该命令返回的退出状态码为 0（成功），则接着执行 *command₂*。如果 *command₁* 返回的退出态码不为 0（失败），*command₂* 会被忽略。

举例来说，如果你写下：

```
sort bigdata > /tmp/sortout && mv /tmp/sortout bigdata
```

那么 mv 命令仅会在 sort 命令执行成功的情况下被执行。这种写法等价于：

```
if sort bigdata > /tmp/sortout
then
        mv /tmp/sortout bigdata
fi
```

下列命令：

```
[ -z "$EDITOR" ] && EDITOR=/bin/ed
```

测试变量 EDITOR 的值。如果为空，将/bin/ed 赋给它。

操作符||的工作方式类似，除了第二个命令仅在第一个命令的退出状态码非 0 的时候才执行。如果你写下：

```
grep "$name" phonebook || echo "Couldn't find $name"
```

那么仅当 grep 失败的时候（也就是说，无法在 phonebook 中找到$name，或打不开文件 phonebook）才会执行 echo 命令。在这个例子中，与其等价的 if 命令如下：

```
if grep "$name" phonebook
then
        :
else
        echo "Couldn't find $name"
fi
```

你可以在这两个操作符的左右两边使用复杂的命令序列。在左边，测试的是管道中最后一个命令的退出状态，因此：

```
who | grep "^$name " > /dev/null || echo "$name's not logged on"
```

如果 grep 失败，则执行 echo。

&&和||也可以结合使用在同一个命令行中：

```
who | grep "^$name " > /dev/null && echo "$name's not logged on" \
    || echo "$name is logged on"
```

（当\用于行尾的时候表示续行。）如果 grep 成功，就执行第一个 echo；如果失败，则执行第二个 echo。

这些操作符也经常被用于 if 命令，下面这段来自系统 Shell 程序中的代码片段给出了相关的演示（如果你看不懂的话，也没关系）：

```
if validsys "$sys" && timeok
then
        sendmail "$user@$sys" < $message
fi
```

如果变量 validsys 返回为 0 的退出状态码，就执行 timeok，然后在 if 中测试其退出状态，如果为 0 的话，则执行 sendmail。如果 validsys 返回的是非 0 的退出状态码，不执行 timeok，失败的退出状态由 if 进行测试，不再执行 sendmail。

操作符&&在上例中是一种逻辑“与”的用法，sendmail 程序执行的前提是两个程序必须都返回为 0 的退出状态码。实际上，也可以将上面的 if 条件改写成：

```
validsys "$sys" && timeok && sendmail "$user@$sys" < $message
```

相比之下，如果||用在 if 中，其效果类似于逻辑“或”：

```
if endofmonth || specialrequest
then
        sendreports
fi
```

如果 endofmonth 返回为 0 的退出状态码，就执行 sendreports；否则就执行 specialrequest，要是其退出状态码为 0 的话，再执行 sendreports。实际效果就是只要 endofmonth 和 specialrequest 两者中任意一个退出状态码为 0，就执行 sendreports。

在第 8 章中，你将学习到如何在程序中编写复杂的循环语句。不过在这之前，可以做一些和 if、case、&&及||相关的练习。

第 8 章

循环

在本章中，你将学习如何编写各种程序循环。循环允许你按照特定的次数或特定的终止条件执行一组命令。

有以下 3 个特定的循环命令：

- `for`
- `while`
- `until`

在接下来的各节中，我们会依次介绍这些循环。

8.1 for 命令

`for` 命令可以执行指定次数的一个或多个命令。其基本格式如下：

```
for var in word₁ word₂ ... wordₙ
do
        command
        command
        ...
done
```

`do` 与 `done` 之间的命令叫做循环体，其执行的次数由 `in` 后面的列表条目个数而定。在执行循环时，第一个单词 $word_1$ 被赋给变量 var，然后执行循环体。接下来，列表中第二个单词 $word_2$ 被赋给变量 var，再执行循环体。

这个过程会持续下去，列表中后续的单词被赋给 var，执行循环体中的命令，直至处理完列表中最后一个单词 $word_n$。这时列表中已经没有单词了，`for` 命令也随之结束。`done` 之后的命令继续得以执行。

如果 `in` 中列出了 n 个单词，则循环体共需要执行 n 次。

下面的循环会执行 3 次：

```
for i in 1 2 3
do
        echo $i
done
```

可以像其他 Shell 命令一样，直接在终端中输入循环命令：

```
$ for i in 1 2 3
> do
>       echo $i
> done
1
2
3
$
```

在等待输入能够结束 for 命令的 done 的同时，会一直显示辅命令行提示符。如果用户输入了 done，Shell 就会开始执行循环。因为 in 之后列出了 3 个条目（1、2 和 3），所以循环体（在本例中只有一个 echo 命令）共会执行 3 次。

在第一次循环中，列表中的第一个值 1 被分配给变量 i，接着执行循环体。其效果是在终端中显示出 i 的值。然后将列表中下一个单词 2 分配给 i，重新执行 echo 命令，在终端中显示出 2。最后将列表中第三个单词分配给 i，第三次执行循环中的 echo 命令，将结果 3 显示在终端中。这时，列表中已经没有单词了，因此 for 命令也就执行完毕，Shell 会显示出命令行提示符，示意用户循环结束。

现在回到第 6 章，回忆一下那个允许你通过 tbl、nroff 和 lp 运行文件的 run 程序：

```
$ cat run
tbl $1 | nroff -mm -Tlp | lp
$
```

如果你想运行文件 memo1～memo4，可以在终端中输入下列命令：

```
$ for file in memo1 memo2 memo3 memo4
> do
>       run $file
> done
request id is laser1-33 (standard input)
request id is laser1-34 (standard input)
request id is laser1-35 (standard input)
request id is laser1-36 (standard input)
$
```

memo1、memo2、memo3 和 memo4 这 4 个值会依次分配给变量 file，run 程序则使用这些值作为参数。这就像是你分别输入了下面 4 个命令一样：

```
$ run memo1
request id is laser1-33 (standard input)
$ run memo2
request id is laser1-34 (standard input)
$ run memo3
request id is laser1-35 (standard input)
$ run memo4
request id is laser1-36 (standard input)
$
```

Shell 允许在 for 语句中的单词列表里执行文件名替换，因此，上面的循环也可以写成：

```
for file in memo[1-4]
do
        run $file
done
```

如果你想使用 run 程序打印出当前目录下的所有文件，可以输入：

```
for file in *
do
        run $file
done
```

下面介绍一些复杂的内容，假设 filelist 中包含了一个想通过 run 运行的文件列表。你可以输入以下命令来运行各个文件：

```
files=$(cat filelist)

for file in $files
do
        run $file
done
```

或者更简洁的写法：

```
for file in $(cat filelist)
do
        run $file
done
```

更好的方法是修改 run 脚本，在其中使用最适合这项工作的 for 语句：

```
$ cat run
#
# 使用 nroff 处理文件 -- 版本 2
#
for file in $*
do
        tbl $file | nroff -rom -Tlp | lp
```

```
done
$
```

回想一下，特殊的 Shell 变量$*代表在命令行中输入的所有参数。如果你执行新版的 run：

```
run memo1 memo2 memo3 memo4
```

for 命令列表中的$*会由 memo1、memo2、memo3 和 memo4 这 4 个参数所替换。当然，你也可以只输入：

```
run memo[1-4]
```

效果是一样的。

8.1.1 $@变量

上面的例子中用到了$*，下面来仔细研究一下它，以及与其类似的$@的工作原理。要实现这个目的，我们要编写一个名为 args 的程序，它可以一行一个的方式显示出命令行中所有的参数。

```
$ cat args
echo Number of arguments passed is $#

for arg in $*
do
        echo $arg
done
$
```

现在来试一下：

```
$ args a b c
Number of arguments passed is 3
a
b
c
$ args 'a b' c
Number of arguments passed is 2
a
b
c
$
```

仔细观察第二个例子：尽管'a b'是作为单个参数传给了 args，但它在 for 循环中仍切分成了两个值。这是因为 Shell 会使用 a b c 将 for 命令中的$*替换，同时丢弃引号。因此，该例的循环会执行 3 次。

Shell 使用$1、$2……来替换$*，但如果你使用特殊的 Shell 变量"$@"，那么传入程序中的值则是"$1"、"$2"……关键的不同在于 $@ 两边的双引号：如果没有了双引号，该变量的效果和$*无异。

回到 args 程序中，使用"$@"代替未引用的$*：

```
$ cat args
echo Number of arguments passed is $#

for arg in "$@"
do
        echo $arg
done
$
```

现在来试试：

```
$ args a b c
Number of arguments passed is 3
a
b
c
$ args 'a b' c
Number of arguments passed is 2
a b
c
$ args                            不使用参数
Number of arguments passed is 0
$
```

在最后一种情况中，并没有给程序传入参数，因此变量"$@"中什么都没有。结果就是循环体压根就没有执行。

8.1.2　不使用列表的 for 命令

在使用 for 命令的时候，Shell 还能够识别一种特殊的写法。如果你忽略 in 以及后续的列表：

```
for var
do
        command
        command
        ...
done
```

Shell 自动遍历命令行中输入的所有参数，就像上面介绍过的格式一样：

```
for var in "$@"
do
        command
```

```
        command
        ...
done
```

记住这种写法，下面是 args 程序的最后一个版本：

```
$ cat args
echo Number of arguments passed is $#

for arg
do
        echo $arg
done
$ args a b c
Number of arguments passed is 3
a
b
c
$ args 'a b' c
Number of arguments passed is 2
a b
c
$
```

8.2   while 命令

第二种循环命令是 while 语句。其命令格式为：

```
while command_t
do
        command
        command
        ...
done
```

执行 $command_t$ 并测试其退出状态。如果为 0，执行一次 do 与 done 之间的命令。然后再次执行 $command_t$ 并测试其退出状态。如果为 0，继续执行 do 和 done 之间的命令。这个过程一直持续到 $command_t$ 返回非 0 的退出状态码。这时循环结束。接下来执行 done 之后的命令。

注意，如果 $command_t$ 在首次执行时返回非 0 的退出状态码，那么 do 和 done 之间的命令一次都不会执行。

下面是一个名为 twhile 的程序，该程序只是简单地计数到 5：

```
$ cat twhile
i=1

while [ "$i" -le 5 ]
do
```

```
        echo $i
        i=$((i + 1))
done
$ twhile                          运行
1
2
3
4
5
$
```

变量 i 最初被设置为 1。然后进入 while 循环，通过条件测试，执行代码块。只要 i 的值小于或等于 5，Shell 就会继续执行循环体中的命令。在循环内部，i 的值被显示在终端中，然后加 1。

while 循环常和 shift 命令搭配使用，用于处理命令行中数量不定的参数。

考虑下面名为 prargs 的程序，该程序会打印出命令行中的所有参数，一行一个。

```
$ cat prargs
#
# 打印出命令行参数，一行一个
#

while [ "$#" -ne 0 ]
do
        echo "$1"
        shift
done
$ prargs a b c
a
b
c
$ prargs 'a b' c
a b
c
$ prargs *
addresses
intro
lotsaspaces
names
nu
numbers
phonebook
stat
$ prargs              不使用参数
$
```

如果参数个数不等于 0，则显示$1 的值，然后使用 shift 命令移动变量（也就是将$2 移动到$1，$3 移动到$2……以此类推），同时递减$#。在显示出最后一个参数并将其移走之后，$#等于 0，这时结束 while 循环。

注意，如果没有给 prargs 提供参数（最后一种情况），echo 和 shift 根本不会执行，因为进入循环时，$# 等于 0。

8.3   until 命令

只要测试表达式返回真（0），while 命令就继续执行。until 命令正好相反：只要测试表达式返回假，它就会不停地执行代码块，直到返回真为止。

until 的一般格式如下：

```
until command_t
do
        command
        command
        ...
done
```

和 while 类似，如果 command_t 首次执行的时候就返回 0，那么 do 和 done 之间的命令一次都不执行。

尽管两个命令极为相似，但 until 命令适合于编写那种需要等待特定事件发生的程序。举例来说，假设你想知道 sandy 是否已经登录，以便通知她一些重要的事情。你可以给她发送电子邮件，但是你知道她要到晚上才会去读邮件。可以使用第 7 章的 on 程序来查看 sandy 是否登录：

```
$ on sandy
sandy is not logged on
$
```

很简单，但效率不高，因为这个程序运行一次就结束了。你可以定期运行该程序（这也太乏味了），或者采用更好的方法，写一个程序持续地检查 sandy 的登录状态。

我们把这个程序叫做 waitfor，该程序能够接受单个参数：你想要关注的用户名。不需要不停地检查用户是否登录，每分钟检查一次就行了。要实现这一点，需要使用命令 sleep，它可以按照指定的秒数挂起程序执行一段时间。

下列命令

```
sleep n
```

可以挂起程序执行 n 秒。指定时间结束后，程序接着执行 sleep 之后的命令。

```
$ cat waitfor
#
# 等待指定用户登录
#
```

```
if [ "$#" -ne 1 ]
then
        echo "Usage: waitfor user"
        exit 1
fi

user="$1"

#
# 每 60 秒检查一次登录状态
#

until who | grep "^$user " > /dev/null
do
        sleep 60
done

#
# 运行到此处，说明用户已经登录
#
echo "$user has logged on"
$
```

确保参数个数只有一个后，程序将$1 分配给 user。然后进入 until 循环执行，一直到 grep 的退出状态为 0，也就是说，直到指定的用户登录为止。只要用户没有登录，循环体（sleep 命令）就会挂起程序 60 秒钟。一分钟之后，重新执行 until 后的管道命令并重复这个过程。

如果 until 循环结束，则表示所关注的用户已经登录，一条信息会显示在终端中，示意脚本执行完毕。

```
$ waitfor sandy                   经过一段时间
sandy has logged on
$
```

当然，像这样运行该程序并不怎么实用，因为在 sandy 登录之前，它一直在占用着你的终端。一个更好的办法是在后台运行 waitfor，这样就可以使用终端来做其他工作了：

```
$ waitfor sandy &                 在后台运行该程序
[1] 4392                          作业号与进程 id
$ nroff newmemo                   做其他工作
    ...
sandy has logged on              用户随后登录了
```

现在你就可以去做别的事情了，waitfor 程序继续在后台执行，直到 sandy 登录，或是你登出系统。

> **注意**
>
> 在默认情况下，当从系统登出时，你所有的进程都会自动终止。如果你希望某个程序在登出后仍然继续运行，可以使用 nohup 命令运行该程序，或者使用 at/cron 来调度执行。详细的信息可以参考 UNIX 用户手册。

因为 waitfor 每分钟只检查一次用户的登录状态，因此在运行的时候并不会消耗太多的系统资源（在后台运行程序时，这是一个重要的考量）。

不幸的是，在指定用户登录后，还是有可能会错过提示信息。如果你正在使用全屏编辑器（如 vi）编辑文件，提示信息会把屏幕搞得一团糟，你可能根本不知道发生了什么！

一个更好的方法是给自己发送邮件。你可以给程序加一个选项，让用户自己选择想用哪种形式。如果选择使用邮件，会有消息指示邮件已经发送；如果没有选择，那么仍旧在终端中显示信息。

在新版本的 waitfor 中，加入了 -m 选项：

```
$ cat waitfor
#
# 等待指定用户登录 -- 版本 2
#

if [ "$1" = -m ]
then
        mailopt=TRUE
        shift
else
        mailopt=FALSE
fi

if [ "$#" -eq 0 -o "$#" -gt 1 ]
then
        echo "Usage: waitfor [-m] user"
        echo" -m means to be informed by mail"
        exit 1
fi

user="$1"

#
# 每 60 秒检查一次登录状态
#

until who | grep "^$user " > /dev/null
do
        sleep 60
done

#
```

```
# 运行到此处，说明用户已经登录
#

if [ "$mailopt" = FALSE ]
then
        echo "$user has logged on"
else
        echo "$user has logged on" | mail steve
fi
$
```

首先检查是否指定了-m选项。如果指定的话，将TRUE赋给变量mailopt，用shift移出第一个参数（将用户名移入$1并递减$#）。如果没有指定-m选项，则将mailopt设为FALSE。

处理过程和上一个版本一样，除了主代码块完成之后，需要检查变量 mailopt 来决定是通过邮件还是echo语句输出提示信息。

```
$ waitfor sandy -m
Usage: waitfor [-m] user
        -m means to be informed by mail
$ waitfor -m sandy &
[1] 5435
$ vi newmemo                        继续工作
    ...
you have mail
$ mail
From steve Wed Aug 28 17:44:46 EDT 2002
sandy has logged on

?d
$
```

当然，你可以让 waitfor 将-m 选项作为第一个或第二个参数，但这不是传统的UNIX语法：所有的选项都出现在命令行中其他参数之前。

另外要注意的是，老版本的waitfor也可以这样执行：

```
$ waitfor sandy | mail steve &
[1] 5522
$
```

这可以实现和-m选项相同的效果，只不过不够优雅。

就目前的代码实现来看，waitfor 总是会将邮件发送给 steve，如果其他用户也想运行该程序，这样做可就不恰当了。更好的解决方法是确定运行该程序的用户，如果该用户指定了-m选项，就给其发送邮件。那么该怎么知道用户名呢？可以执行带有am i选项的who命令来获取。然后使用cut从who的输出中提取用户名，将其作为邮件的接收人。

这些都可以在 `waitfor` 程序的最后一个 `if` 命令中来完成：

```
if [ "$#" -eq 1 ]
then
        echo "$user has logged on"
else
        runner=$(who am i | cut -cl-8)
        echo "$user has logged on" | mail $recipient
fi
```

现在任何人都可以执行这个程序，邮件提示也能够发送给正确的接收人。

8.4　再谈循环

8.4.1　跳出循环

有时候程序逻辑要求立刻退出循环语句。要想退出程序中的循环，可以使用 `break` 命令：

```
break
```

当执行 `break` 时，控制会立刻转移到循环之外，然后继续往下执行。

该命令常用于无限循环中，这种循环中的代码块会周而复始地不停执行，直到碰上 `break`。

在这类情况下，命令 `true` 可以用来返回为 0 的退出状态码。命令 `false` 的作用与 `true` 正好相反。如果你这样写：

```
while true
do
        ...
done
```

`while` 循环会不停地执行下去，因为 `true` 总是返回为 0 的退出状态码。

因为 `false` 返回的总是非 0 的退出状态码，因此，下面的循环：

```
until false
do
        ...
done
```

也会一直执行下去。

`break` 命令可用于退出这种无限循环，退出时机通常是在出现错误或者处理结束的时候：

```
while true
do
        cmd=$(getcmd)

        if [ "$cmd" = quit ]
        then
                break
        else
                processcmd "$cmd"
        fi
done
```

在这里，while 循环会不停地执行 getcmd 和 processcmd 程序，直到 cmd 等于 quit。这时会执行 break 命令，退出循环。

如果使用这种形式的 break 命令：

break *n*

可以立即退出第 *n* 层内循环，因此，在下面的代码中：

```
for file
do
        ...
        while [ "$count" -lt 10 ]
        do
                ...
                if [ -n "$error" ]
                then
                        break 2
                fi
                ...
        done
        ...
done
```

如果 error 变量不为空，则退出 while 和 for 循环。

8.4.2 跳过循环中余下的命令

continue 命令类似于 break，唯一的不同在于它不会退出整个循环，而只是跳过当前迭代中剩下的命令。然后程序立即进入下一次迭代，继续正常执行。和 break 一样，continue 后面也可以加上一个可选的数字，因此：

continue *n*

会跳过最内侧的 *n* 个循环中的命令，继续往下执行。

```
for file
do
```

```
        if [ ! -e "$file" ]
        then
                echo "$file not found!"
                continue
        fi

        #
        # 处理文件
        #

        ...
done
```

检查每一个 file 的值，确保执行的文件存在。如果不存在的话，打印出信息并跳过 for 循环中相关的文件处理命令。接着继续处理列表中的下一个值。

上面的例子等价于：

```
for file
do
        if [ ! -e "$file" ]
        then
                echo "$file not found!"
        else
                #
                # 处理文件
                #

                ...
        fi
done
```

8.4.3　在后台执行循环

整个循环都可以在后台执行，这只需要在 done 语句后加上一个 & 就可以了：

```
$ for file in memo[1-4]
> do
>         run $file
> done &                            放入后台执行
[1] 9932
$
request id is laser1-85 (standard input)
request id is laser1-87 (standard input)
request id is laser1-88 (standard input)
request id is laser1-92 (standard input)
```

这个以及随后的例子能够奏效的原因在于 Shell 将循环视为一种独立的小程序，因此对于任何出现在代码块关闭语句（block closing statement）（如 done、fi 和 esac）之后的内容都可以使用重定向，也可以利用 & 将循环放入后台，甚至是作为命令管道的一部分。

8.4.4 循环上的 I/O 重定向

你也可以在循环上执行 I/O 重定向。循环输入重定向会应用于循环中所有从标准输入中读取数据的命令。由循环到文件的输出重定向会应用于循环中所有向标准输出写入的命令。所有一切的发生位置都是在循环关闭语句 done：

```
$ for i in 1 2 3 4
> do
>         echo $i
> done > loopout              重定向循环的输出到 loopout
$ cat loopout
1
2
3
4
$
```

个别语句也可以不使用代码块的重定向，这就好像 Shell 程序中的其他语句可以直接写明从哪里读取或向哪里写入。

要强制写入或从终端读取，可以利用/dev/tty，该文件总是指向终端程序，不管你用的是 Mac、Linux 还是 UNIX 系统。

在下面的循环中，所有的输出都被重定向到了文件 output，除了其中的 echo 命令，其输出被重定向到了终端：

```
for file
do
        echo "Processing file $file" > /dev/tty
        ...
done > output
```

你也可以重定向循环的标准错误输出，只需要在 done 之后加上 2> *file* 就可以了：

```
while [ "$endofdata" -ne TRUE ]
do
        ...
done 2> errors
```

循环中所有写入到标准错误中的输出都会被重定向到 errors。

2>的另一种写法常用于确保所有的错误信息都出现在终端，哪怕是脚本已经将其输出重定向到了文件或管道：

```
echo "Error: no file" 1>&2
```

在默认情况下，echo 会将输出写入到标准输出（文件描述符 1），而文件描述符 2 仍旧指向标准错误，不会受到文件重定向或管道的影响。因此，上面的写法会将 echo 应该输出到文件描述符#1 的错误信息重定向到文件描述符#2（标准错误）。你可以使用下面的代码来测试：

```
for i in "once"
do
  echo "Standard output message"
  echo "Error message" 1>&2
done > /dev/null
```

尝试一下，看一下结果如何。

8.4.5　将数据导入及导出循环

命令输出可以导入循环（把该命令放在循环命令之前并以管道符号结尾），循环的输出也可以导入另一个命令。在下面的例子中，for 命令的输出被导入了 wc：

```
$ for i in 1 2 3 4
> do
>         echo $i
> done | wc -l
      4
$
```

8.4.6　单行循环

如果你发现自己经常直接在命令行中输入循环，可能会希望试试下面这种可以在单行上输入全部命令的便捷写法：在列表最后一项后面加上一个分号，在循环中每个命令后面也加上一个分号（do 后面不需要）。

下面的循环：

```
for i in 1 2 3 4
do
        echo $i
done
```

可以使用便捷写法写作：

```
for i in 1 2 3 4; do echo $i; done
```

你可以直接在命令行上这样写：

```
$ for i in 1 2 3 4; do echo $i; done
1
2
3
4
$
```

相同的做法同样适用于 while 和 until 循环。

if 命令也可以使用类似的格式写在同一行中：

```
$ if [ 1 = 1 ]; then echo yes; fi
yes
```

```
$ if [ 1 = 2 ]; then echo yes; else echo no; fi
no
$
```

注意，then 和 else 后面可没有分号。

很多 Shell 程序员会使用一种混合的 if 语句结构：

```
if [ condition ] ; then
    command
fi
```

这种分号的简单用法能够提高 Shell 程序的可读性，值得考虑将其作为你自己的代码书写格式的一部分。

8.5　getopts 命令

我们可以进一步扩展 waitfor 程序的功能，为其加上-t 选项，用于指定检查的频率（以秒为单位）。这样的话，waitfor 就可以接受两个选项：-m 和-t。我们允许这两个选项在命令行上可以按照任意顺序出现，只要它们出现在所关注的用户名之前就行了。因此，有效的 waitfor 命令可以是如下形式：

```
waitfor ann
waitfor -m ann
waitfor -t 600 ann
waitfor -m -t 600 ann
waitfor -t 600 -m ann
```

无效的形式如下：

```
waitfor                          少了用户名
waitfor -t600 ann                -t 后面少了一个空格
waitfor ann -m                   选项必须先出现
waitfor -t ann                   -t 后面少了参数
```

随着开始编写这种在命令行中带有一定灵活性的代码，很快你就会发现事情开始变得很复杂！

不过也别焦躁，Shell 提供了一个叫做 getopts 的内建命令，可以轻松地处理命令行参数。该命令的一般形式为：

```
getopts options variable
```

我们很快就会深入讲解字符串选项。目前，只需要知道单字母选项可以照原样写出，需要参数的选项后面要加上冒号，因此 ab:c 表示允许使用-a、-c 和-b，但是-b 需要另外指定参数。

getopts 命令专门用来在循环中执行，这使得它能够非常方便地针对用户指定的每个选项执行所需的操作。在每次循环中，getopts 都会检查下一个命令行参数，通过查看该参数是否以减号开头，随后是否是在 *options* 中指定的字符来决定选项是否有效。如果没有问题，getopts 就会将匹配的选项字母保存在指定的 *variable* 中，然后返回为 0 的退出状态码。稍后只需要几行代码你就会明白我刚才所讲的意思。

如果减号后面的字符没有在 *options* 中列出，getopts 会在返回为 0 的退出状态码之前，将问号保存在 *variable* 中。另外还会向标准错误写入错误信息，告知用户指定的选项有问题。

如果命令行中已经没有选项或者当前选项不是以减号开头，getopts 会返回非 0 的退出状态码，允许脚本接着处理其他的参数。在这种情况下，考虑一下命令 ls -C /bin：-C 是一个选项，可以由 getopts 解析或处理，而/bin 是 ls 命令的参数，在处理过所有的选项之后处理。

如果看起来实在让人迷糊的话，也不用太焦虑。事实上，这的确是挺复杂的，因此，接下来让我们看一个例子，好让你弄明白 getopts 的工作原理。假设你编写的脚本想使用 getopts 识别选项-a、-i 和-r，那么用到的 getopts 类似于：

```
getopts "air" option
```

这里的第一个参数 air 指定了可接受的命令选项（-a、-i 和-r），option 是 getopts 用来存放每个匹配值的变量名。

getopts 命令也允许选项在命令行中聚在一起或分组（be clustered or grouped together）出现。这种形式可以通过一个减号，后面跟上多个连续的选项来实现。例如，foo 命令可以像这样执行：

```
foo -a -r -i
```

也可以像这样：

```
foo -ari
```

可别急，getopts 的威力可要比我们目前介绍的强大得多！例如，它还可以处理需要参数的选项。举例来说，新加入 waitfor 命令的选项-t 还需要一个参数。

要想正确解析带有参数的选项，getopts 要求选项及其参数之间至少要有一个空格。在这种情况下，选项不能写成分组的形式。

在选项字母后面加上一个冒号，以此告知 getopts 指定的选项后面要求有一个参数。因此，对于能够接受-m 和-t 选项（要求额外的参数）的 waitfor 程序，应该像这样调用 getopts：

```
getopts mt: option
```

如果 getopts 没有在选项后找到要求的参数，它会将问号保存到变量中并向标准错误中输出错误信息。否则，就将选项字符保存在变量中，把用户指定的参数放在一个叫做 OPTARG 的特殊变量中。

　　关于 getopts，还有最后一点要注意：另一个特殊变量 OPTIND 的初始值为 1，随后每当 getopts 返回时都会被更新为下一个要处理的命令行参数的序号。

　　下面是 waitfor 的第三个版本，其中使用了 getopts 来处理命令行参数。另外还结合之前进行的修改，能够向运行该程序的用户发送邮件。

```
$ cat waitfor
#
# 等待指定用户登录 -- 版本 3
#

# 设置默认值

mailopt=FALSE
interval=60

# 处理命令选项

while getopts mt: option
do
        case "$option"
        in
                m) mailopt=TRUE;;
                t) interval=$OPTARG;;
                \?) echo "Usage: waitfor [-m] [-t n] user"
                    echo " -m means to be informed by mail"
                    echo " -t means check every n secs."
                    exit 1;;
        esac
done

# 确保指定了用户名

if [ "$OPTIND" -gt "$#" ]
then
        echo "Missing user name!"
        exit 2
fi

shiftcount=$((OPTIND - 1))
shift $shiftcount
user=$1

#
# 检查用户是否登录
#

until who | grep "^$user " > /dev/null
do
        sleep $interval
done


#
# 如果执行到此处，说明用户已经登录
#
```

```
if [ "$mailopt" = FALSE]
then
        echo "$user has logged on"
else
        runner=$(who am i | cut -cl-8)
        echo "$user has logged on" | mail $runner
fi
```

```
$ waitfor -m
Missing user name!
$ waitfor -x fred                          不合规定选项
waitfor: illegal option -- x
Usage: waitfor [-m] [-t n] user
  -m means to be informed by mail
  -t means check every n secs.
$ waitfor -m -t 600 ann &                  每 10 分钟检查一次 ann 是否登录
[1] 5792
$
```

来仔细看一下最后一行。当执行下面这行代码时：

```
waitfor -m -t 600 ann &
```

while 循环中会进行如下处理：调用 getopts，将字符 m 保存在变量 option 中，设置 OPTIND 为 2，最后返回为 0 的退出状态码。

case 命令然后确定保存在 option 中的内容。在字符 m 上的匹配表明选择了"发送邮件"选项，因此 mailopt 被设为 TRUE。（注意，case 中的?是被引用的。这是为了去除其作为模式匹配字符的特殊含义。）

第二次执行 getopts 时，getopts 会将字符 t 保存在 option 中，将接下来的命令行参数（600）保存在 OPTARG 中，设置 OPTIND 为 3，最后返回为 0 的退出状态码。case 命令会匹配到 option 中的字符 t，与该分支相关联的命令会将保存在 OPTARG 中的值 600 复制到变量 interval 中。

第三次执行 getopts 时，getopts 会返回非 0 的退出状态码，表明已经没有命令选项了。

然后程序检查 OPTIND 的值，并和 $# 进行比对，确保命令行中输入了用户名。如果 OPTIND 大于 $#，说明已经没有参数可用，用户忘记了指定用户名参数。否则，使用 shift 命令将作为用户名的参数移入 $1。移入的实际位置要比 OPTIND 的值小 1。

waitfor 程序余下的部分和之前基本上一样，唯一的改变就是使用 interval 变量指定要休眠的秒数。

如果你对 getopts 及其用法还不甚明了，也没关系。它会经常出现在随后的 Shell 程序中，见得多了，就能慢慢摸到窍门了。对于高级 Shell 编程来说，getopts 也值得学习，因为手动去解析一个以上的命令行参数，效率可是很低的。

第 9 章
数据的读取及打印

在本章中，你将学习如何使用 read 命令从终端或文件中读取数据，如何使用 printf 命令将格式化数据写入标准输出。

9.1　read 命令

read 命令的一般形式为：

read *variables*

该命令执行时，Shell 会从标准输入中读取一行，然后将第一个单词分配给 *variables* 中列出的第一个变量，第二个单词分配给第二个变量，以此类推。如果行中的单词多于列表中的变量，那么多出的单词全部分配给最后一个变量。例如，下列命令：

read x y

会从标准输入中读入一行，将第一个单词分配给变量 x，将行中余下的内容分配给变量 y。按照这种处理逻辑，下列命令：

read text

会读取并将一整行保存到 Shell 变量 text 中。

9.1.1　文件复制程序

下面来编写一个 cp 命令的简化版本，借此实践一下 read 命令。我们把这个程序叫做 mycp，它可以接收两个参数：源文件和目标文件。如果目标文件已经存在，程序会发出警告并询问是否需要继续进行复制。如果回答是"yes"，则继续执行复制操作；否则，退出程序。

```
$ cat mycp
#
```

```
#  复制文件
#

if [ "$#" -ne 2 ] ; then
        echo "Usage: mycp from to"
        exit 1
fi

from="$1"
to="$2"

#
#  检查目标文件是否已经存在
#

if [ -e "$to" ] ; then
        echo "$to already exists; overwrite (yes/no)?"
        read answer

        if [ "$answer" != yes ] ; then
                echo "Copy not performed"
                exit 0
        fi
fi

#
#  如果目标文件不存在或用户输入了 yes
#

cp $from $to          #  执行复制操作
$
```

现在来测试一下：

```
$ ls -C                        查看文件。-C 强制以多列形式输出
Addresses      intro       lotsaspaces      mycp
Names          nu          numbers          phonebook
stat
$ mycp                         没有参数
Usage: mycp from to
$ mycp names names2            复制文件
$ ls -l names*                 是否复制成功?
-rw-r--r--   1 steve     steve        43 Jul  20 11:12 names
-rw-r--r--   1 steve     steve        43 Jul  21 14:16 names2
$ mycp names numbers           尝试覆盖一个已有的文件
numbers already exists; overwrite (yes/no)?
no
Copy not performed
$
```

注意，如果文件已经存在，就会执行 echo 命令，提示用户输入 yes/no。接下来的 read 命令会使得 Shell 等待用户输入响应。Shell 并不会提示用户什么时候在等待数据输入，需要由程序员为程序加入提示信息。

输入的数据保存在变量 answer 中，然后比对字符串 yes 进行检查，确定复制过程是否继续。在测试语句中，变量 answer 两边加上了引号：

```
[ "$answer" != yes]
```

这是必要的，用于避免用户不输入任何数据，直接按下 Enter 键。如果出现这种情况，Shell 会在 answer 中保存一个空值，没有引号的话，test 会发出错误信息。

另外要注意的是，在程序中使用分号将 then 语句和 if 语句放了同一行中。这是一种在 Shell 程序员中常见的写法技巧，上一章中已经介绍过了。

9.1.2　特殊的 echo 转义字符

mycp 命令有一个稍有点烦人的地方：echo 命令运行过之后，由用户输入的响应出现在另一行上。这是因为 echo 命令会自动在最后一个参数后面加上一个用于终止的换行符。

好在有办法阻止这种行为：只需要在 echo 命令的最后加上特殊的转义字符\c 就可以了。这告诉echo在显示完最后一个参数之后不输出换行符。如果你将mycp中的echo命令改成下面这样：

```
echo "$to already exists; overwrite (yes/no)? \c"
```

这样用户输入就会出现在提示信息的右侧了。记住，\c 是由 echo 解释的，而非 Shell，这意味着必须将其引用起来交给 echo。

> **注意**
>
> 有些 Linux 和 Mac OS X 系统的 Shell 并不会解释这些 echo 转义字符，因此，上面的命令会显示为：
>
> ```
> newfile.txt already exists; overwrite (yes/no)? \c
> ```
>
> 如果通过测试发现你的 Shell 也是这样，可以将这些特定的 echo 调用更换成独立的程序/bin/echo。其他的 echo 就不用再修改了。

echo 命令也可以解释其他的特殊字符（如果没有效果，参见上面给出的注意事项）。这些字符前面必须加上反斜线，表 9.1 总结出了所有特殊字符。

表 9.1　**echo** 命令的转义字符

字符	输出
\b	退格（Backspace）
\c	忽略输出中最后的换行符
\f	换页（Formfeed）
\n	回车换行（Newline）
\r	回车（Carriage Return）

字符	输出
\t	制表符（Tab character）
\\	反斜线（Backslash character）
\0nnn	ASCII 值为 nnn 的字符，其中 nnn 是 1~3 位的八进制数

9.1.3   mycp 的改进版本

假设当前目录下有一个叫做 prog1 的程序，你想把它复制到 bin 目录中。使用普通的 cp 命令的话，你只需要指定目标目录就可以了，复制过来的文件还保留已有的名称。回过头来看看 mycp 程序，如果你输入以下命令，会发生什么：

```
mycp prog1 bin
```

对于 bin 进行 -e 测试肯定没问题（因为 -e 测试的是文件是否存在），mycp 会显示 "already exists" 并等待用户输入 yes/no。这可是一个非常危险的错误，尤其是当用户输入 yes 的时候！

如果第二个参数是一个目录，mycp 应该检查文件 from 是否存在于该目录中。

mycp 程序的改进版会执行这项检查。其中还包含了修改过的 echo 命令，使用 \c 消除了末尾的换行符。

```
$ cat mycp
#
# 复制文件 -- 版本 2
#

if [ "$#" -ne 2 ] ; then
        echo "Usage: mycp from to"
        exit 1
fi

from="$1"
to="$2"


#
# 查看目标文件是否为目录
#

if [ -d "$to" ] ; then
        to="$to/$(basename $from)"
fi


#
# 查看目标文件是否已经存在
#
```

```
if [ -e "$to" ] ; then
        echo "$to already exists; overwrite (yes/no)? \c"
        read answer

        if [ "$answer" != yes ] ; then
                echo "Copy not performed"
                exit 0
        fi
fi
#
# 目标文件不存在或输入了 yes
#

cp $from $to            # 执行复制操作
$
```

如果目标文件是目录,程序在变量 to 中加入目录名,将其修改成$to/$(basename $from),以便更准确地反映出目标文件名。这确保了随后在测试文件$to 的存在性的时候,针对的是目录中的该文件,而非目录本身。

basename 命令可以剥离参数的所有目录部分,得到其基础文件名(base filename)(例如,basename /usr/bin/troff 可以得到 troff;basename troff 也可以得到 troff)。额外的这一步确保了复制操作来源位置以及目的位置的正确性(举例来说,如果输入 mycp /tmp/data bin,其中 bin 是目录,你想做的是将/tmp/data 复制为 bin/data,而非 bin/tmp/data)。

下面是一些例子,注意转义字符\c 的效果。

```
$ ls                    检查当前目录
bin
prog1
$ ls bin                查看 bin 目录
lu
nu
prog1
$ mycp prog1 prog2      简单的例子
$ mycp prog1 bin        复制到目录中
bin/prog1 already exists; overwrite (yes/no)? yes
$
```

9.1.4 mycp 的最终版本

mycp 的最后一次修改允许使用可变数量的参数,使得该程序的效果实际上等同于 Linux 中标准的 cp 命令。回忆一下,cp 命令允许在目录名前出现任意数量的文件,例如:

```
cp prog1 prog2 greetings bin
```

要想让 mycp 可以接受任意数量的文件,可以使用下面的方法:

1．从命令行中获取除最后一个参数之外的其他参数，将其保存在 Shell 变量 filelist 中。

2．将最后一个参数保存在变量 to 中。

3．如果$to 不是目录，则测试参数数量，在这种情况下只能有两个参数。

4．如果$to 是目录，对于$filelist 中的每个文件，检查其是否存在于目标目录中。如果不存在，将该文件名加入到变量 copylist 中。如果存在，询问用户是否覆盖文件。如果回答是 yes，将文件名加入到 copylist。

5．如果 copylist 不为空，将其中的文件复制到$to 中。

如果你觉得算法描述不太清晰的话，下面的源代码及注释可以帮助你理解其中的来龙去脉。注意修改过后的命令用法信息。

```
$ cat mycp
#
# 复制文件 -- 最终版
#

numargs=$#                      # 保存起来，随后使用
filelist=
copylist=


#
# 处理参数，将除最后一个参数之外的其他参数保存在变量 filelist 中
#

while [ "$#" -gt 1 ] ; do
        filelist="$filelist $1"
        shift
done

to="$1"


#
# 如果少于两个参数，或者多于两个参数且最后一个参数不是目录，
# 则发出错误信息
#

if [ "$numargs" -lt 2 -o "$numargs" -gt 2 -a ! -d "$to" ] ; then
    echo "Usage: mycp file1 file2"
    echo "       mycp file(s) dir"
    exit 1
fi


#
# 遍历 filelist 中的每个文件
#

for from in $filelist ; do
```

```
    #
    # 查看目标文件是否为目录
    #

    if [ -d "$to" ] ; then
        tofile="$to/$(basename $from)"
    else
        tofile="$to"
    fi

#
# 如果文件不存在或用户要求进行覆盖，则将其添加到变量 copylist 中
#

    if [ -e "$tofile" ] ; then
        echo "$tofile already exists; overwrite (yes/no)? \c"
        read answer

        if [ "$answer" = yes ] ; then
                copylist="$copylist $from"
        fi
    else
        copylist="$copylist $from"
    fi
done

#
# 现在进行复制操作 -- 首先确保提供了待复制的文件
#
if [ -n "$copylist" ] ; then
        cp $copylist $to           #复制
fi
$
```

在深入研究代码之前，先看一些实例输出。

```
$ ls -C                              查看现有内容
bin         lu      names     prog1
prog2
$ ls bin                             bin 目录中有什么？
lu
nu
prog1
$ mycp                               不使用参数
Usage: mycp file1 file2
        mycp file(s) dir
$ mycp names prog1 prog2             最后一个参数不是目录
Usage: mycp file1 file2
        mycp file(s) dir
$ mycp names prog1 prog2 lu bin      正确用法
bin/prog1 already exists; overwrite (yes/no)? yes
```

```
bin/lu already exists; overwrite (yes/no)? no
$ ls -l bin                            查看结果
total 5
-rw-r--r--  1 steve    steve    543 Jul 19 14:10 lu
-rw-r--r--  1 steve    steve    949 Jul 21 17:11 names
-rw-r--r--  1 steve    steve     38 Jul 19 09:55 nu
-rw-r--r--  1 steve    steve    498 Jul 21 17:11 prog1
-rw-r--r--  1 steve    steve    498 Jul 21 17:11 prog2
$
```

在最后一种情况中，按照用户的要求，prog1 被覆盖，lu 得以保留。

程序开始执行时会将参数数量保存在变量 numargs 中。这是因为程序随后会使用 shift 命令改变参数变量。

接下来进入循环，只要参数数量大于 1，循环就会一直持续。其目的在于得到命令行中最后一个参数。在循环过程中还会将其他参数塞进 Shell 变量 filelist 中，该变量最终将包含待复制的所有文件名。下面的语句：

```
filelist="$filelist $1"
```

意思是使用 filelist 中已有的值，在后面加上一个空格，然后是 $1 的值，将结果再保存到 filelist 中。接着用 shift 命令逐一移动所有的参数。最终，$# 的值等于 1，循环结束。

这时，filelist 中包含的是以空格分隔的待复制文件列表，$1 中包含的是最后一个参数，它要么是目标文件名，要么是目标目录。

要想搞清楚这个过程，考虑执行下列命令时的 while 循环是如何操作的：

```
mycp names prog1 prog2 lu bin
```

图 9.1 描述了每次循环迭代时变量的值。第一行显示了进入循环前的变量状态。

$#	$1	$2	$3	$4	$5	filelist
5	names	prog1	prog2	lu	bin	null
4	prog1	prog2	lu	bin		names
3	prog2	lu	bin			names prog1
2	lu	bin				names prog1 prog2
1	bin					names prog1 prog2 lu

图 9.1　处理命令行参数

循环结束之后，保存在 $1 中的最后一个参数被存放在变量 to 中。接下来的测试用于确保命令行中至少有两个参数；如果多于两个的话，最后一个参数必须是目录。如果这两种情况都不满足，显示出命令用法信息，程序携带为 1 的退出状态码退出。

随后的 for 循环检查列表中的各个文件是否已经存在于目标目录中。如果是，则提示用户。如果用户打算覆盖，或文件在目标目录中不存在，把该文件加入 Shell 变量 copylist。这里用到的技术和先前在 filelist 中累积参数的方法一样。

for 循环退出后，copylist 中包含了待复制的文件列表。在极端情况下，如果所有指定的文件都已经存在于目标目录中且用户不打算覆盖任何文件，则文件列表为空。因此，必须在文件列表不为空的条件下才执行复制操作。

花点时间再看看 mycp 最终版的实现逻辑，它演示了迄今为止你在本书中所学到的很多特性。本章末尾的一些练习也会测试你对于该程序的理解程度。

9.1.5 菜单驱动的电话簿程序

read 命令一个很有用的地方在于它能够让你编写出菜单驱动的 Shell 程序。让我们将注意力转回之前写过的那 3 个电话簿程序：add、lu 和 rem，然后创建一个包装程序（wrapper），这种程序能够简化其他程序的使用。这次要创建的包装程序叫做 rolo（rolo 是 Rolodex 的简写，这只不过是为了让你记得 Rolodex 是什么）。

在调用的时候，rolo 会向用户显示出一个选择列表，在提示必要的参数之后，根据用户选择执行相应的程序：

```
$ cat rolo
#
# rolo - 用于从电话簿中查找、添加及删除联系人
#


#
# 显示菜单
#

echo '
        Would you like to:

                1. Look someone up
                2. Add someone to the phone book
                3. Remove someone from the phone book

        Please select one of the above (1-3): \c'
#
# 读取并处理用户选择
#

read choice
echo ""
case "$choice"
in
        1) echo "Enter name to look up: \c"
           read name
           lu "$name";;
        2) echo "Enter name to be added: \c"
           read name
           echo "Enter number: \c"
           read number
```

```
                add "$name" "$number";;
        3) echo "Enter name to be removed: \c"
           read name
           rem "$name";;
        *) echo "Bad choice";;
    esac
    $
```

注意单个 echo 命令是如何显示多行菜单的，这里利用了引号能够保留用于格式化的内嵌换行符。然后使用 read 获得用户选择并将其保存在变量 choice 中。

case 语句用来确定用户做出的选择。如果选择的菜单项是 1，则表明用户要在电话簿中查找联系人。在这种情况下，会询问用户待查找的人名，然后会将其作为参数调用程序 lu。注意变量 name 两边的双引号：

```
lu "$name"
```

为了确保用户输入的两个或更多的单词能够被 lu 作为单个参数处理，这是必需的。
如果用户选择的是菜单项 2 或 3，也采用类似的处理过程。

程序 lu、rem 和 add 均取自之前的章节。

下面是 rolo 的一些运行实例：

```
$ rolo

        Would you like to:

                1. Look someone up
                2. Add someone to the phone book
                3. Remove someone from the phone book

Please select one of the above (1-3): 2
Enter name to be added: El Coyote
Enter number: 212-567-3232
$ rolo                          再次执行

        Would you like to:

                1. Look someone up
                2. Add someone to the phone book
                3. Remove someone from the phone book

Please select one of the above (1-3): 1

Enter name to look up: Coyote
El Coyote          212-567-3232
$ rolo                          再执行一次

        Would you like to:
```

```
         1. Look someone up
         2. Add someone to the phone book
         3. Remove someone from the phone book
      Please select one of the above (1-3): 4
Bad choice
$
```

如果用户选择了非法选项，程序会显示 Bad choice，然后终止。一种更友好的方法是在做出正确的选择前，不断提示用户。这可以通过将整个程序放到 until 循环中，直至用户做出有效选择来实现。

对 rolo 做出的另一处修改反映了其最常见的用法：考虑到最常用的操作就是查找联系人，因此最好能够不用输入 rolo，然后选择菜单项 1，再输入待查找的人名。相比之下，直接输入

    lu *name*

就要简单多了。鉴于此，我们还要再给 rolo 加上一些有用的命令行参数，提高使用效率。默认情况下，如果给出了参数，rolo 假定要执行查询操作，然后直接调用 lu，处理所有的参数。如果用户想执行快速查找，可以输入 rolo，加上要查找的人名。如果想使用菜单界面，只需要输入 rolo 即可。

上述两处改变（在做出有效选择前不断循环以及执行快速查找）被加入到 rolo 的版本 2 中：

```
$ cat rolo
#
# rolo - 用于从电话簿中查找、添加及删除联系人 -- 版本 2
#


#
# 如果提供了参数，则进行查找
#

if [ "$#" -ne 0 ] ; then
        lu "$@"
        exit
fi

validchoice=""             # 将变量设为空


#
# 在做出有效选择前不断循环
#

until [ -n "$validchoice" ]
do
        #
```

```
# 显示菜单
#
echo '

Would you like to:

    1. Look someone up
    2. Add someone to the phone book
    3. Remove someone from the phone book

Please select one of the above (1-3): \c'

#
# 读取并处理用户选择
#
read choice
echo

case "$choice"
in
    1) echo "Enter name to look up: \c"
         read name
         lu "$name"
          alidchoice=TRUE;;
    2) echo "Enter name to be added: \c"
         read name
         echo "Enter number: \c"
         read number
         add "$name" "$number"
         validchoice=TRUE;;
    3) echo "Enter name to be removed: \c"
         read name
         rem "$name"
         validchoice=TRUE;;
    *) echo "Bad choice";;
    esac
done
$
```

如果$#为空（非0），直接使用命令行中输入的参数调用 lu，然后退出程序。否则，执行 until 循环，直到变量 vaildchoice 非空为止。记住，只有在值为 1、2 或 3 的 case 分支中执行命令

```
validchoice=TRUE
```

才能设置该变量的值。否则，程序继续执行循环。

```
$ rolo Bill                              快速查询
Billy Bach          201-331-7618
$ rolo                                   使用菜单界面
```

```
        Would you like to:

                1. Look someone up
                2. Add someone to the phone book
                3. Remove someone from the phone book

        Please select one of the above (1-3): 4
        Bad choice


                Would you like to:

                        1. Look someone up
                        2. Add someone to the phone book
                        3. Remove someone from the phone book

                Please select one of the above (1-3): 0
        Bad choice


                Would you like to:

                        1. Look someone up
                        2. Add someone to the phone book
                        3. Remove someone from the phone book

                Please select one of the above (1-3): 1

        Enter name to look up: Tony
        Tony Iannino 973-386-1295
        $
```

9.1.6　变量$$与临时文件

　　如果系统中有两个或更多的用户同时使用 rolo 程序，有可能会出现问题。观察一下 rem 程序，看看你能不能找出问题所在。问题出在临时文件/tmp/phonebook 上，该文件用于创建新版本的电话簿文件。

　　rem 程序中涉及的具体语句如下：

```
grep -v "$name" phonebook > /tmp/phonebook
mv /tmp/phonebook phonebook
```

　　但是这里有一个问题：如果多个用户同时使用 rolo 删除联系人，电话簿文件内容有可能会被搞乱，因为同一个临时文件同时被多次使用。说实话，这种事情发生的概率非常小，但并不是不可能，也就是说，这的确是个问题。

　　这段代码中实际上出现了两个重要的概念：第一个概念涉及计算机实现多任务的方式，即通过在处理器上来回切换程序。结果就是在程序执行期间的任何时间点上，程序都有可能被换出，哪怕是在一系列命令的执行中途。现在你就能够看出上面代码中的问

题了：由于是两条语句，因此，如果程序在这两条语句之间被换出，然后由程序的另一个实例运行相同的两行代码，会导致什么结果？第二个程序会覆盖第一个程序 grep 命令的结果。这对无论哪个用户来说都不是什么好事！

第二个概念与竞争条件（race condition）有关，这是说一个程序同时被调用多次会造成麻烦。多数情况下涉及临时文件，但有时也同子进程和锁文件有关系，我们会在随后讨论。

就目前而言，只需要记住：在编写会由多个用户运行的 Shell 程序时，要确保每个用户用到的临时文件是唯一的。

一种解决方法是在用户主目录中创建临时文件，而不是在/tmp 中。另一种方法是选择唯一的临时文件名，使其在每次程序调用中都不相同。可以简单地将程序调用的唯一进程 ID（PID）嵌入到文件名中来实现后一种方法。这只需要使用特殊的 Shell 变量 $$就行了：

```
$ echo $$
4668
$ ps
  PID TTY TIME COMMAND
  4668 co 0:09 sh
  6470 co 0:03 ps
$
```

Shell 会将$$替换成登录 Shell 的进程 ID 号。因为系统中每个进程都拥有唯一的进程 ID，在文件名中使用$$就避免了不同的进程使用相同文件名的可能。要修正之前着重提到的那个问题，可以使用下面的命令来替换 rem 中的那两行：

```
grep -v "$name" phonebook > /tmp/phonebook$$
mv /tmp/phonebook$$ phonebook
```

这样就可以避开潜在的竞争条件了。每个使用 rolo 的用户都是以不同的进程来运行该程序，因此每个实例所用到临时文件名也不一样。问题解决。

9.1.7　read 的退出状态

除非是碰到了文件结尾（end-of-file condition），read 都会返回为 0 的退出状态码。如果是从终端读取数据，这意味着用户键入了 Ctrl+d。如果是从文件读取数据，这意味着文件中已经没有数据可读了。

很容易写出一个从文件或终端中读取数据行的循环。

接下来名为 addi 的程序会读入包含了一对数字的行，这对数字会被相加并将之和写入标准输出：

```
$ cat addi
#
# 将标准输入中的一对整数相加
#

while read n1 n2
do
        echo $(( $n1 + $n2))
done
$
```

只要 read 命令返回的是为 0 的退出状态码，也就意味着仍有数据可读取，while 循环就会一直执行下去。在循环中，来自数据行的两个值（假设是整数 —— 这里并没有做错误检查）被相加，然后由 echo 将结果写入到标准输出。

```
$ addi
10 25
35
-5 12
7
123 3
126
Ctrl+d
$
```

addi 的标准输入和标准输出都可以重定向到文件（当然也可以是管道）：

```
$ cat data
1234 7960
593 -595
395 304
3234 999
-394 -493
$ addi < data > sums
$ cat sums
9194
-2
699
4233
-887
$
```

下面这个程序叫做 number，该程序是标准 UNIX 命令 nl 的一个简化版：它接受一个或多个文件作为参数，显示出这些文件中的每一行的行号及其内容。如果没有给出参数，则从标准输入中读取。

```
$ cat number
#
# 标出指定文件中每一行的行号，如果文件没有作为参数给出，则使用标准输入
```

```
#

lineno=1

cat $* |
while read line
do
        echo "$lineno: $line"
        lineno=$((lineno + 1))
done
$
```

变量 lineno（行数）的初始值为 1。程序 number 的参数全部交给 cat，由其统一写入标准输出。如果没有指定参数，$* 则为空，cat 也就接收不到任何参数。这会使得它从标准输入中读取。cat 的输出通过管道传入 while 循环。

read 读取到的每一行都被 echo 显示在终端中，行首是 lineno 的当前值，该值逐行加一。

```
$ number phonebook
1: Alice Chebba       973-555-2015
2: Barbara Swingle 201-555-9257
3: Billy Bach         201-555-7618
4: El Coyote          212-555-3232
5: Liz Stachiw        212-555-2298
6: Susan Goldberg  201-555-7776
7: Teri Zak           201-555-6000
8: Tony Iannino    973-555-1295
$ who | number                          从标准输入中读取
1: root       console Jul 25 07:55
2: pat        tty03   Jul 25 09:26
3: steve      tty04   Jul 25 10:58
4: george     tty13   Jul 25 08:05
$
```

注意，如果行中包含反斜线或前导空白字符，程序 number 就没法正常工作了。下面的例子演示了这一点。

```
$ number
            Here are some backslashes: \ \*
1: Here are some backslashes: *
$
```

前导空白字符会从读入的行中删除。在读入行的时候，反斜线也会由 Shell 进行解释。你可以使用 read 命令的 -r 选项来避免解释反斜线。如果我们将命令：

```
while read line
```

修改为：

```
while read -r line
```

输出结果看起来就好些了：

```
$ number
            Here are some backslashes: \ \*
1: Here are some backslashes: \ \*
$
```

在第 11 章中，你将学习如何保留前导空白字符以及如何在一定程度上控制输入数据的解析。

9.2 printf 命令

对于简单的信息而言，echo 已经足够了，但有时候你可能想输出格式化信息，如按列对齐的数据。UNIX 系统提供了 printf 命令来实现这种功能。熟悉 C 或 C++编程语言的用户会发现该命令与语言中同名函数有很多相似之处。

printf 命令的一般形式为：

printf "*format*" *arg1 arg2* ...

其中 *format* 是一个字符串，用于详细描述后续数值的显示格式。因为格式化字符串要作为单个参数，而且有可能其中会包含特殊字符和空格，最好是将其放入引号中。

格式化字符串中那些前面没有百分号（%）的字符会被直接写入标准输出。按照最简单的用法，printf 的效果和 echo 差不多（只要你记得每行末尾加上\n 作为换行符，如下所示）：

```
$ printf "Hello world!\n"
Hello world!
$
```

前面有百分号的字符叫做格式规范（format specifications），用于告知 printf 如何显示对应的参数。格式化字符串中的每个百分号都应该有一个对应的参数，除了特殊规范%%，它会显示出一个百分号。

来看一个 printf 的简单例子：

```
$ printf "This is a number: %d\n" 10
This is a number: 10
$
```

printf 并不会像 echo 那样自动在输出的尾部加上一个换行符，但是它能够理解转义序列（参考本章的表 9.1），因此可以在格式化字符串的末尾加上\n 来输出换行符，这样命令行提示符就会和期望的一样出现在下一行上。

尽管上面的例子很简单，就算用 echo 也可以搞定，但它能够帮助演示 printf 是如何解释转换规范（conversion specifications）（%d）的：扫描格式化字符串，输出字符串中的每个字符，直到碰上百分号。然后读取 d，尝试使用 printf 的下一个参数来替换 %d，这个参数必须是一个整数。将该参数（10）写入标准输出后，printf 继续扫描格式化字符串，碰到 \n 后，输出一个换行符。

表 9.2 总结了不同的格式规范字符。

表 9.2　printf 的格式规范字符

字符	功能
%d	整数
%u	无符号整数
%o	八进制整数
%x	十六进制整数，使用 a~f
%X	十六进制整数，使用 A~F
%c	单个字符
%s	字符串字面量
%b	包含转义字符的字符串
%%	百分号

前 5 个转换规范字符均用于显示整数。%d 显示有符号整数，%u 显示无符号整数，后者也可以用来将负数按照无符号形式显示。默认情况下，显示八进制或十六进制数时并不包含起始的 0 或 0x，但如果需要的话，可以修改这个行为，本节随后会展示具体做法。

字符串要使用 %s 或 %b 来显示。%s 可以按照字面意义输出字符串，不处理任何转义字符，而 %b 则会强制解释字符串参数中的转义字符。

这几个 printf 的例子有助于理解上面的结论：

```
$ printf "The octal value for %d is %o\n" 20 20
The octal value for 20 is 24
$ printf "The hexadecimal value for %d is %x\n" 30 30
The hexadecimal value for 30 is 1e
$ printf "The unsigned value for %d is %u\n" -1000 -1000
The unsigned value for -1000 is 4294966296
$ printf "This string contains a backslash escape: %s\n" "test\nstring"
This string contains a backslash escape: test\nstring
$ printf "This string contains an interpreted
↪ backslash escape: %b\n" "test\nstring"
This string contains an interpreted backslash escape: test string
$ printf "A string: %s and a character: %c\n" hello A
A string: hello and a character: A
$
```

在最后一个 printf 中，`%c` 用于显示单个字符。如果对应的参数多于一个字符，则只显示第一个：

```
$ printf "Just the first character: %c\n" abc
a
$
```

转换规范的一般格式为：

%[flags][width][.precision]type

type 是表 9.2 中的转换规范字符。可以看到，只有百分号和 *type* 是必需的，剩下的部分叫做修饰符（modifiers），是可选的。有效的 *flags* 是-、+、#和空格。

-将输出的数值左对齐，当我们讨论修饰符 *width* 时再来讲它。

+使得 printf 在整数前面加上+或-（默认只有负数才输出符号）。

#使得 printf 在八进制数前加上 0，在十六进制数前加上 0x 或 0X（分别使用`%#x`或`%#X`来指定）。

空格使得 printf 在正数前面加上一个空格，在负数前面加上-，以起到对齐的作用。

下面是几个例子，特别要注意格式化字符串！

```
$ printf "%+d\n%+d\n%+d\n" 10 -10 20
+10
-10
+20
$ printf "% d\n% d\n% d\n" 10 -10 20
 10
-10
 20
$ printf "%#o %#x\n" 100 200
0144 0xc8
$
```

可以看到，使用+或空格作为 *flags* 能够非常漂亮地实现包含正、负数数据列的对齐。

修饰符 *width* 是一个整数，用来指定输出参数时的最小字段宽度。对应的参数采用右对齐的形式，除非使用了-：

```
$ printf "%20s%20s\n" string1 string2
             string1             string2
$ printf "%-20s%-20s\n" string1 string2
string1             string2
$ printf "%5d%5d%5d\n" 1 10 100
    1   10  100
$ printf "%5d%5d%5d\n" -1 -10 -100
   -1  -10 -100
$ printf "%-5d%-5d%-5d\n" 1 10 100
1    10   100
$
```

修饰符 *width* 能够很方便地对齐文本或数字列（提示：数字符号以及作为前导字符的 0、0x 和 0X 都被计算在参数宽度内）。*width* 指定了字段的最小宽度，如果参数的长度大于 *width*，它将会溢出或完全不显示。有一个很简单的测试方法：

```
printf "%-15.15s\n" "this is more than 15 chars long"
```

当你在系统中输入该命令时会是怎样的结果？修饰符 *.precision* 是一个正数，指定了%d、%u、%o、%x 及%X 所显示出的最小数位个数。在值的左侧，会使用 0 进行填充（zero-padding）：

```
$ printf "%.5d %.4X\n" 10 27
00010 001B
$
```

对于字符串，修饰符 *.precision* 指定了所要显示出的字符串的最大字符数。如果字符串的长度大于 *precision*，会在右侧被截断。重要的是要认识到它能够让你跨多行来对齐文本，但如果个别值比指定的字段要宽，则会造成某些数据丢失。

```
$ printf "%.6s\n" "Ann Smith"
Ann Sm
$
```

width 可以同 *.precision* 结合起来指定字段宽度以及使用 0 进行填充（对于数字）或截断（对于字符串）：

```
$ printf ":%#10.5x:%5.4x:%5.4d\n" 1 10 100
:   0x00001: 000a: 0100
$ printf ":%9.5s:\n" abcdefg
:    abcde:
$ printf ":%-9.5s:\n" abcdefg
:abcde    :
$
```

最后，如果到目前为止还没有混乱不清的话，接着往下看。如果将 *width* 或 *precision* 中的数字替换成*，那么待显示的值之前的参数必须是一个数字，该数字分别用作宽度或精度。如果两个位置上（*width* 和 *precision*）用的全都是*，那么待显示的值之前必须有两个整数参数，作为宽度和精度：

```
$ printf "%*s%.*s\n" 12 "test one" 10 2 "test two"
    test one        te
$ printf "%12s%10.2s\n" "test one" "test two"
    test one        te
$
```

可以看出，例子中两个 printf 的结果是一样的。在第一个 printf 中，12 用作第一个字符串的宽度，10 和 2 分别用作第二个字符串的宽度和精度。在第二个 printf 中，这些数字是作为格式化规范的一部分来指定的。

尽管 printf 的格式化规范的确很复杂，但是其威力和能力能够将相对来说没什么结构可言的 echo 输出转变成你所需要的输出形式，这一点非常有用。这是一个值得好好学习的命令，以后在开发更为复杂的程序时你就知道如何运行它了。

表 9.3 总结了各种格式规范修饰符。

表 9.3　**printf** 格式规范修饰符

修饰符	含义
Flags	
-	左对齐值
+	在整数前加上+或-
(space)	在正数前加上空格
#	在八进制数前加上 0，在十六进制数前加上 0x 或 0X
width	字段最小宽度；*表示使用下一个参数作为宽度
precision	显示整数时使用的最小位数；显示字符串时使用的最大字符数；*表示使用下一个参数作为精度

下面接着研究 printf。下面这个简单的例子利用 printf 对齐文件中的两列数字：

```
$ cat align
#
# 对齐两列数字
# (最多支持包括符号在内的 12 位数)

cat $* |
while read number1 number2
do
      printf "%12d %12d\n" $number1 $number2
done
$ cat data
1234 7960
593 -595
395 304
3234 999
-394 -493
$ align data
        1234        7960
         593        -595
         395         304
        3234         999
        -394        -493
$
```

在随后的第 11 章、第 13 章和第 14 章中，你会看到更多 printf 的不同用法。

第 10 章
环境

当你登录到系统，无论是全新的 Mac OS X Terminal 应用、干净的 Linux 安装，还是后勤部门的 UNIX 服务器，你得到的实际上都是 Shell 程序的全新副本。这个登录 Shell 维护着你所处的环境——一套每个用户各不相同的配置。该环境从用户登录开始一直持续维护，到登出系统为止。在本章中，你将了解 Shell 环境及其与程序编写和运行之间的关系。

10.1 局部变量

在你的计算机输下列名为 vartest 的程序：

```
$ cat vartest
echo :$x:
$
```

vartest 只包含了一句 echo 命令，该命令显示出在一对冒号之间的变量 x 的值。在终端中给变量 x 任意赋值：

```
$ x=100
```

问题：再次执行 vartest 时，你认为会显示出怎样的结果？答案：

```
$ vartest
::
$
```

vartest 对于 x 的值一无所知。因此，变量依然是默认值，也就是空。在登录 Shell 中被赋予 100 的变量 x 称为局部变量。很快你就会知道为什么叫这样的名字。

下面是另一个例子 vartest2：

```
$ cat vartest2
x=50
echo :$x:
$ x=100
$ vartest2                    执行该程序
```

```
:50:
$
```

因为脚本将 x 的值从 100 改为了 50，所以现在的问题是：脚本执行完毕后，x 的值是多少？

```
$ echo $x
100
$
```

可以看到，vartest2 并没有改变 x 的值，其值仍旧是之前设置的 100。

子 Shell

vartest 和 vartest2 看似古怪的行为是因为它们都是在登录 Shell 的子 Shell 中运行的。子 Shell 实际上就是一个全新的 Shell，用于执行要求的程序。

当登录 Shell 执行 vartest 时，它会启动一个新 Shell 来执行该程序。只要新 Shell 一启动，就会拥有自己的环境以及一组局部变量。子 Shell 并不知道由登录 Shell 赋值（父 Shell）的那些局部变量。而且，子 Shell 无法修改父 Shell 中变量的值，vartest2 就是明证。

重新回顾一下这个过程，以便于更好地理解 Shell 程序中变量作用域的概念：在 vartest2 执行之前，Shell 变量 x 被赋值 100，如图 10.1 所示。

图 10.1　执行语句 x=100 的登录

当调用 vartest2 时，Shell 会启动一个不包含任何局部变量的子 Shell 来运行这个程序（见图 10.2）。

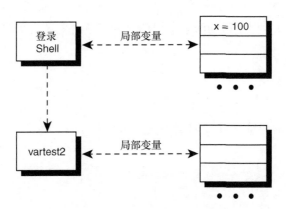

图 10.2　执行 vartest2 的登录

vartest2 执行第一条命令，将 50 赋给 x 之后，存在于子 Shell 环境中的局部变量 x 的值为 50（见图 10.3），但父 Shell 中的 x 的值没有变化。

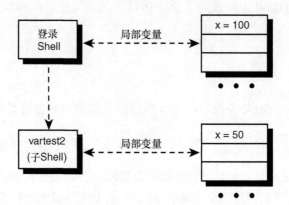

图 10.3　执行语句 x=50 的 vartest2

当 vartest2 执行完毕，子 Shell 以及由程序所创建的所有变量都会被销毁。

这看起来似乎算不上什么问题。你要明白的是登录 Shell 的环境和子 Shell 环境及其 Shell 程序是有很大差别的。

10.2　导出变量

有种方法可以让子 Shell 获知变量的值：使用 export 命令将变量导出。该命令的格式很简单：

```
export variables
```

其中，*variables* 是要导出的变量名列表。已导出变量的值会传到 export 命令之后的所有子 Shell 中。

下面的 vartest3 程序帮助演示了局部变量和导出变量之间的差异：

```
$ cat vartest3
echo x = $x
echo y = $y
$
```

在登录 Shell 中给变量 x 和 y 赋值，然后运行 vartest3：

```
$ x=100
$ y=10
$ vartest3
x =
y =
```

```
$
```

x 和 y 都是局部变量，因此它们的值并不会被传给运行 vartest3 的子 Shell。这和我们预想中的一样。

现在导出变量 y，然后运行该程序：

```
$ export y                    使子 Shell 获知变量 y
$ vartest3
x =
y = 10
$
```

这一次 vartest3 就知道变量 y 了，因为该变量已经被导出。

从概念上来说，只要子 Shell 一启动，导出的变量都会被"复制"到子 Shell，而局部变量则不会（见图 10.4）。

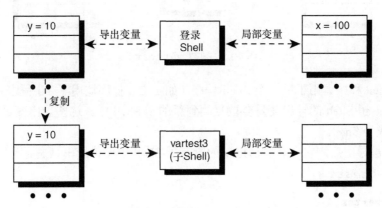

图 10.4　执行 vartest3

现在又有另一个问题：如果子 Shell 改变了导出变量的值，结果会怎样？也就是说，当子 Shell 结束后，父 Shell 是否能够感知这种变化？

要回答这个问题，来看看程序 vartest4：

```
$ cat vartest4
x=50
y=5
$
```

假设你还没有改变变量 x 和 y 的值，y 已经被导出。

```
$ vartest4
$ echo $x $y
100 10
$
```

子 Shell 既不能改变局部变量 x 的值（毫不意外！），也不能改变导出变量 y 的值，能够改变的仅仅是子 Shell 启动时所实例化的 y 的副本（见图 10.5）。和局部变量一样，当子 Shell 消失时，导出的变量值也会一并消失。实际上，只要导出变量进入到子 Shell 中，它们就成为了局部变量。

　　这就证明了下列结论的真实性：没有办法在子 Shell 中改变父 Shell 中变量的值。

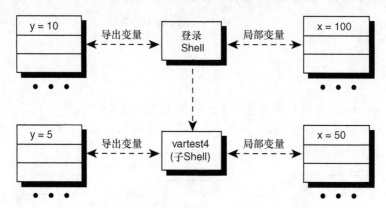

图 10.5　执行 `vartest4`

　　如果 Shell 程序调用了另一个 Shell 程序（如 `rolo` 程序调用了 `lu` 程序），这个过程会重复下去：子 Shell 的导出变量会被复制到新的子 Shell 中。这些导出变量可以导出自登录 Shell 或子 Shell。

　　当变量被导出后，它会在之后出现的所有子 Shell 中保持导出状态。

　　考虑 `vartest4` 的修改版：

```
$ cat vartest4
x=50
y=5
z=1
export z
vartest5
$
```

　　另外，还有 `vartest5`：

```
$ cat vartest5
echo x = $x
echo y = $y
echo z = $z
$
```

　　当 `vartest4` 执行时，导出的变量 y 会被复制到子 Shell 环境中。`vartest4` 将 x 的值修改成 50，将 y 的值修改成 5，将 z 的值设置成 1。然后导出 z，使 z 的值可以在随后出现的子 Shell 中访问。

　　`vartest5` 就是这样的一个子 Shell，当它启动时，Shell 将来自 `vartest4` 的导出变量 y 和 z 复制到该子 Shell 的环境中。

这就能解释以下输出了：

```
$ vartest4
x =
y = 5
z = 1
$
```

整个过程如图 10.6 所示。

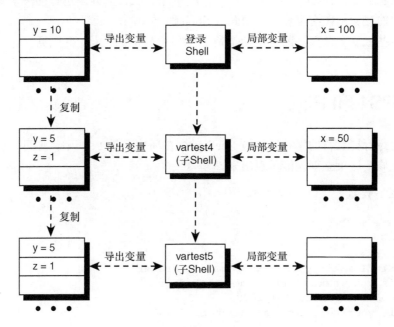

图 10.6 子 Shell 的执行

下面总结一下局部变量和导出变量的工作方式。

1．未被导出的变量都是局部变量，子 Shell 并不知道这些变量的存在。

2．导出的变量及其值会被复制到子 Shell 的环境中，在其中可以访问并修改这些导出变量。但是这些修改不会影响到父 Shell 中的变量。

3．导出变量不仅保持在直接生成的子 Shell 中，对于由这些子 Shell 所生成的子 Shell 也不例外（依次递推）。

4．变量可以在赋值前后随时导出，但是只取其导出时的值，不再理会之后做出的改变。

export -p

如果你输入 export -p，会得到一个列表，其中包含了 Shell 所导出的变量及其值：

```
$ export -p
export LOGNAME=steve
export PATH=/bin:/usr/bin:.
export TIMEOUT=600
export TZ=EST5EDT
export y=10
$
```

可以看到，在典型的登录 Shell 中，导出的变量可是不少。在 Mac 上，`export -p` 生成的列表包含 22 个变量。注意，上例中的 `y` 来自我们先前所进行的关于导出变量的实验，其他的变量是在用户登录后由登录 Shell 所导出的。

不过这些名字全是大写的导出变量是干什么的？让我们来一探究竟。

10.3　PS1 和 PS2

作为命令行提示符的字符序列被 Shell 保存在环境变量 PS1 中。你可以将其修改成任何内容，修改结果立刻就能呈现出来。

```
$ echo :$PS1:
:$ :
$ PS1="==> "
==> pwd
/users/steve
==> PS1="I await your next command, master: "
I await your next command, master: date
Wed Sep 18 14:46:28 EDT 2002
I await your next command, master: PS1="$ "
$                                         恢复正常
```

当命令行上的输入长度多余一行的时候，需要用到辅命令行提示符，该提示符保存在变量 PS2 中，默认为>。你也可以根据需要来修改：

```
$ echo :$PS2:
:> :
$ PS2="=======> "
$ for x in 1 2 3
=======> do
=======> echo $x
=======> done
1
2
3
$
```

和其他 Shell 变量一样，一旦登出系统，所有对于命令行提示符作出的改变就都失效了。如果你修改了 PS1，Shell 会在余下的会话过程中使用新的命令行提示符。但是等到下次再登录，一切就又回到了老样子，除非你将 PS1 的新值添加到了 .profile 文件中（本章随后会讨论）。

> **提示**
>
> PS1 有着一套自己的语言，可以使用特殊的字符序列来生成命令计数、当前目录、时间等。可以阅读 Bash 或 sh 手册页中 Prompting 一节来了解更多的相关内容。

10.4　HOME

主目录是用户登录系统后所处的位置。特殊的 Shell 变量 HOME 会在你登录时自动设置成该目录：

```
$ echo $HOME
/users/steve
$
```

程序中可以使用这个变量来定位主目录，很多 UNIX 程序也正是这么做的。如果你使用不带参数的 cd 命令，那么该目录将作为默认的目的地：

```
$ pwd                          当前所处位置
/usr/src/lib/libc/port/stdio
$ cd
$ pwd
/users/steve                   进入主目录
$
```

你可以将 HOME 变量修改成任意内容，但是要注意，这么做有可能会影响到依赖于该变量的程序：

```
$ HOME=/users/steve/book       修改 HOME
$ pwd
/users/steve
$ cd
$ pwd                          看看造成的影响
/users/steve/book
$
```

你当然可以修改 HOME，但轻易别这么做，搞不好就会弄巧成拙，除非你打算好了面对由此而来的各种不确定性。

10.5　PATH

回过头来看第 9 章的程序 rolo：

```
$ rolo Liz
Liz Stachiw    212-775-2298
$
```

为了保持文件的条理，这个程序是在 steve 的 /bin 子目录中创建的：

```
$ pwd
/users/steve/bin
$
```

改变目录：

```
$ cd                        返回主目录
$
```

在电话簿中查找 Liz：

```
$ rolo Liz
sh: rolo: not found
$
```

这可不妙。怎么回事？

当你输入程序名时，Shell 会在一个目录列表中搜索指定程序，直至找到为止。如果找到，则启动该程序。用来搜索用户命令的目录列表保存在 Shell 变量 PATH 中，在登录时会自动设置。可以使用 echo 命令查看当前的目录列表：

```
$ echo $PATH
/bin:/usr/bin:.
$
```

你的系统中 PATH 变量的内容可能和这里的不同，不用担心，这只是系统配置上的差异而已。重要的是要注意到目录之间是以冒号（:）分隔的，Shell 会从左到右，依次在目录中查找指定的命令或程序。

上面的例子中列出了 3 个目录：/bin、/usr/bin 和 .（.代表当前目录）。只要你在命令行中输入程序名，Shell 就会搜索 PATH 中列出的目录，直至找到匹配的可执行文件。输入 rolo 后，Shell 首先会查找 /bin/rolo，然后是 /usr/bin/rolo，最后是 ./rolo。只要能够找到，Shell 立刻就会执行该程序，但如果没有在这些目录中找到 rolo，Shell 就会发出 not found 的错误信息。

要想最先搜索当前目录，需要把点号放在 PATH 中目录列表的最前面：

```
.:/bin:/usr/bin
```

警告！出于安全原因，将当前目录放在最先搜索的位置可不是个好主意。

这是为了避免特洛伊木马攻击：想象有人在目录中自行创建了某个命令（如 su，该命令允许你通过输入管理员密码切换到 root 或超级用户状态）的另一个版本，然后等着其他用户切换到该目录之后执行这个命令。如果 PATH 指定先搜索当前目录，那么改动后的 su 就会被执行。修改版的 su 会提示输入密码，将密码通过电子邮件发给恶意用户，删除自己，最后输出一条无关的错误信息。用户接着重新调用，重新输入密码，一切都很正常，但是管理员账户密码其实已经在毫无察觉的情况下被泄露了！够隐蔽了吧？

　　用点号指定当前目录是可选的，但作为一种可见的提示，还是有帮助的。例如，以下的 PATH：

```
:/bin:/usr/bin
```

　　和之前的 PATH 是等效的，不过在本书中，出于清晰性的考虑，我们会使用点号来指明当前目录。

　　还在担心特洛伊木马？没事，你总是可以通过明确地指出待执行文件的路径来覆盖 PATH 中的搜索目录。举例来说，如果你输入：

```
/bin/date
```

Shell 会直接进入 /bin 来执行 date。PATH 中列出的目录会被忽略，如果你输入：

```
../bin/lu
```

或

```
./rolo
```

　　也是一样。最后一个例子是说执行当前目录下的程序 rolo，这也是在开发 Shell 程序过程中常用的一种方法，它可以让程序员忽略 PATH 中的 .。

　　如今你明白为什么没法在 HOME 目录中执行 rolo 了吧，由于 PATH 中并没有包含 /users/steve/bin，因此 Shell 找不到 rolo。纠正的方法也很简单：把这个目录添加到 PATH 中就行了。

```
$ PATH=/bin:/usr/bin:/users/steve/bin:.
$
```

　　现在不管你的当前目录是什么，/users/steve/bin 中的任何程序都可以执行了：

```
$ pwd                          当前位置在哪里？
/users/steve
$ rolo Liz
grep: can't open phonebook
$
```

　　rolo 能够正常执行了，但是 grep 命令找不到 phonebook 文件。

　　让我们好好再看看程序 rolo，你会发现 grep 的错误信息肯定是来自 lu。下面是 lu 目前的代码：

```
$ cat /users/steve/bin/lu
#
```

```
# 在电话簿中查找联系人 -- 版本 3
#

if [ "$#" -ne 1 ]
then
        echo "Incorrect number of arguments"
        echo "Usage: lu name"
        exit 1

fi

grep "$name" phonebook
$
```

grep 尝试在当前目录中（/users/steve）打开 phonebook 文件，这就是问题所在：在哪里执行程序与程序自身及其数据文件所在的目录之间是无关的。

PATH 只是指定了到哪些目录中去搜索命令行上所调用的程序，并没有指定去哪里搜索其他类型的文件。因此，lu 必须能够准确地找到 phonebook 才行。

同样的问题也存在于 rem 和 add 程序中，解决的方法有几种。其中一种是让程序 lu 在调用 grep 之前，将目录切换到/users/steve/bin。这样 grep 就能找到 phonebook 了，因为该文件就在此时的当前目录中：

```
    ...
cd /users/steve/bin
grep "$1" phonebook
```

这种方法适合于大量处理特定目录中的不同文件。只需要先 cd 到该目录，然后就能够直接引用所需的所有文件了。

另一种更常用的方法是在 grep 命令中使用 phonebook 的完整路径：

```
    ...
grep "$1" /users/steve/bin/phonebook
```

假设你想让其他用户也使用 rolo 程序（以及相关的助手程序 lu、add 和 rem）。你可以给他们复制一份，但这样的话，系统中就会存在同一程序的多个副本，如果你随后要对程序做点小改动，那会怎样呢？你也要去更新其他的所有副本吗？这就太枯燥了。

一个更好的解决方案是只保留一份 rolo，让其他用户拥有该程序的访问权。

那么问题现在就很明显了：如果你将所有引用到 phonebook 的地方都改成了对你个人电话簿的引用，那么其他人使用的也是你个人的电话簿。更巧妙的办法是让每个用户在自己的主目录下都拥有一份 phonebook 文件，使用$HOME/phonebook 来引用该文件。

为了使用一种 Shell 编程极其常见的习惯用法，在 rolo 中定义一个叫做 PHONEBOOK 的变量，将其值设置为能够面向多用户的$HOME/phonebook。如果将该变量导出，那么 lu、rem 和 add（它们均作为 rolo 的子 Shell 执行）都可以使用 PHONEBOOK 的值来引用用户自己的 phonebook 文件。

这种方法的一个优点在于如果你修改了文件 phonebook 的位置，只需要改变 rolo 中的一个变量就行了，其他 3 个程序都不会受到影响。

记住我们所讲的这些内容，显示新的 rolo 程序，随后是修改过的 lu、add 和 rem 程序。

```
$ cd /users/steve/bin
$ cat rolo
#
# rolo -在电话簿中查找、添加、删除联系人
#

#
# 将PHONEBOOK设置为phonebook文件的位置并将其导出，
# 使其他程序能够访问该变量
#

PHONEBOOK=$HOME/phonebook
export PHONEBOOK

if [ ! -f "$PHONEBOOK" ] ; then
        echo "No phone book file in $HOME!"
        exit 1
fi

#
# 如果提供了参数，执行查询操作
#

if [ "$#" -ne 0 ] ; then
        lu "$@"
        exit
fi
validchoice=""          # 将变量设为空

#
# 直至用户做出有效的选择
#

until [ -n "$validchoice" ]
do
        #
        # 显示菜单
        #
        echo '
Would you like to:

1. Look someone up
2. Add someone to the phone book
```

```
      3. Remove someone from the phone book

Please select one of the above (1-3): \c'

#
# 读取并处理用户选择
#

read choice
echo

case "$choice"
in
        1) echo "Enter name to look up: \c"
           read name
           lu "$name"
           validchoice=TRUE;;
        2) echo "Enter name to be added: \c"
           read name
           echo "Enter number: \c"
           read number
           add "$name" "$number"
           validchoice=TRUE;;
        3) echo "Enter name to be removed: \c"
           read name
           rem "$name"
           validchoice=TRUE;;
        *) echo "Bad choice";;
        esac
done
$ cat add
#
# 向电话簿中添加联系人
#

if [ "$#"_ -ne 2 ] ;then
      echo "Incorrect number of arguments"
      echo "Usage: add name number"
      exit 1
fi

echo "$1        $2" >> $PHONEBOOK
sort -o $PHONEBOOK $PHONEBOOK
$ cat lu
#
# 在电话簿中查找联系人
#

if [ "$#" -ne 1 ] ; then
      echo "Incorrect number of arguments"
      echo "Usage: lu name"
```

```
         exit 1
fi

name=$1
grep "$name" $PHONEBOOK

if [ $? -ne 0 ] ; then
        echo "I couldn't find $name in the phone book"
fi
```
$ **cat rem**
```
#
# 从电话簿中删除联系人
#

if [ "$#" -ne 1 ] ; then
        echo "Incorrect number of arguments"
        echo "Usage: rem name"
        exit 1
fi

name=$1

#
# 得到所匹配到的联系人的数量
#

matches=$(grep "$name" $PHONEBOOK | wc -1)

#
# 如果超过一个，发出信息；否则，执行删除操作
#

if [ "$matches" -gt 1 ] ; then
        echo "More than one match; please qualify further"
elif [ "$matches" -eq 1 ] ; then
        grep -v "$name" $PHONEBOOK > /tmp/phonebook$$
        mv /tmp/phonebook$$ $PHONEBOOK
else
        echo "I couldn't find $name in the phone book"
fi
$
```

注意到我们做了一些调整：为了更突出用户友好性，在 lu 的结尾处加上了一处测试，用于查看 grep 是否成功执行，如果没有搜索到结果，则显示出一条出错信息。

现在来测试一下：

```
$ cd                                    返回主目录
$ rolo Liz                              快速查找
No phonebook file in /users/steve!      忘记移动 phonebook 文件了
$ mv /users/steve/bin/phonebook .
```

```
$ rolo Liz                              再试一次
Liz Stachiw 212-775-2298
$ rolo                                  尝试使用菜单选择
        Would you like to:

              1. Look someone up
              2. Add someone to the phone book
              3. Remove someone from the phone book

        Please select one of the above (1-3): 2

Enter name to be added: Teri Zak
Enter number: 201-393-6000
$ rolo Teri
Teri Zak            201-393-6000
$
```

rolo、lu 和 add 工作正常。应该再测试一下 rem，确保该程序也没问题。

如果你想单独运行 lu、rem 和 add，那么可以先定义 PHONEBOOK，然后将其导出：

```
$ PHONEBOOK=$HOME/phonebook
$ export PHONEBOOK
$ lu Harmon
I couldn't find Harmon in the phone book
$
```

如果你打算单独运行这些程序，最好分别进行检查，看看 PHONEBOOK 的值是否正确。

10.6　当前目录

当前目录也是 Shell 环境的一部分。考虑下面这个叫做 cdtest 的小程序：

```
$ cat cdtest
cd /users/steve/bin
pwd
$
```

该程序使用 cd 命令切换到/users/steve/bin，然后调用 pwd 验证当前位置。下面运行这个程序：

```
$ pwd                       当前目录
/users/steve
$ cdtest
/users/steve/bin
$
```

现在就是最难的问题了（the $64,000 question[①]）：如果使用 pwd 命令查看当前目录，你认为自己是在/users/steve 还是/users/steve/bin？

```
$ pwd
/users/steve
$
```

答案就是 cdtest 中的 cd 命令不会对当前目录造成影响。这是因为当前目录是环境的一部分，当在子 Shell 中执行 cd 时，影响的只是子 Shell 的目录。没有办法在子 Shell 中改变父 Shell 的当前目录。

调用 cd 时，除了会修改当前目录，还会将变量 PWD 设置为新的当前目录的完整路径。因此，以下命令：

```
echo $PWD
```

和 pwd 命令的效果是一样的：

```
$ pwd
/users/steve
$ echo $PWD
/users/steve
$ cd bin
$ echo $PWD
/users/steve/bin
$
```

cd 还将变量 OLDPWD 设置为前一个当前目录的完整路径，该变量在某些场景下也能发挥作用。

CDPATH

变量 CDPATH 和 PATH 类似：它指定了一个目录列表，当执行 cd 命令时，由 Shell 对其进行搜索。仅在没有给出目录的完整路径且 CDPATH 不为空的时候才会展开这个搜索过程。如果你输入：

```
cd /users/steve
```

Shell 会直接切换到/users/steve，但如果输入的是：

```
cd memos
```

Shell 会查看变量 CDPATH，从中查找 memos 目录。如果你的 CDPATH 内容如下：

① 关于什么是 the $64,000 question，可参考 https://www.bookbrowse.com/expressions/detail/index.cfm/expressionnumber/421/ thats-the-64000-question 及 https://en.wikipedia.org/wiki/ The$64,000_Question。——译者注

```
$ echo $CDPATH
.:/users/steve:/users/steve/docs
$
```

Shell 首先会在当前目录中查找 memos 目录，如果没有找到，再去/users/steve 中查找，要是还没找到，接着去/users/steve/docs 查找。如果找到的目录并不是相对于你的当前目录，cd 命令会打印出该目录的完整路径，好让你知道切换目录后的位置：

```
$ cd /users/steve
$ cd memos
/users/steve/docs/memos
$ cd bin
/users/steve/bin
$ pwd
/users/steve/bin
$
```

和 PATH 一样，使用点号来指定当前目录是可选的，因此：

.:/users/steve:/users/steve/docs

等同于

.:/users/steve:/users/steve/docs

明智地使用 CDPATH 能够让你少敲不少键盘，尤其是当你的目录层次很深，而且又需要频繁地在其中来回切换（或需要频繁地进入其他目录层次）的时候。

和 PATH 不同的是，你可能会希望把当前目录放在 CDPATH 目录列表的首位。这也是 CDPATH 最自然的使用方式。如果没有把当前目录列在最前面，你有可能会进入一个意料之外的目录！

哦，对了，还有一件事：CDPATH 并不会在登录时自动设置好，你得明确地将其设置为一系列目录，以便 Shell 来搜索指定的目录名。

10.7   再谈子 Shell

你已经知道子 Shell 无法改变父 Shell 中变量的值，也无法改变父 Shell 的当前目录。假设你想编写一个程序，将某些变量的内容设置成登录系统后就想使用的值。例如，你现在有一个名为 vars 的文件：

```
$ cat vars
BOOK=/users/steve/book
UUPUB=/usr/spool/uucppublic
DOCS=/users/steve/docs/memos
```

```
DB=/usr2/data
$
```

如果你调用 vars，分配给这些变量的值会在程序执行结束后消失，因为 vars 是在子 Shell 中运行的：

```
$ vars
$ echo $BOOK

$
```

这样的结果并不意外。

10.7.1　.命令

要解决这个问题，得使用一个名为 .（读作 dot）的内建 Shell 命令，其一般格式为：

```
. file
```

该命令可以在当前 Shell 中执行 *file* 的内容。也就是说，*file* 中的命令就像是你直接输入的一样，由当前 Shell 执行，而不是在子 Shell 中。Shell 使用 PATH 变量查找 *file*，就像在执行其他命令时一样。

```
$ . vars                          在当前 Shell 中执行 vars
$ echo $BOOK
/users/steve/book                 搞定！
$
```

因为程序并不是由生成的子 Shell 执行的，即便是在程序执行结束后，赋值过的变量依然能够保留其值。

如果有一个叫做 db 的程序，包含了下列命令：

```
$ cat db
DATA=/usr2/data
RPTS=$DATA/rpts
BIN=$DATA/bin

cd $DATA
$
```

使用.命令执行 db，会有一些值得留意的结果：

```
$ pwd
/users/steve
$ . db
$
```

该程序在当前 Shell 中定义了 3 个变量：DATA、RPTS 和 BIN，然后切换到了$DATA目录。

```
$ pwd
/usr2/data
$
```

如果你处理多个项目，可以根据需要创建像 db 这样的程序来定制化自己的环境。你可以在程序中加入其他变量的定义、修改命令提示符等。举例来说，你可能想把命令提示符 PS1 改成 DB，这样你就知道数据库变量已经设置好了。还可以修改 PATH 和 CDPATH，加入与数据库相关的程序目录并使得 cd 命令能够方便地访问这些目录。

另一方面，如果你做出了一些修改，也许会希望在子 Shell，而非当前 Shell 中执行 db，否则当你完成工作后，留下的都是一些修改过的变量。

最好的解决方法是在子 Shell 中启动一个新 Shell，在其中修改变量以及更新环境配置。结束工作后，你可以按 Ctrl+d "登出" 那个新 Shell。

我们来看一下新版本的 db 是怎么做的：

```
$ cat db
#
# 设置并导出与数据库相关的变量
#

HOME=/usr2/data
BIN=$HOME/bin
RPTS=$HOME/rpts
DATA=$HOME/rawdata

PATH=$PATH$BIN
CDPATH=:$HOME:$RPTS

PS1="DB: "

export HOME BIN RPTS DATA PATH CDPATH PS1

#
# 启动一个新 Shell
#

/bin/sh
$
```

HOME 被设为/usr2/data，其他变量 BIN、RPTS 和 DATA 都是相对于 HOME 定义的（这是个好想法，如果你不得不移动目录结构的话，你要做的仅仅是修改程序中的 HOME 变量）。

接着修改 PATH，使其包含数据库目录 bin，将 CDPATH 设置为搜索当前目录、HOME 目录及 RPTS 目录（假设包含有子目录）。

导出这些变量后，启动标准 Shell：/bin/sh。从这时开始，这个新 Shell 负责处理所有用户输入的命令，直至用户输入 exit 或按下 Ctrl+d。退出之后，控制权会返回到 db 中，db 再接着将控制权返回登录 Shell。

```
$ db                          运行该程序
DB: echo $HOME
/usr2/data
DB: cd rpts                   试用 CDPATH
/usr2/data/rpts               一切正常
DB: ps                        查看当前运行的进程
PID TTY TIME COMMAND
123 13 0:40 sh                登录 Shell
761 13 0:01 sh                运行 db 的子 Shell
765 13 0:01 sh                db 启动的新 Shell
769 13 0:03 ps
DB: exit                      退出
$ echo $HOME
/users/steve                  回到正常状态
$
```

　　db 的执行过程如图 10.7 所示（出于简洁性的考虑，我们在图 10.7 中只显示了部分用到的导出变量）。

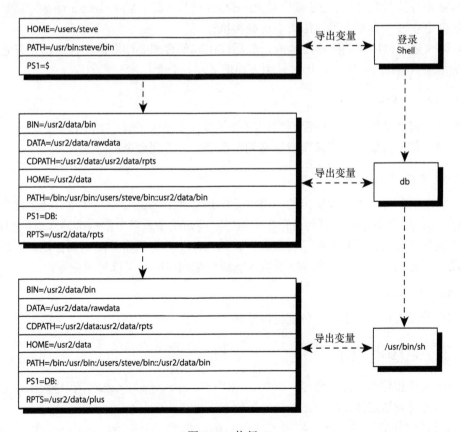

图 10.7　执行 db

10.7.2   exec 命令

在 db 程序中，一旦 Shell 进程结束，你的程序也就结束了，因为程序中/bin/sh 之后没有任何命令。与其让 db 等待子 Shell 结束，不如使用 exec 命令将当前程序（db）替换成另一个新程序（/bin/sh）。

exec 的一般格式为：

exec *program*

因为 exec 是使用新程序替换现有的程序，所以并不会有进程处于挂起状态，这有助于加快系统运行。由于 UNIX 系统执行进程的方式，exec 所替换的程序的启动时间也更快。

要想在 db 中使用 exec，只需要把最后一行替换成：

exec /bin/sh

这条命令执行完之后，db 就会被/bin/sh 替换。这意味着 exec 命令之后是否还有其他命令也没什么意义了，因为不可能再执行了。

exec 还可以用来关闭标准输入，然后使用其他你想要读取的文件重新打开它。要想将标准输入改成 *infile*，可以使用下面的 exec 命令：

exec < *infile*

随后任何要从标准输入中读取数据的命令都会转而从 *infile* 中读取。

也可以使用类似的方式来实现标准输出重定向。下列命令：

exec > report

会将随后所有写入标准输出的内容重定向到文件 report 中。注意，在上面的两个例子中，exec 并不是用来启动新程序的执行，而是用于重新分配标准输入或标准输出。

如果你用 exec 重新分配了标准输入，随后想将其再重新分配到其他地方，这只需要重新调用 exec 就行了。要将标准输入重新分配回终端，可以使用命令：

exec < /dev/tty

同样的概念也适用于重新分配标准输出。

10.7.3   (...)和{ ...; }

有时候你想将若干命令分组。例如，你想把 sort 及 plotdata 程序置入后台。两者之间不使用管道连接，就只是一前一后而已。

你可以把它们放在一对小括号或花括号中，形成一个命令组。第一种形式会在子 Shell 中运行组中的命令，而后一种形式则是在当前 Shell 中。

下面是几个例子：

```
$ x=50
$ (x=100)                 在子 Shell 中执行
$ echo $x
50                        没有变化
$ { x=100; }              在当前 Shell 中执行
$ echo $x
100
$ pwd                     当前目录
/users/steve
$ (cd bin; ls)            切换到 bin 目录，然后使用 ls 命令
add
greetings
lu
number
phonebook
rem
rolo
$ pwd
/users/steve              没有变化
$ { cd bin; }             这次应该会有变化
$ pwd
/users/steve/bin
$
```

如果花括号中的命令全都写在同一行上，左花括号后一定要有一个空格，分号必须出现在最后一个命令的末尾。仔细观察上面例子中的语句：{ cd bin; }。

小括号的工作方式和花括号不同。例如：

```
(cd bin; ls)
```

如果希望执行的命令不影响当前环境，可以使用小括号。

你也可以将这两者用于其他目的，如将一组命令置于后台：

```
$ (sort 2016data -o 2016data; plotdata 2016data) &
[1]    3421
$
```

小括号将 sort 和 plotdata 放在了一组中，因此两条命令在保留其执行顺序的同时一块被送入后台。

两种括号也可以配合管道以及 I/O 重定向使用，这对于 Shell 程序员来说非常有用。

在下一个例子中，以点号为前缀的 nroff 命令.ls 2 实际上被放在了文件 memo 之前，然后被传入 nroff 处理。

```
$ { echo ".ls 2"; cat memo; } | nroff -Tlp | lp
```

在命令序列：

```
$ { prog1; prog2; prog3; } 2> errors
```

3 个程序所写入标准错误的全部信息都被送入了文件 errors。

作为最后一个例子，让我们重新回到第 8 章中的 waitfor 程序。该程序能够定期检查特定用户是否已经登录系统。如果它能够通过某种方式把自己自动送入后台那就好了。现在你应该知道该怎么做了：只需要将 until 循环以及后续命令放入括号里，然后将整个命令组放到后台就行了：

```
$ cat waitfor
#
# 等待特定用户登录 -- 版本 4
#
# 设置默认值
mailopt=FALSE
interval=60

# 处理命令选项

while getopts mt: option
do
        case "$option"
        in
                m)      mailopt=TRUE;;
                t)      interval=$OPTARG;;
                \?)     echo "Usage: mon [-m] [-t n] user"
                        echo" -m means to be informed by mail"
                        echo" -t means check every n secs."
                        exit 1;;
        esac
done

# 确保指定了用户名

if [ "$OPTIND" -gt "$#" ] ; then
        echo "Missing user name!"
        exit 2
fi

shiftcount=$(( OPTIND - 1 ))
shift $shiftcount
user=$1

#
# 将后续的所有命令放入后台
#

(
    #
```

```
# 检查用户是否登录
#

until who | grep "^$user " > /dev/null
do
        sleep $interval
done

#
# 当运行到此处时，说明用户已经登录了
#

if [ "$mailopt" = FALSE] ; then
        echo "$user has logged on"
else
        runner=$(who am i | cut -cl-8)
        echo "$user has logged on" | mail $runner
fi
) &
$
```

整个程序都可以放入括号里，不过我们决定在程序进入后台之前先检查并解析参数。

```
$ waitfor fred
$                               你可以继续做别的工作
  ...
fred has logged on
```

注意，如果是 Shell 程序中的命令被送入后台，Shell 不会打印进程 ID。

10.7.4 另一种将变量传给子 Shell 的方法

如果你想将变量的值送入子 Shell，除了将其导出之外，还有另一种方法。在命令行上，把一个或多个变量的赋值放到命令的前面。例如：

```
DBHOME=/uxn2/data DBID=452 dbrun
```

它可以将变量 DBHOME 和 DBID 及其值放入 dbrun 的环境中，然后执行 dbrun。这些变量不会被当前 Shell 所知，因为它们仅存在于 dbrun 的执行过程中。

实际上，上面的命令等同于：

```
(DBHOME=/uxn2/data; DBID=452; export DBHOME DBID; dbrun)
```

下面是一个小例子：

```
$ cat foo1
echo :$x:
foo2
$ cat foo2
echo :$x:
$ foo1
::
```

```
::                                    foo1 或 foo2 并不知道 x
$ x=100 foo1                          试试这种方式
:100:                                 foo1 及其子 Shell 现在知道 x 了
:100:
$ echo :$x:
::                                    当前 Shell 仍旧不知道
$
```

以这种方式定义的变量，其行为方式和正常导入子 Shell 的变量一样，然而一旦其所在的代码行执行完毕后，这些变量对于调用 Shell（invoking Shell）来说就不存在了。

10.8   .profile 文件

在第 2 章中，你学习到了在 Shell 显示命令行提示符，供用户输入第一条命令之前要完成的登录步骤。登录 Shell 会在系统中查找并读取两个特殊文件。

第一个文件是由系统管理员所设置的/etc/profile。该文件通常会检查你是否有新的邮件（"you have mail"的消息就是从这里来的）、设置默认的文件创建掩码（umask）、建立默认的 PATH 以及其他管理员希望登录时完成的工作。

更值得注意的是，第二个自动执行的文件是用户主目录下的.profile。大多数 UNIX系统在创建账户的时候就会设置一个默认的.profile，来看看这个文件里都有些什么：

```
$ cat $HOME/.profile
PATH="/bin:/usr/bin:/usr/lbin:.:"
export PATH
$
```

这是一个很普通的.profile 文件，该文件仅是简单设置并导出了 PATH。

你可以修改你自己的.profile，使其包含在登录时要执行的命令，包括指明当前目录、检查已登录用户以及激活系统别名。甚至可以使用.profile 中的命令来覆盖/etc/profile 中建立好的设置（通常是环境变量）。

我们说过你可以在.profile 中修改当前工作目录，因此登录 Shell 在实际执行这些文件时就好像是你在登录后立刻输入了：

```
$ . /etc/profile
$ . .profile
$
```

这也意味着在.profile 中对环境做出的修改会一直持续到登出 Shell。

大多数 UNIX 用户都会利用.profile 来改变命令行环境的各个方面。例如，下面的.profile 样例文件将用户自己的 bin 目录加入了 PATH、设置了 CDPATH、修改了主命令行提示符和辅命令行提示符，以及使用 stty 命令将擦除字符（erase character）改成了退格符（Ctrl+h）并通过第 7 章的 greetings 程序打印出欢迎信息：

```
$ cat $HOME/.profile
PATH=/bin:/usr/bin:/usr/lbin:$HOME/bin:.:
CDPATH=.:$HOME:$HOME/misc:$HOME/documents
PS1="=> "
PS2="====> "

export PATH CDPATH PS1 PS2

stty echoe erase CTRL-h

echo
greetings
$
```

下面是该.profile 的登录效果：

```
login: steve
Password:

Good morning             来自 greetings 的输出
=>                       新的 PS1
```

10.9 TERM 变量

很多 UNIX 程序都是基于命令行的（如 ls 和 echo），还有一些全屏命令（如 vi 编辑器）需要知道终端设置及功能的详细信息。保存这些信息的环境变量是 TERM，你通常并不需要关心这个变量：Terminal 或 SSH 程序一般都会自动将其设置为最优的工作值。

但有一些老用户也许会发现需要将 TERM 设置成一些如 ansi、vt100 或 xterm 这样的特定值才能使全屏程序正常工作。在这种情况下，推荐在.profile 中完成这些设置。

你甚至还可以利用一段简单的代码在登录过程中提示用户设置 TERM：

```
echo "What terminal are you using (xterm is the default)? \c"
read TERM
if [ -z "$TERM" ]
then
        TERM=xterm
fi
export TERM
```

根据终端类型输入相应的信息，另外还可以设置终端的功能键或制表符。

即使你使用的终端类型一直都没变化，也应该在.profile 文件中设置 TERM 变量。

作为一个兴趣点，MAC OS X 和 Ubuntu Linux 用户会发现其 Terminal 程序设置的 TERM 值为 xterm-256color，Solaris UNIX 用户默认的 TERM 值是 vt100。很多第三方的 telnet/SSH（终端）程序使用 anis 作为 TERM 的值。

10.10 TZ 变量

date 命令和一些标准 C 库函数使用 TZ 变量决定当前时区。由于用户可以通过
Internet 远程登录，因此系统中不同的用户完全有可能位于不同的时区。最简单 TZ 的
设置是由时区名（长度至少为 3 个字符）和一个数字（指定了小时数）组成的，小时
数必须和本地时间相加来形成世界协调时（Coordinated Universal Time），又称为格林
威治标准时间（Greenwich Mean Time）。这个数字可以是正数（本地时区在经度 0 以西），
也可以是负数（本地时区在经度 0 以东）。例如，东部时间（Eastern Standard Time）可
以指定为：

```
TZ=EST5
```

date 命令会根据这些信息计算出正确的时间并使用时区名作为输出：

```
$ TZ=EST5 date
Wed Feb 17 15:24:09 EST 2016
$ TZ=xyz3 date
Wed Feb 17 17:46:28 xyz 2016
$
```

数字后可以跟上第二个时区名，如果指定的话，表示应用夏令时（daylight saving
time），意味着比标准时间早一个小时，此时 date 自动调整时间。如果夏令时时区名后
面还有另外一个数字，该值用来从世界协调时中计算夏令时，其计算方法和先前描述的
一样。

最常见的时区是 EST5EDT 或 MST7MDT，尽管有些地区其实并不使用夏令时，不过
当然也可以指定。

TZ 变量通常设置在/etc/profile 或.profile 中。如果没有设置，则使用系统
特定的默认时区，一般是世界协调时。

另外要注意的是，在很多现代 Linux 系统中，可以通过指定地理区域来设置时区，
因此：

```
TZ="America/Tijuana" date
```

将会显示墨西哥提华纳市的当前时间。

第 11 章
再谈参数

在本章中，你将学习更多有关变量和参数的内容。从技术上来说，参数包括传递给程序的参数（位置参数）、特殊的 Shell 变量（如$#和$?）及普通变量（也称为关键字参数）。

位置参数不能直接赋值，但可以通过 set 命令重新赋值。给变量赋值方法很简单：

variable=value

实际上，还有一种更通用的格式，可以一次性给多个变量赋值：

variable=value variable=value ...

下面的例子演示了这种用法：

```
$ x=100 y=200 z=50
$ echo $x $y $z
100 200 50
$
```

11.1　参数替换

参数替换最简单的形式是在参数前加上美元符号，如$i 或$9。

11.1.1　${parameter}

如果参数名后的字符可能会造成名字冲突，可以把参数名放进花括号内，例如：

```
mv $file ${file}x
```

该命令将 x 放在了由$file 所指定的文件名尾部。写成下面这样是不对的：

```
mv $file $filex
```

因为 Shell 会试图将名为 filex 的变量替换成对应的值，而不是变量 file 加上字符 x。

第 6 章讲过，要访问 10 以及以上的位置参数，必须使用相同的写法将数字放进花括号中：`${11}`。

一旦你将变量名放进花括号中，接下来可以做的事还有很多……

11.1.2　${parameter:-value}

这种写法的意思：如果 *parameter* 不为空，则使用它的值；否则，就使用 *value*。举例来说，在下列命令行中：

```
echo Using editor ${EDITOR:-/bin/vi}
```

如果变量 EDITOR 不为空，Shell 就使用该变量的值，否则使用/bin/vi。其效果等同于：

```
if [ -n "$EDITOR" ]
then
        echo Using editor $EDITOR
else
        echo Using editor /bin/vi
fi
```

而命令行：

```
${EDITOR:-/bin/ed} /tmp/edfile
```

会启动保存在变量 EDITOR 中的程序（假设是一个文本编辑器），如果 EDITOR 为空的话，则启动/bin/ed。

重要的是要注意到这种写法并不会改变变量的值，因此，如果之前 EDITOR 为空，执行完上面的语句之后，该变量依然为空。

下面是一个简单的演示例子：

```
$ EDITOR=/bin/ed
$ echo ${EDITOR:-/bin/vi}
/bin/ed
$ EDITOR=                        设为空
$ echo ${EDITOR:-/bin/vi}
/bin/vi
$
```

11.1.3　${parameter:=value}

和上一种写法类似，但如果 *parameter* 为空的话，不仅会使用 *value*，而且还会将其分配给 *parameter*（注意其中的=）。你不能使用这种方法给位置参数赋值，也就是说，*parameter* 不能是数字。

典型用法是测试某个导出变量是否已经设置，如果没有，则为其分配默认值：

```
${PHONEBOOK:=$HOME/phonebook}
```

这句的意思是如果 PHONEBOOK 已经分配了值，那么不做任何操作，否则将其设为 $HOME/phonebook。

注意，上面的例子是不能单独作为命令的，因为执行完替换操作后，Shell 会尝试执行替换结果：

```
$ PHONEBOOK=
$ ${PHONEBOOK:=$HOME/phonebook}
sh: /users/steve/phonebook: cannot execute
$
```

要想将其作为一个单独的命令，需要使用空命令。如果写作：

```
: ${PHONEBOOK:=$HOME/phonebook}
```

Shell 仍旧会进行替换（求值），但是什么都不执行（空命令）。

```
$ PHONEBOOK=
$ : ${PHONEBOOK:=$HOME/phonebook}
$ echo $PHONEBOOK                          查看是否已赋值
/users/steve/phonebook
$ : ${PHONEBOOK:=foobar}                   应该不会改变
$ echo $PHONEBOOK
/users/steve/phonebook                     的确没有
$
```

在 Shell 程序的条件语句或 echo 语句中，通常在第一次引用变量的时候会使用:= 的写法。效果是一样的，只不过不需要再用空命令了。

11.1.4 ${parameter:?value}

如果 *parameter* 不为空，Shell 会替换它的值；否则，Shell 将 *value* 写入到标准错误，然后退出（别担心，如果是在登录 Shell 中完成的该操作，这并不会导致你登出系统）。如果忽略 *value*，Shell 会输出默认的错误信息：

prog: parameter: parameter null or not set

下面是一个例子：

```
$ PHONEBOOK=
$ : ${PHONEBOOK:?"No PHONEBOOK file"}
No PHONEBOOK file
$ : ${PHONEBOOK:?}                   没有给出 value
sh: PHONEBOOK: parameter null or not set
$
```

你可以轻松地利用这种写法检查程序所需的变量是否已经设置且不为空:

```
: ${TOOLS:?} ${EXPTOOLS:?} ${TOOLBIN:?}
```

11.1.5 ${parameter:+value}

在这种写法中,如果 *parameter* 不为空,则替换成 *value*;否则,不进行任何替换。它的效果和 ":-" 相反。

```
$ traceopt=T
$ echo options: ${traceopt:+"trace mode"}
options: trace mode
$ traceopt=
$ echo options: ${traceopt:+"trace mode"}
options:
$
```

在本节介绍的所有写法中,*value* 部分都可以使用命令替换,因为只有在需要这部分值的时候才会执行命令。不过这样也会变得更复杂。考虑下面的语句:

```
WORKDIR=${DBDIR:-$(pwd)}
```

如果 DBDIR 不为空的话,将其值赋给 WORKDIR,否则执行 pwd 命令并将命令结果赋给 WORKDIR。仅当 DBDIR 为空时才执行 pwd。

11.1.6   模式匹配

POSIX Shell 提供了 4 种能够执行模式匹配的参数替换形式。有些古老的 Shell 不支持这种特性,不过如果你使用的是现代的 UNIX、Linux 或 Mac 系统的话,不太可能会碰上这些 Shell。

模式匹配接受两个参数:变量名(或者是参数数量)和模式。Shell 会在指定变量的内容中匹配所提供的模式。如果能够匹配,则在命令行中使用该变量的值(不包括模式所匹配的那部分内容)。如果无法匹配,则使用变量的全部内容。在这两种情况下,都不会修改变量的内容。

在这里使用"模式"一词是因为 Shell 允许你使用和文件名替换以及 case 语句中相同的模式匹配字符:*匹配零个或多个字符,?匹配任意单个字符,[...]匹配指定字符组中任意单个字符,[!...]匹配不在字符组中的任意单个字符。

如果使用:

${*variable%pattern*}

Shell 会检查 variable 是否以指定的 *pattern* 结束。如果是,则使用 *variable* 的内容并从其右侧删除 *pattern* 所能够匹配到的最短结果。

如果使用：

${*variable%%pattern*}

Shell 仍旧会检查 *variable* 是否以指定的 *pattern* 结束。但这次，它会从右侧删除 *pattern* 所能够匹配到的最长结果。这种情况仅在 *pattern* 中使用了 * 时候才考虑。除此之外，%和%%的行为方式是一样的。

#可以强制模式匹配从左开始。因此：

${*variable#pattern*}

会告诉 Shell 在命令行中使用 *variable* 的内容并从其左侧删除 *pattern* 所能够匹配到的最短结果。

最后，下面的写法：

${*variable##pattern*}

和#形式类似，除了从左侧删除的是 *pattern* 所能够匹配到的最长结果。

记住，这 4 种写法都不会修改变量的值。所影响到的只是命令行中使用到的内容。另外，模式匹配都是被锚定的（anchored）。在%和%%写法中，变量值必须以指定的模式作为结尾，而在#和##写法中，变量值必须以指定的模式作为起始。

下面是一些简单的示例：

```
$ var=testcase
$ echo $var
testcase
$ echo ${var%e}              从右侧删除 e
testcas
$ echo $var                  变量内容不变
testcase
$ echo ${var%s*e}            从右侧删除最短的匹配
testca
$ echo ${var%%s*e}           从右侧删除最长的匹配
te
$ echo ${var#?e}             从左侧删除最短的匹配
stcase
$ echo ${var#*s}             从左侧删除最短的匹配
tcase
$ echo ${var##*s}            从左侧删除最长的匹配
e
$ echo ${var#test}           从左侧删除 test
case
$ echo ${var#teas}           没有匹配
testcase
$
```

这些写法有很多实际应用。例如，下面的测试会检查保存在变量 file 中的文件名末尾是否为两个字符.o：

```
if [ ${file%.o} != $file ] ; then
    # 文件名以.o 结尾
        ...
fi
```

另外一个例子，下面的 Shell 程序类似于 UNIX 系统中的 basename 命令：

```
$ cat mybasename
echo ${1##*/}
$
```

该程序会删除参数中最后一个/之前的所有字符，然后显示出最终结果：

```
$ mybasename /usr/spool/uucppublic
uucppublic
$ mybasename $HOME
steve
$ mybasename memos
memos
$
```

别急，下面还有更多的写法。

11.1.7　${#variable}

如何知道变量中保存了多少个字符？下面的写法可以帮你解决：

```
$ text='The Shell'
$ echo ${#text}
9
$
```

> **提示**
> 附录 A 中的表 A.3 总结了本章中出现的所有这些写法。

11.2　$0 变量

无论何时执行 Shell 程序，Shell 都会自动将程序名保存在特殊变量$0 中。这种做法在很多情况下都能派上用场，比如说，假设你有一个可以通过多个不同的命令名访问的程序（利用文件系统的硬链接实现）。$0 能够让你以编程的方式找出究竟执行的是哪个命令。

更为常见的用法是显示错误信息，因为$0 基于的是实际的程序文件名，而非程序中的硬编码。如果使用$0 来引用程序名，重命名程序会更新输出信息，无须修改程序：

```
$ cat lu
#
# 在电话簿中查找联系人
#

if [ "$#" -ne 1 ] ; then
        echo "Incorrect number of arguments"
        echo "Usage: $0 name"
        exit 1
fi

name=$1
grep "$name" $PHONEBOOK

if [ $? -ne 0 ] ; then
        echo "I couldn't find $name in the phone book"
fi
$ PHONEBOOK=$HOME/phonebook
$ export PHONEBOOK
$ lu Teri
Teri Zak 201-393-6000
$ lu Teri Zak
Incorrect number of arguments
Usage: lu name
$ mv lu lookup                        重命名程序
$ lookup Teri Zak                     查看重命名后的结果
Incorrect number of arguments
Usage: lookup name
$
```

有些 UNIX 系统会自动将$0 设置成包含目录的完整路径,这会导致产生一些乱七八糟的错误信息。可以使用$(basename $0) 或先前学到的那个技巧来去除路径名:

```
${0##*/}
```

11.3　set 命令

Shell 的 set 命令有两个作用:设置各种 Shell 选项以及重新为位置参数$1、$2...赋值。

11.3.1　-x 选项

早先在第 7 章中看到过使用 sh -x ctype 调试 Shell 程序中出现的问题,其实 set 命令能够针对程序中特定部分打开或关闭跟踪模式。

在程序中,下列语句:

```
set -x
```

可以打开跟踪模式，这意味着随后的命令会在执行完文件名替换、变量替换及命令替换，还有 I/O 重定向之后由 Shell 打印到标准错误中。被跟踪的命令前面会有一个加号。

```
$ x=*
$ set -x                                设置命令跟踪选项
$ echo $x
+ echo add greetings lu rem rolo
add greetings lu rem rolo
$ cmd=wc
+ cmd=wc
$ ls | $cmd -l
+ ls
+ wc -l
      5
$
```

只需要执行带有+x 选项的 set 命令就可以随时关闭跟踪模式：

```
$ set +x
+ set +x
$ ls | wc -l
         5                              返回正常模式
$
```

注意，跟踪选项不会沿用到子 Shell 中。不过你可以通过在 sh -x 后面跟上程序名来跟踪子 Shell 的执行：

```
sh -x rolo
```

也可以在程序中插入一系列 set -x 和 set +x 命令来实现相同的效果。实际上，你在程序中完全可以根据自己的需要插入 set -x 和 set +x 命令来打开或关闭跟踪模式！

11.3.2   无参数的 set

如果使用 set 的时候不加任何参数，会输出一个按照字母顺序排列的变量列表，这些变量都是存在于当前环境中的局部变量或导出变量：

```
$ set                                   显示所有的变量
CDPATH=:/users/steve:/usr/spool
EDITOR=/bin/vi
HOME=/users/steve
IFS=

LOGNAME=steve
```

```
MAIL=/usr/spool/mail/steve
MAILCHECK=600
PATH=/bin:/usr/bin:/users/steve/bin:.:
PHONEBOOK=/users/steve/phonebook
PS1=$
PS2=>
PWD=/users/steve/misc
SHELL=/usr/bin/sh
TERM=xterm
TMOUT=0
TZ=EST5EDT
cmd=wc
x=*
$
```

11.3.3 使用 set 为位置参数重新赋值

你应该没有忘记位置参数是无法赋新值或重新赋值的。例如，想给$1 赋值 100，从逻辑上来说，下面的写法没什么错：

```
1=100
```

但是没用。位置参数在调用 Shell 程序时就已经设置好了。

不过有一个不大为人所知的技巧：可以使用 set 来更改位置参数的值。如果在命令行上将若干单词作为 set 的参数，那么这些单词会被赋给对应的位置参数$1、$2...。位置参数之前的值也就被覆盖了。在 Shell 程序中，下列命令：

```
set a b c
```

会将 a 赋给$1，b 赋给$2，c 赋给$3。$#的值会被设为 3，以反映出参数个数。

下面是一个相关的例子：

```
$ set one two three four
$ echo $1:$2:$3:$4
one:two:three:four
$ echo $#                    应该为 4
4
$ echo $*                    现在保存的内容是什么？
one two three four
$ for arg; do echo $arg; done
one
two
three
four
$
```

set 命令执行完成之后，一切和预期中的一样：$#、$*和不包含列表的 for 循环都反映出了位置参数值的变化。

set 常用来"解析"从文件或终端中读入的数据。下面是一个叫做 words 的程序，该程序可以统计出输入的一行中所包含的单词数（这里指的是 Shell 中的"单词"）：

```
$ cat words
#
# 统计一行中的单词
#

read line
set $line
echo $#
$ words                                    运行程序
Here's a line for you to count.
7
$
```

程序读取用户输入，将输入行保存在 Shell 变量 line 中，然后执行命令：

```
set $line
```

这会将 line 中的每个单词分配给对应的位置参数。变量$#会根据所分配的单词数来设置，这个数量也就是每行的单词数。

11.3.4 --选项

上面的例子没有什么问题，但如果出于某种原因，用户输入是以符号-开头，结果会怎样？

```
$ words
-1 + 5 = 4
words: -1: bad option(s)
$
```

在读取了文本行并将其赋给 line 之后，执行命令：

```
set $line
```

完成替换操作之后，得到的最终命令为：

```
set -1 + 5 = 4
```

当 set 执行时，它看到了-，于是认为用户指定了无效选项-1。这就解释了之前看到的错误信息。

words 的另一个问题出现在给定的文本行全部是空白字符或者为空的时候：

```
$ words
```
直接按回车

```
CDPATH=.:/users/steve:/usr/spool
EDITOR=/bin/vi
HOME=/users/steve
IFS=

LOGNAME=steve
MAIL=/usr/spool/mail/steve
MAILCHECK=600
PATH=/bin:/usr/bin:/users/steve/bin:.:
PHONEBOOK=/users/steve/phonebook
PS1=$
PS2=>
PWD=/users/steve/misc
SHELL=/usr/bin/sh
TERM=xterm
TMOUT=0
TZ=EST5EDT
cmd=wc
x=*
0
$
```

对于后一种情况，Shell 看到的是一个没有参数的 set 命令，因此就输出了 Shell 中所有参数。

可以使用 set 的--选项来解决这些问题。该选项告诉 set 对于后续出现的连接符或参数形式的单词，均不视其为选项。这也避免了没有提供参数的时候（就像在上面的例子中直接输入空行），set 会显示出所有变量的现象。

因此，words 中的 set 命令应该改为：

```
set -- $line
```

再增加一个 while 循环和一些整数运算，words 程序现在就能够统计出标准输入中的总字数了，这实际上就是 wc -w 的个人实现版：

```
$ cat words
#
# 统计标准输入中的所有单词
#

count=0
while read line
do
        set -- $line
        count=$(( count + $# ))
done

echo $count
$
```

读取完每行之后，set 命令为所有的位置参数赋值，$# 被重置为行中所有的单词数。加入 -- 选项是考虑到可能会出现以 - 起始的行、全部是空白字符的行或者空行。

$# 的值然后与变量 count 相加，接着读取下一行。当碰到文件结尾，循环结束时，显示出 count 的值，这个值也就是读取到的单词总数。

```
$ words < /etc/passwd
567
$ wc -w < /etc/passwd            比对 wc 的统计结果
567
$
```

我们承认，这种统计单词数的方法是挺奇怪的，不过你也看到了，set 命令的能力要比大多数 UNIX 用户所知道的大得多。

下面是一个快速统计目录中文件数的方法：

```
$ set *
$ echo $#
8
$
```

这个方法要比

```
ls | wc -l
```

快得多，因为第一种方法只使用了 Shell 的内建命令。一般而言，如果你尽可能地使用 Shell 的内建命令，能大大提高程序的运行速度。

11.3.5　set 的其他选项

set 还能够接受其他选项，在选项前加上 - 表示启用该选项，加上 + 表示禁止该选项。-x 选项用到的次数最多，我们在附录 A 的表 A.9 中总结出了其他的选项。

11.4　IFS 变量

有一个叫作 IFS 的特殊 Shell 变量，它代表的是内部字段分隔符（internal field separator）。当 Shell 解析 read 命令输入、命令替换（反引号机制）输出以及执行变量替换时，会用到该变量。简单地说，IFS 包含了一组用作空白分隔符的字符。如果在命令行中输入，Shell 会将其视为普通的空白字符（也就是作为单词分隔符）。

来看下列命令的输出：

```
$ echo "$IFS"

$
```

嗯，这并没怎么解释清楚啊！为了弄明白这里到底都有些什么字符，我们将 echo 的输出通过管道传给带有-b（byte display）选项的 od（octal dump）命令：

```
$ echo "$IFS" | od -b
0000000 040 011 012 012
0000004
$
```

第一列数字是相对于输入起始位置的偏移。接下来的数字是由 od 读入的字符所对应的八进制值描述。第一个数字是 040，这是空格字符的 ASCII 值。紧随其后的是 011 和 012，分别是制表符和换行符。最后是由 echo 添加上的另一个换行符。IFS 的这组字符就是我们在本书中一直说到的空白字符，应该没什么意外。

有意思的地方在于你可以根据需要将 IFS 修改成其他字符或字符组。当你需要解析数据行，而数据行中的字段并不是由普通的空白字符分隔的时候，这一点就非常有用了。

举例来说，我们注意到在使用 read 命令读取的时候，Shell 通常会去掉行首的前导空白字符。在执行 read 之前，将 IFS 修改成单个换行符，这样就能保留住前导空白字符（空格和制表符）（因为 Shell 不会再将其视为字段分隔符）：

```
$ read line                         默认行为
        Here's a line
$ echo "$line"
Here's a line
$ IFS="
> "                                 将其设为单个换行符
$ read line                         再试一次
        Here's a line
$ echo "$line"
        Here's a line               保留住了前导空格
$
```

要想将 IFS 修改成单个换行符，需要先输入一个起始引号，接着立刻按 Enter 键，然后在下一行中输入结束引号。引号之间不能输入任何其他字符，因为额外的字符都会被保存在 IFS 中，随后由 Shell 使用。

现在让我们把 IFS 改成更容易识别的冒号：

```
$ IFS=:
$ read x y z
123:345:678
$ echo $x
123
$ echo $z
678
$ list="one:two:three"
$ for x in $list; do echo $x; done
one
two
```

```
three
$ var=a:b:c
$ echo "$var"
a:b:c
$
```

因为 IFS 被修改成了冒号，当读入指定行时，Shell 将其分割成了 3 个单词：123、
345 和 678，这些单词随后被分别保存在变量 x、y 和 z 中。在倒数第二个例子中，Shell
在替换 for 循环中的 list 变量时用到了 IFS。最后一个例子演示了 Shell 在执行变量
赋值时并不使用 IFS。

修改 IFS 通常是和 set 命令配合使用：

```
$ line="Micro Logic Corp.:Box 174:Hackensack, NJ 07602"
$ IFS=:
$ set $line
$ echo $#                              有多少个参数?
3
$ for field; do echo $field; done
Micro Logic Corp.
Box 174
Hackensack, NJ 07602
$
```

这一招可不得了，由于它用到的全都是内建的 Shell 命令，因此运行速度非常快。
在第 13 章中，rolo 程序的最终版就用到了这项技术。

接下来这个名为 number2 的程序是第 9 章中讲过的行计数程序（line numbering
program）的最终版。该程序会将输入行打印到标准输出，并在行前加上行号，这个程序
版本修改了 IFS 以确保前导空格和制表符能够得以保留和重现。另外还使用了 printf
来实现行号的右对齐。

```
$ cat number2
#
# 标出指定文件中每一行的行号，如果文件没有作为参数给出，
# 则使用标准输入 （最终版）
#

# 修改 IFS，保留输入中的前导空白字符

IFS='
'    # 引号中只有一个换行符

lineno=1

cat $* |
while read -r line
do
        printf "%5d:%s\n" $lineno "$line"
```

```
        lineno=$(( lineno + 1 ))
done
```

下面是该程序的执行实例：

```
$ number2 words
   1:#
   2:# Count all of the words on standard input
   3:#
   4:
   5:count=O
   6:while read line
   7:do
   8:  set -- $line
   9:  count=$(( count + $# ))
  10:done
  11:
  12:echo $count
$
```

　　由于 IFS 会影响到 Shell 对于单词分隔符的解释方式，因此，如果你打算在自己的程序中修改它，通常明智的做法是先将旧的 IFS 值保存在另一个变量中（如 OIFS），等执行完操作后再将其恢复。

11.5　readonly 命令

　　readonly 命令用于指定在程序随后的执行过程中，值都不会发生改变的那些变量。例如：

```
readonly PATH HOME
```

指明 PATH 和 HOME 变量为只读变量。如果之后试图给这两个变量赋值，就会导致 Shell 发出错误信息：

```
$ PATH=/bin:/usr/bin:.:
$ readonly PATH
$ PATH=$PATH:/users/steve/bin
sh: PATH: is read-only
$
```

可以看到，当 PATH 变量被设为只读之后，再对其赋值的话，Shell 就会打印出错误信息。

　　要想获得一份只读变量的列表，可以输入 readonly -p：

```
$ readonly -p
readonly PATH=/bin:/usr/bin:.:
$
```

变量的只读属性不会往下传给子 Shell。另外，只要在 Shell 中将变量设为只读，就没有"后悔药"了。

11.6 unset 命令

有时候你可能想从环境中删除某个变量。可以输入 unset，后面跟上要删除的变量名：

```
$ x=100
$ echo $x
100
$ unset x                    从环境中删除 x
$ echo $x
$
```

你不能对只读变量使用 unset。而且对于变量 IFS、MAILCHECK、PATH、PS1 和 PS2，也不能使用 unset。

第 12 章
拓展内容

我们把不适合之前章节讲述的命令和特性都放在了本章中。这些内容在次序上不分先后，只是为了提高你的 Shell 编程技巧和技术。

12.1　eval 命令

本节讲述了一个很不常见的 Shell 命令：eval。其格式如下：

eval *command-line*

其中，*command-line* 是可以在终端中输入的普通命令行。如果你把 eval 放在命令行之前，Shell 会对其进行二次扫描，然后执行。如果你使用脚本构造出的命令需要被调用，那么 eval 的这个功能就非常有用了。

对于简单的情况，eval 看起来没什么效果：

```
$ eval echo hello
hello
$
```

不过考虑一下下面这个没有使用 eval 的例子：

```
$ pipe="|"
$ ls $pipe wc -l
|: No such file or directory
wc: No such file or directory
-l: No such file or directory
$
```

ls 命令发出错误的原因在于 pipe 的值以及随后的 wc -l 都被视为命令参数。Shell 是在变量替换之前处理管道和 I/O 重定向的，因此不可能再去解释 pipe 中保存的管道符号。

把 eval 放在命令序列前面就能够得到想要的结果：

```
$ eval ls $pipe wc -l
    16
$
```

Shell 第一次扫描命令行时，它会将 pipe 替换成对应的值|。然后 eval 会使得 Shell 重新扫描命令行，这时候 Shell 识别出了作为管道符号的|，接下来的事情就顺理成章了。

在 Shell 程序中，eval 常用于从变量中构造命令行。如果变量中包含了任何必须由 Shell 解释的字符，那就必须用到 eval。命令终止符（;、|、&）、I/O 重定向（<、>）以及引号都属于这类字符，必须直接出现在命令行上，只有这样，Shell 才能识别出它们的特殊含义。

在下一个例子中，程序 last 的目的是显示出传入的最后一个参数。回忆一下第 9 章中的 mycp 程序，当时我们实现的方法是移动所有的参数，直到只剩下一个。

其实也可以利用 eval 来实现相同的效果：

```
$ cat last
eval echo \$$#
$ last one two three four
four
$ last    *                    得到最后一个文件
zoo_report
$
```

Shell 第一次扫描

```
echo \$$#
```

时，反斜线指明忽略其后的$。然后 Shell 碰到了特殊参数$#，因此将其替换为命令行上对应的值。这条命令现在就变成了下面的样子：

```
echo $4
```

在第一次扫描完毕后，Shell 就删除了反斜线。当第二次扫描该命令行时，Shell 将$4 替换成对应的值，然后执行 echo。

如果有一个变量 arg，其中保存的是一个数字，你希望显示出 arg 的值所引用到的位置参数，也可以使用同样的做法。只需要这样写：

```
eval echo \$$arg
```

这种写法唯一的问题在于只能访问前 9 个位置参数，因为访问第 10 个以及以上数量的位置参数时，需要写成${n}。因此，需要修改一下：

```
eval echo \${$arg}
```

eval 命令还可以用来创建指向变量的"指针"：

```
$ x=100
$ ptrx=x
$ eval echo \$$ptrx              解引用 ptrx
100
$ eval $ptrx=50                  将 50 保存在由 ptrx 所指向的变量中
$ echo $x                        查看结果
50
$
```

12.2 wait 命令

如果你将某个命令移入后台，那么该命令会在一个独立于当前 Shell 的子 Shell 中运行（这称为异步执行）。有时候，你可能希望等待后台进程（也称为子进程，因为它是由当前 Shell，也就是父 Shell 生成的）执行完之后再继续往下处理。例如，你将一个需要对大量数据排序的 sort 移入后台，在能够访问排序过的数据之前，只能等待后台进程完成。

wait 命令可以满足这种需求。其一般格式为：

wait process-id

其中，*process-id* 是要完成的进程的 PID。如果忽略这个参数，Shell 会等待所有的子进程执行完毕。在等待进程执行完之前，当前 Shell 会被挂起。

你可以在终端中试试 wait 命令：

```
$ sort big-data > sorted_data &       移入后台
[1] 3423                              作业号和进程 id
$ date                               做些别的工作
Wed Oct 2 15:05:42 EDT 2002
$ wait 3423                          等待 sort 排序完毕
$                                    sort 排序完毕后，重新出现命令行提示符
```

12.3 $!变量

如果你只有一个后台进程，那么不带参数的 wait 命令就够了。但如果在后台运行的命令不止一个，你想等待最近的那个，可以使用特殊变量$!作为最近那个后台命令的进程 ID。因此，下列命令：

wait $!

会等待最近移入后台的进程执行完毕。配合一些中间变量，就可以将这些进程 ID 保留起来以供后面使用：

```
prog1 &
pid1=$!
...
prog2 &
pid2=$!
...
wait $pid1          # 等待 prog1 结束
...
wait $pid2          # 等待 prog2 结束
```

提示

该怎么测试进程是否仍在运行？可以使用 ps 命令并跟上-p 选项和进程 ID 来检查。

12.4 trap 命令

如果你在 Shell 程序执行过程中在终端上按下 DELETE 或 BREAK 键，程序通常会被终止，并提示你输入下一条命令。这种方式对于 Shell 程序而言未必总是可取的。因为这有可能会给你留下一堆临时文件，而这些临时文件在程序正常结束的情况下都是会被清理掉的。

按下 DELETE 键会向正在执行的程序发送信号，程序可以指定接收到信号时该如何处理，而不是只能遵从默认行为（如立刻结束进程）。

Shell 程序中的信号处理是通过 trap 命令实现的，其一般格式为：

```
trap commands signals
```

其中，*commands* 是接收到由 *signals* 指定的信号时要执行的一个或多个命令。

不同类型的信号都有各自的助记名和编号，表 12.1 总结了常用的一些信号。附录 A 中的 trap 命令下给出了一份更为完整的信号列表。

表 12.1 常用的信号编号

信号	助记名	产生原因
0	EXIT	退出 Shell
1	HUP	挂起
2	INT	中断（如按下了 DELETE 或 Ctrl+c 键）
15	TERM	软件终止信号（默认由 kill 命令发送）

下面的例子演示了当用户尝试在终端上终止程序的时候，如何使用 trap 命令清除文件后再退出：

```
trap "rm $WORKDIR/work1$$ $WORKDIR/dataout$$; exit" INT
```

执行 trap 之后，当程序接收到 SIGINT（信号编号为 2），文件 work1$$ 和 dataout$$ 就会被自动删除。如果随后用户终止了程序执行，可以确保这两个临时文件不会留在文件系统中。rm 后面的 exit 是必需的，如果漏写的话，程序会一直停留在接收到信号时的执行位置上。

在出现挂起的时候会产生编号为 1 的信号（SIGHUP 或 HUP）：这个信号最初和拨号连接有关，不过现在更多指的是连接意外中断（如 Internet 连接掉线）。你可以修改之前的 trap 命令，将 SIGINT 也加入到信号列表中，这样在出现 SIGHUP 信号时也能够删除指定的那两个文件：

```
trap "rm $WORKDIR/work1$$ $WORKDIR/dataout$$; exit''  INT HUP
```

现在如果发生连接挂起或用户按下 DELETE 或 Ctrl+c 键终止了进程，这些文件都会被删除。

由 trap 指定的命令序列（也称为 trap 处理程序）如果不止一个命令，则必须将其全部放入引号中。另外要注意，Shell 会在执行 trap 时扫描命令行，在接收到信号列表中的信号时还会再扫描一次。

在上面的例子中，WORKDIR 和$$会在执行 trap 命令时被替换。如果你希望替换发生在接收到信号时，可以把这些命令放在单引号中：

```
trap 'rm $WORKDIR/work1$$ $WORKDIR/dataout$$; exit'  INT HUP
```

trap 命令能够让你的程序对用户更友好。在下一章对 rolo 程序的进一步改进中，程序会捕获 Ctrl+c 产生的中断信号，然后返回到主菜单，而不是直接退出。

12.4.1　不使用参数的 trap

如果在执行 trap 时不带参数，会显示出你定义过或修改过的所有 trap 处理程序：

```
$ trap 'echo logged off at $(date) >>$HOME/logoffs' EXIT
$ trap                            列出修改过的 trap 处理程序
trap - 'echo logged off at $(date) >>$HOME/logoffs' EXIT
$ Ctrl+d                          登出
login:steve                       重新登入
Password:
$ cat $HOME/logoffs               查看结果
logged off at Wed Oct 2 15:11:58 EDT 2002
$
```

设置好的 trap 处理程序会在 Shell 接收到退出信号（信号 0，即 EXIT）时执行。因为是在登录 Shell 中做出的设置，所以当你登出的时候，trap 处理程序会将你登出的时间写入文件$HOME/logoffs。将命令放入单引号中是为了避免定义 trap 处理程序时执行 date。

不带参数的 trap 命令列出了针对信号 0（EXIT）要采取的新处理方法。当 steve 登出系统，然后又登入系统后，从文件$HOME/logoffs 中可以看出已经执行了 echo 命令，trap 处理程序运行正常。

12.4.2　忽略信号

如果 trap 中没有列出命令，那么指定的信号会被忽略。例如，下列命令：

```
trap "" SIGINT
```

指定忽略中断信号。在执行某些不希望被打断的操作时，你可能需要去忽略某些信号。

注意，在指定信号时，trap 允许使用信号编号、信号简称（INT）或者信号全称（SIGINT）。我们建议你使用助记名来提高代码的可读性，当然了，究竟使用哪种方式完全取决于你个人的喜好。

在上面的例子中，要想忽略某个信号，trap 的第一个参数必须指定为空值，这和下面写法的含义可不相同：

```
trap 2
```

如果你忽略了某个信号，所有的子 Shell 也会忽略这个信号。如果你指定了某个信号的处理程序，当所有的子 Shell 接收到该信号时，自动采用默认的处理方式，而不是新指定的处理程序。

假设你执行了下列命令：

```
trap "" 2
```

然后启动一个子 Shell，接着再以子 Shell 的形式执行其他 Shell 程序。如果产生了中断信号，那么该信号对于正在运行的 Shell 或子 Shell 是无效的，因为默认的处理方式就是忽略。

如果你改为执行下面的命令：

```
trap : 2
```

然后启动子 Shell，那么在接收到中断信号时，当前 Shell 什么都不会做（执行空命令），而子 Shell 会被终止（默认的处理方式）。

12.4.3　重置信号

如果你修改了信号的默认处理方式，还可以将其再改回原样，只需要忽略 trap 的第一个参数就行了：

```
trap HUP INT
```

该命令会重置 SIGHUP 和 SIGINT 信号的处理方式。

很多 Shell 程序中还是用了这种写法：

```
trap "/bin/rm -f $tempfile; exit" INT QUIT EXIT
```

它可以确保如果在退出时临时文件还没有创建的话，rm 命令不会产生错误信息。如果临时文件存在，trap 处理程序会将其删除；如果不存在，则什么都不做。

12.5　再谈 I/O

你已经知道<、>和>>分别对应着输入重定向、输出重定向以及采用追加方式的输出重定向。另外也应该知道可以在命令行上使用 2>来实现标准错误重定向：

```
command 2> file
```

有时候你可能希望在程序中明确地向标准错误中写入。只需要对上面的写法稍作改动，就可以将标准输出重定向到标准错误：

```
command >&2
```

>&指明将输出重定向到与指定的文件描述符相关联的文件中。文件描述符 0 对应标准输入，描述符 1 对应标准输出，描述符 2 对应标准错误。一定要记住的是>和&之间绝不能有空格。

将信息写入标准错误：

```
echo "Invalid number of arguments" >&2
```

你也许想将程序的标准输出（通常简称 stdout）和标准错误（stderr）都重定向到同一个文件中。如果知道文件名，那么操作方法很直接：

```
command > foo 2>> foo
```

标准输出和标准错误都会被写入 foo。

你也可以写作：

```
command > foo 2>&1
```

效果和上面的写法一样。标准输出被重定向到 foo，标准错误被重定向到标准输出（标准输出已经被重定向到 foo 了）。因为 Shell 在命令行上是从左到右处理重定向的，所以把标准错误重定向写在前面就不行了：

```
command 2>&1 > foo
```

这样会先把标准错误重定向到标准输出，然后把标准输出重定向到 foo。

你也可以利用 exec 命令实现标准输入或标准输出的动态重定向：

```
exec < datafile
```

该命令将标准输入重定向到 datafile。随后执行的需要从标准输入中读取的命令都会改从 datafile 中读取。下列命令：

```
exec > /tmp/output
```

对标准输出做同样的处理：随后要向标准输出中写入的命令都改向/tmp/output
中写入，除非明确指明写入位置。

标准错误自然也可以重新分配：

```
exec 2> /tmp/errors
```

所有随后写入到标准错误的输出都会进入/tmp/errors。

12.5.1   <&-与>&-

>&-能够关闭标准输出。如果它出现在文件描述符之后，则会关闭与之关联的文件。
因此：

```
ls >&-
```

会使得 ls 不输出任何信息，因为在执行 ls 之前，Shell 就把标准输出关闭了。我
们承认这没什么太大用处。

12.5.2   行内输入重定向

如果<<出现在命令之后：

command <<word

Shell 会使用之后的行作为命令输入，直到碰上只包含 *word* 的行。下面是一个简单
的例子：

```
$ wc -l <<ENDOFDATA              使用 ENDOFDATA 之前的行作为标准输入
> here's a line
> and another
> and yet another
> ENDOFDATA
      3
$
```

Shell 会将每一行都作为 wc 的标准输入，一直到只包含 ENDOFDATA 的那一行为止。

行内输入重定向（也被一些程序员称为 here documents）是一项非常有用的特性。
它可以让你在程序中直接指定命令的标准输入，避免了还得使用其他的输入文件的麻烦，
或是通过 echo 将输入内容送入命令的标准输入。

下面是 Shell 程序中利用该特性的一个常见例子：

```
$ cat mailmsg
mail $* <<END-OF-DATA

Attention:
```

```
Our monthly computer users group meeting
will take place on Friday, March 4, 2016 at
8pm in Room 1A-308. Please try to attend.

END-OF-DATA
$
```

要想把这则消息发送给保存在文件 users_list 中的所有组员，可以这么做：

```
mailmsg $(cat users_list)
```

Shell 会对重定向的输入数据进行参数替换、执行反引号中的命令，还能够识别出现的反斜线字符。

here document 中的特殊字符一般会被忽略，但 Shell 会解释其中的美元符号、反引号或反斜线。如果你希望所有的输入行原封不动，在<<后的单词前加上一个反斜线。

来重点观察一下这两种写法之间的差异：

```
$ cat <<FOOBAR
> $HOME
> *****
>     \$foobar
> `date`
> FOOBAR                              终止输入
/users/steve
*****
    $foobar
Wed Oct 2 15:23:15 EDT 2002
$
```

Shell 会将 FOOBAR 之前的所有行作为 cat 的输入，因此会替换掉其中的 HOME，由于 foobar 前面有反斜线，故不会替换该变量。执行 date 命令的原因在于 Shell 会执行反引号中的命令。

为了不让 Shell 解释输入行中的内容，可以在文档结尾单词（end-of-document word）前使用反斜线：

```
$ cat <<\FOOBAR
> \\\\
> `date`
> $HOME
> FOOBAR
\\\\
`date`
$HOME
$
```

在选择出现在<<后面的单词的时候要留心。一般来说，要确保这个单词尽可能独特，使其无意出现在随后的数据行中的概率足够低。

你现在已经知道了<<\序列的作用，不过大多数现代 Shell 还理解另一种写法：如果 <<后面的第一个字符是连接符（-），那么输入中的前导制表符都会被 Shell 删除。如果希望通过可视化缩进来提高重定向文本的可读性，但同时仍希望按照正常的左对齐形式输出，可以利用这个特性来实现：

```
$ cat <<-END
>          Indented lines
>          because tabs are cool
> END
Indented lines
because tabs are cool
$
```

12.5.3　Shell 归档文件

行内输入重定向的最佳应用场景之一就是创建 Shell 归档文件（Shell archive file）。利用这项技术，可以将一个或多个相关的 Shell 程序放进单个文件中，然后使用标准 UNIX 中的 mail 命令将文件发送给他人。接收到之后，调用归档文件（就像调用其他 Shell 程序那样）来解包（unpacked）出其中的内容。

下面是 rolo 程序所用到的 lu、add 和 lem 程序的归档版本：

```
$ cat rolosubs
#
# rolo 用到的归档程序
#

echo Extracting lu
cat >lu <<\THE-END-OF-DATA
#
# 在电话簿中查找联系人
#

if [ "$#" -ne 1 ]
then
        echo "Incorrect number of arguments"
        echo "Usage: lu name"
        exit 1
fi

name=$1
grep "$name" $PHONEBOOK

if [ $? -ne 0 ]
then
        echo "I couldn't find $name in the phone book"
fi
THE-END-OF-DATA

echo Extracting add
```

```
cat >add <<\THE-END-OF-DATA
#
# 向电话簿中添加联系人
#

if [ "$#" -ne 2 ]
then
        echo "Incorrect number of arguments"
        echo "Usage: add name number"
        exit 1
fi

echo "$1 $2" >> $PHONEBOOK
sort -o $PHONEBOOK $PHONEBOOK
THE-END-OF-DATA

echo Extracting rem
cat >rem <<\THE-END-OF-DATA
#
# 从电话簿中删除联系人
#

if [ "$#" -ne 1 ]
then
        echo "Incorrect number of arguments"
        echo "Usage: rem name"
        exit 1
fi

name=$1

#
# 找出有多少个匹配的联系人
#

matches=$(grep "$name" $PHONEBOOK | wc -1)

#
# 如果多于一个，发出信息；否则删除该联系人
#

if [ "$matches" -gt 1 ]
then
        echo "More than one match; please qualify further"
elif [ "$matches" -eq 1 ]
then
        grep -v "$name" $PHONEBOOK > /tmp/phonebook
        mv /tmp/phonebook $PHONEBOOK
else
        echo "I couldn't find $name in the phone book"
fi
THE-END-OF-DATA
$
```

最后还得把 rolo 也加入归档文件才算是完成，不过为了节省篇幅，在这里我们就不再展示了。

现在我们就拥有了一个随处可用的 Shell 归档文件 rolosubs，其中包含了所有 3 个程序 lu、add 和 rem 的源代码，可以使用 mail 发给任何人：

```
$ mail tony@aisystems.com < rolosubs         使用邮件发送归档文件
$ mail tony@aisystems.com                    给 tony 发送一封邮件
Tony,
     I mailed you a Shell archive containing the programs
     lu, add, and rem. rolo itself will be sent along shortly.
Pat
Ctrl+d
$
```

当 tony 接收到邮件中的归档文件时，他可以先保存邮件信息，然后针对该文件运行一个 Shell，提取出这 3 个程序（删除邮件头部行之后就是归档文件了）：

```
$ sh rolosubs
Extracting lu
Extracting add
Extracting rem
$ ls lu add rem
add
lu
rem
$
```

下面是一个简单的 Shell 程序 Shar，用于将这个过程通用化。它能够以一种整齐、邮件可用（ready-to-email）的格式生成一个包含所有指定脚本的 Shell 归档文件：

```
$ cat shar
#
# 从一组文件中创建 Shell 归档文件
#

echo "#"
echo "# To restore, type sh archive"
echo "#"

for file
do
   echo
   echo "echo Extracting $file"
   echo "cat >$file <<\THE-END-OF-DATA"
   cat $file
   echo "THE-END-OF-DATA"
done
```

在研究这个 shar 程序的操作过程时，回头再看看 rolosubs 文件的内容，记住：shar 实际上创建的是一个 Shell 程序，而不是一个普通的输出文件。

更复杂的归档程序能够加入整个目录并使用各种技术来确保归档过程中不会出现数据丢失

sum 和 cksum 命令可以为程序生成校验和。在发送端为归档文件中的每个文件生成校验和，然后在接收端验证这些文件的校验和。如果不匹配，则显示出错误信息，用户就会知道有些地方出错了。

12.6　函数

所有的现代 Shell 都支持函数：或长或短的命令序列都可以在 Shell 程序中根据需要被引用或重用。

定义函数的一般格式为：

name () { *command*; ... *command*; }

其中，*name* 是函数名，小括号表示这是一个函数定义，花括号中的命令定义了函数体。这些命令会在函数被调用时执行。

注意，如果函数体和花括号都出现在同一行中，{和第一条命令之间必须至少有一个空白字符，最后一条命令和}之间必须有一个分号。

下面定义了一个名为 nu 的函数，可以显示出登录用户的数量：

nu () { who | wc -l; }

调用函数就像执行普通命令一样，在 Shell 中输入函数名就行了：

```
$ nu
    22
$
```

函数对于 Shell 程序员非常有用，它能够避免开发过程很多乏味的重复输入。函数有一个重要的特性：命令行上出现在函数后的参数会被依次分配给位置参数$1、$2……，就像其他命令一样。

下面是一个称为 nrrun 的函数，该函数能够在指定的文件上运行 tbl、nroff 和 lp：

```
$ nrrun () { tbl $1 | nroff -mm -Tlp | lp; }
$ nrrun memo1                              在 memo1 上运行函数
request id is laser1-33 (standard input)
$
```

函数仅存在于所定义它的 Shell 中，无法传给子 Shell。因为函数是在当前 Shell 中执行，所以对于当前目录或变量做出的修改在函数执行完毕之后依然会保留，就像是使用之前讲过的.命令调用函数一样：

```
$ db () {
>        PATH=$PATH:/uxn2/data
>        PS1=DB:
>        cd /uxn2/data
>        }
$ db                              执行函数
DB:
```

函数定义可以根据需要占据多行。Shell 会通过辅命令行提示符提示继续输入函数体中的命令，直到使用}结束函数定义。

可以将常用函数的定义放进.profile 中，这样无论你什么时候登录，都可以直接使用这些函数。或者是将所有的函数定义都放在一个文件中，如 myfuncs，然后在当前 Shell 中执行该文件：

. myfuncs

你现在应该知道，这会使得当前 Shell 能够使用 myfuncs 中所定义的全部函数。

下面名为 mycd 的函数就利用了函数是运行在当前环境中的这一事实。它模拟了 Korn Shell 中 cd 命令的操作，能够替换当前目录路径中的某些部分（第 14 章中对此有更详细的解释）。

```
$ cat myfuncs                     查看文件内容
#
# 新的 cd 函数：
#     切换到 dir
#     将当前目录路径中的 old 替换成 new
#
mycd ()
{
        if [ $# -le 1 ] ; then
                # 正常情况 -- 0 个或 1 个参数
                cd $1
        elif [ $# -eq 2 ] ; then
                # 特殊情况 -- 将$1 替换成$2
                cd $(echo $PWD | sed "s|$1|$2|")
        else
                # cd 的参数不能超过两个
                echo mycd: bad argument count
                exit 1
        fi
}

$ . myfuncs                       读入函数定义
$ pwd
/users/steve
$ mycd /users/pat                 修改目录
$ pwd                             是否有效？
```

```
/users/pat
$ mycd pat tony                              将 pat 替换成 tony
$ pwd
/users/tony
$
```

函数的执行速度要比相同功能的 Shell 程序快，这是因为 Shell 不需要搜索磁盘来查找程序、打开文件并将文件内容读入内存，只需要跳转到相应的位置，直接执行命令就行了。

函数的另一个优势是能够将相关的 Shell 程序全都放进单个文件中。例如，第 10 章中的 add、lu 和 rem 程序现在可以作为 rolo 程序文件中独立的函数。其模板如下：

```
$ cat rolo
#
# 写成函数形式的 rolo 程序
#

#
# 用于向电话簿中添加联系人的函数
#

add () {
        # 将 add 程序中的命令放到这里
}

#
# 用于在电话簿中查找联系人的函数
#

lu () {
        # 将 lu 程序中的命令放到这里
}

#
# 用于从电话簿中删除联系人的函数
#

rem () {
        # 将 rem 程序中的命令放到这里
}

#
# rolo - 在电话簿中查找、添加、删除联系人
#
#

# 将 rolo 程序中的命令放到这里
$
```

原先的 add、lu、rem 或 rolo 程序中的命令不需要做任何改动。前 3 个程序变成了 rolo 中的函数。成为函数之后，它们就没法再通过单独的命令来访问了。

12.6.1 删除函数

使用带有-f 选项的 unset 命令可以从 Shell 中删除函数。是不是挺眼熟？它和从 Shell 中删除变量的命令是同一个。

```
$ unset -f nu
$ nu
sh: nu: not found
$
```

12.6.2 return 命令

如果你在函数内部使用 exit，不仅会终止函数的执行，而且还会使调用该函数的 Shell 程序退出，返回到命令行。如果你只是想退出函数，可以使用 return 命令，其格式如下：

return *n*

n 作为该函数的返回状态。如果忽略的话，则使用函数中最后执行的那条命令的退出状态，这种情况也适用于函数中没有包含 return 语句的时候。返回状态在其他方面和退出状态一样：你可以使用 Shell 变量$?来访问它，也可以在 if、while 和 until 命令中对其进行测试。

12.7 type 命令

当你输入命令名执行命令时，如果知道这个命令是函数、Shell 内建函数、标准 UNIX 命令或者是 Shell 别名，那么还是有帮助的。这正是 type 命令发挥作用的地方。type 命令接受一个或多个命令名作为参数，可以告诉你这些命令是什么类型。下面是几个例子：

```
$ nu () { who | wc -l; }
$ type pwd
pwd is a Shell builtin
$ type ls
ls is aliased to `/bin/ls -F'
$ type cat
cat is /bin/cat
$ type nu
nu is a function
$
```

第 13 章
再谈 rolo

本章要讲述的是经过大幅度改进的 rolo 程序的最终版，其中加入了额外的选项以及一些更通用的联系人信息（不仅限于人名和电话号码）。我们先从主程序 rolo 本身开始，然后在各节中讨论 rolo 的各个组成部分。最后，给出一些样例输出。

13.1　数据格式化考量

尽管最初可以保存人名和电话号码的 rolo 程序挺方便，但是对于一个实用性更强的程序而言，显然应该能够存储更多的信息。你可能还想保存住址和电子邮件地址。新的 rolo 程序允许联系人信息在电话簿中以多行形式存在。一个典型的联系人信息如下所示：

```
Steve's Ice Cream
444 6th Avenue
New York City 10003
212-555-3021
```

联系人信息可以包含任意多行，以增加程序的灵活性。因此，别的联系人信息也可以是这样：

```
YMCA
(201) 555-2344
```

为了在逻辑上划分电话簿中不同的联系人，其个人信息都被"塞进"（packed into）了一行中，这是通过将行尾的换行符替换成其他字符来实现的。考虑到脱字符^极少会出现在一般用户输入、地址等内容中，因此我们决定使用它作为替换字符。这个决定唯一的影响就是脱字符就不能再作为联系人信息的一部分了。

利用这种方法，电话簿中的第一项的存储形式应该是这样：

```
Steve's Ice Cream^444 6th Avenue^New York City 10003^212-555-3021^
```

第二项是这样：

```
YMCA^(201) 555-2344^
```

采用这种格式之后，处理联系人信息就变得非常方便了，利用问题和解决方法来验证思路对于今后更深入地进行开发大有好处。

13.2   rolo

```
#
# rolo - 在电话簿中查找、添加、删除和修改联系人
#
#

#
# 使 PHONEBOOK 指向电话簿文件的位置并将其导出，
# 以便别的程序能够访问到；如果该变量已经设置，则不做改动
#

: ${PHONEBOOK:=$HOME/phonebook}
export PHONEBOOK
if [ ! -e "$PHONEBOOK" ] ; then
        echo "$PHONEBOOK does not exist!"
        echo "Should I create it for you (y/n)? \c"
        read answer

        if [ "$answer" != y ] ; then
             exit 1
        fi

        > $PHONEBOOK || exit 1        # 如果创建文件失败，则退出
fi


#
# 如果提供参数，则执行查询操作
#

if [ "$#" -ne 0 ] ; then
        lu "$@"
        exit
fi


#
# 设置中断信号（DELETE 键）的处理程序
#
trap "continue" SIGINT
```

```
#
# 持续循环，直到用户选择exit
#

while true
do
        #
        # 显示菜单
        #

        echo '
Would you like to:

        1. Look someone up
        2. Add someone to the phone book
        3. Remove someone from the phone book
        4. Change an entry in the phone book
        5. List all names and numbers in the phone book
        6. Exit this program

Please select one of the above (1-6): \c'

        #
        # 读取并处理用户选择
        #

        read choice
        echo
        case "$choice"
        in
            1) echo "Enter name to look up: \c"
               read name

               if [ -z "$name" ] ; then
                        echo "Lookup ignored"
               else
                        lu "$name"
               fi;;
            2) add;;
            3) echo "Enter name to remove: \c"
               read name
               if [ -z "$name" ] ; then
                        echo "Removal ignored"
               else
                        rem "$name"
               fi;;
            4) echo "Enter name to change: \c"
               read name
               if [ -z "$name" ] ; then
                        echo "Change ignored"
```

```
            else
                    change "$name"
            fi;;
    5) listall;;
    6) exit 0;;
    *) echo "Bad choice\a";;
        esac
    done
```

其中一处改进出现在代码的一开始：现在不再要求用户在自己的主目录必须事先有一个电话簿文件，程序会检查变量 PHONEBOOK 是否已经设置。如果已设置，则认为其中包含的就是电话簿文件的名称；如果没有设置，则将其设为 $HOME/phonebook。

然后程序检查对应的文件是否存在，如果没有，询问用户是否要创建。可以想象，这一改进大大提高了用户的初次使用体验。

该版本的 rolo 还添加了两个新的菜单选项。因为单个联系人的信息可能会很多，编辑选项使得用户能够更新特定的联系人。在这之前，修改联系人的唯一方法就是先全部删除，再从头添加。

另一个菜单选项可以列出电话簿中的全部联系人。如果选择了该选项，只会显示每个联系人的第一行和最后一行（字段）信息。这假定用户习惯把联系人名字放在第一行，把电话号码放在最后一行。

整个菜单选择代码块现在全都放在了 while 循环中，这样 rolo 就会不断地显示菜单，一直到用户选择退出程序。

注意，trap 命令会在进入循环前执行。trap 指定了在用户产生中断信号（SIGINT）时执行 continue 命令。如果用户在操作中途（如列出电话簿中的所有联系人）按下 Ctrl+c，程序会停止当前操作，然后重新显示主菜单。

因为联系人信息可以根据情况占据多行，所以选择添加联系人时的处理方式也要做出相应的改动。这次不再询问联系人名字和电话号码，而是调用 add 程序来提示用户输入信息，决定什么时候数据输入完成。

对于查找、修改和删除选项，检查用户输入的名字，避免出现直接按 Enter 键所产生的空值。空值会导致 grep 命令的第一个参数为空，造成正则表达式出现错误。

现在来看看 rolo 所用到的各个程序，尤其要注意数据格式的变化是如何影响到整体设计的。这些程序都进行了相应的改动以适应新的联系人信息格式，同时也提高了用户友好性。

13.3　add

```
#
# 向电话簿中添加联系人
```

```
#
echo "Type in your new entry"
echo "When you're done, type just a single Enter on the line."

first=
entry=

while true
do
      echo ">> \c"
      read line

      if [ -n "$line" ] ; then
            entry="$entry$line^"

            if [ -z "$first" ] ; then
                  first=$line
            fi
      else
            break
      fi
done

echo "$entry" >> $PHONEBOOK
sort -o $PHONEBOOK $PHONEBOOK
echo
echo "$first has been added to the phone book"
```

add 程序可以向电话簿中添加联系人。它会不停提示用户输入联系人信息，直到用户在某一行中直接按下 Enter 键（也就是说产生一个空行）。输入的每一行都会追加到变量 entry 中，使用特殊字符^作为逻辑分隔字段。

当 while 循环结束时，新的联系人信息就被添加到了电话簿文件的尾部，然后对该文件进行排序。

13.4　lu

```
#
# 在电话簿中查找联系人
#

name="$1"
grep -i "$name" $PHONEBOOK > /tmp/matches$$

if [ ! -s /tmp/matches$$ ] ; then
      echo "I can't find $name in the phone book"
else
```

```
            #
            # 显示每个匹配的联系人信息
            #

            while read line
            do
                    display "$line"
            done < /tmp/matches$$
    fi

    rm /tmp/matches$$
```

lu 程序可以在电话簿中查找联系人。匹配的联系人信息会被写入文件/tmp/
matches$$，因此我们可以提高没有能够找到联系人时的用户体验。

如果输出文件的大小为 0 (test -s)，则表示没有匹配。否则，程序使用循环来从
文件中读取匹配到的每一行并将其显示出来。一个称为 display 的新程序用来将以^分
隔的字段转换成多行输出。在 rem 和 change 程序中也用到了该程序显示联系人信息。

另外要注意的是脚本中 grep 命令的-i 选项。该选项允许进行不区分大小写的匹配
操作，因此 steve 也能够匹配 Steve。了解一些重要的 UNIX 命令的常用选项能够很
轻松地提高脚本的功能和易用性，这就是一个很好的例子。

13.5　display

```
    #
    # 显示电话簿中的联系人信息
    #
    echo


    echo "-----------------------------------"
    entry=$1
    IFS="^"
    set $entry

    for line in "$1" "$2" "$3" "$4" "$5" "$6"
    do
            printf "| %-34.34s |\n" $line
    done
    echo "|        o                  o       |"
    echo "-----------------------------------"
    echo
```

display 程序能够显示出以参数形式传入的联系人信息（字段之间以脱字符分隔）。
为了使输出更美观，程序实际上"画出"了一张名片。典型输出如下：

```
---------------------------------------
| Steve's Ice Cream                   |
| 444 6th Avenue                      |
| New York City 10003                 |
| 212-555-3021                        |
|                                     |
|                                     |
|       o                   o         |
---------------------------------------
```

再观察上面的代码，注意看在跳过一行后，是如何显示名片卡内容的。display 程序将 IFS 修改为^，然后执行 set 命令将每一"行"分配给不同的位置参数。举例来说，如果 entry 中的内容是：

Steve's Ice Cream^444 6th Avenue^New York City 10003^212-555-3021^

执行 set 命令，Steve's Ice Cream 会被分配给$1，444 6th Avenue 被分配给$2，New York City 10003 被分配给$3，212-555-3021 被分配给$4。

利用 set 将各个字段切分出来之后，程序进入 for 循环，不管联系人信息具体有多少行，该循环只输出 6 行。这是为了确保名片卡外观的一致性，如果需要的话，可以很方便地修改程序来"画"出更大的卡片。

如果像刚才那样在 Steve's Ice Cream 上执行 set 命令，$5 和$6 的内容为空，结果就是在卡片内容的底部出现了两个空行。

为了确保输出内容能够左右对齐，使用了 printf 命令将每行输出的宽度限制在 38 个字符：左边起始的|后面是一个空格，然后是$line 中的前 34 个字符，接着是另一个空格和结尾的|。

13.6　rem

```
#
# 从电话簿中删除联系人
#

name=$1

#
# 获取匹配的联系人并将其保存在临时文件中
#

grep -i "$name" $PHONEBOOK > /tmp/matches$$
if [ ! -s /tmp/matches$$ ] ; then
        echo "I can't find $name in the phone book"
```

```
        exit 1
fi


#
# 显示出匹配的联系人信息并确认是否要删除
#

while read line
do
        display "$line"
        echo "Remove this entry (y/n)? \c"
        read answer < /dev/tty

        if [ "$answer" = y ] ; then
                break
        fi
done < /tmp/matches$$

rm /tmp/matches$$

if [ "$answer" = y ] ; then
        if grep -i -v "^$line$" $PHONEBOOK > /tmp/phonebook$$
        then
                mv /tmp/phonebook$$ $PHONEBOOK
                echo "Selected entry has been removed"
        elif [ ! -s $PHONEBOOK ] ; then
                echo "Note: You now have an empty phonebook."
        else
                echo "Entry not removed"
        fi
fi
```

rem 程序会将获取到的所有匹配的联系人信息放入一个临时文件中，然后进行测试：如果文件大小为 0，则表示没有匹配，因此发出错误信息。否则，程序显示出每一个匹配的联系人信息，询问用户是否要删除。

从用户体验上来说，这种处理方式提供了一种保险机制，可以让用户再次确认自己想删除的内容和程序要删除的内容是否一致，即便要删除的只有一项。

用户使用 y 确认删除之后，break 命令使流程跳出循环。在循环外部，程序测试 answer 的值，确定退出循环的方式。如果变量值不是 y，说明用户不想删除该联系（不管是出于什么原因）。否则，程序利用 grep 将所有不匹配指定模式的行全部找出，继续执行用户请求的删除操作。注意，grep 通过将正则表达式锚定到行的起止位置来限制只能匹配完整的行。

还要注意一种边界条件（edge case），也就是在用户删除电话簿中最后一个联系人的时候，脚本能够处理这种情况（测试文件是否存在且大小不为 0）并输出提示信息。这并不是错误，它能够保证 grep -v 产生的错误信息不会被显示出来。

13.7　change

```
#
# 修改电话簿中的联系人信息
#

name=$1

#
# 获取匹配的联系人并将其保存在临时文件中
#

grep -i "$name" $PHONEBOOK > /tmp/matches$$
if [ ! -s /tmp/matches$$ ] ; then
      echo "I can't find $name in the phone book"
      exit 1
fi

#
# 显示出匹配的联系人信息并确认是否要修改
#

while read line
do
      display "$line"
      echo "Change this entry (y/n)? \c"
      read answer < /dev/tty

      if [ "$answer" = y ] ; then
            break
      fi

done < /tmp/matches$$

rm /tmp/matches$$

if [ "$answer" != y ] ; then
      exit
fi

#
# 针对已确定修改的联系人信息启动编辑器
#

echo "$line\c" | tr '^' '\012' > /tmp/ed$$

echo "Enter changes with ${EDITOR:=/bin/vi}"
```

```
trap "" 2                 # 如果编辑过程中按下了 DELETE 键也不中止
$EDITOR /tmp/ed$$

#
# 删除旧信息，插入新的信息
#

grep -i -v "^$line$" $PHONEBOOK > /tmp/phonebook$$
{ tr '\012' '^' < /tmp/ed$$; echo; } >> /tmp/phonebook$$
# 最后的 echo 被放回到 tr 转换后的结尾换行符
sort /tmp/phonebook$$ -o $PHONEBOOK
rm /tmp/ed$$ /tmp/phonebook$$
```

change 程序可以让用户编辑电话簿中的联系人信息。代码的第一部分和 rem 程序一样：查找匹配的联系人，然后提示用户选择要修改的联系人信息。

将选中的联系人信息写入临时文件 /tmp/ed$$，其中的 ^ 字符会被转换成换行符。将多个字段"展开"成独立的行更便于编辑，和 rolo 程序中显示联系人信息的方法一样。程序然后显示出信息：

```
echo "Enter changes with ${EDITOR:=/bin/vi}"
```

这有两个目的：告诉用户要使用什么编辑器，将变量 EDITOR 设置成 /bin/ed vi（如果没有设置的话）。这种方法允许用户使用自己偏好的编辑器，只需要在执行 rolo 之前将编辑器的名字赋给变量 EDITOR 就可以了：

$ **EDITOR=emacs rolo**

如果用户在编辑过程中按下了 DELETE 键，由此产生的信号会被忽略，change 程序也不会被中止。用户可以在编辑器中做出任何需要的修改。完成修改之后，程序会利用 grep 从电话簿文件中删除旧的联系人信息，然后将修改过的信息转换回由 ^ 分隔的多字段形式并将其追加到文件尾部。必须在新的联系人信息后多写入一个换行符，这一点可以很容易地使用不带参数的 echo 实现。

最后，对电话簿文件排序并删除临时文件。

13.8 listall

```
#
# 列出电话簿中所有的联系人信息
#

IFS='^'       # 在 set 命令下使用
echo "----------------------------------------------------"
while read line
```

```
do
    #
    # 获取第一个和最后一个字段（假定是人名和电话号码）
    #

    set $line

    #
    # 显示第一个和最后一个字段(以相反的顺序)
    #
    eval printf "\"%-40.40s %s\\n\"" "\"$1\"" "\"\${$#}\""
done < $PHONEBOOK
echo "---------------------------------------------------"
```

list all 程序会打印出电话簿中所有联系人的第一行和最后一行信息。内部字段
分隔符（IFS）被设为^并用于循环内部。读取电话簿文件中的每一行并将其分配给变量
line。set 命令把各个字段依次分配给对应的位置参数。

难点在于怎么得到第一个和最后一个位置参数的值。前者很容易得到，直接使用$1
引用就行了。要想得到后者，就得发挥第 12 章中介绍过的 eval 的威力了。尤其是这句：

```
eval echo \${$#}
```

能够显示出最后一个位置参数的值。在该程序中，它出现在下列命令中：

```
eval printf "\"%-40.40s %-s\\n\"" "\"$1\"" "\"\${$#}\""
```

举例来说，对该命令求值结果为：

```
printf "%-40.40s %-s\n" "Steve's Ice Cream" "${4}"
```

然后重新扫描命令行，在执行 printf 之前将${4}替换成相应的值。

13.9　样例输出

现在可以来看看全新增强版 rolo 的效果了。我们先从一个空电话簿开始并向其中
添加几个联系人。然后列出所有的联系人信息，查找某个朋友，再修改其联系信息。为
了节省篇幅，我们只在第一次运行 rolo 的时候显示完整的菜单。

```
$ PHONEBOOK=/users/steve/misc/book
$ export PHONEBOOK
$ rolo                                   启动程序
/users/steve/misc/book does not exist!
Should I create it for you (y/n)? y

    Would you like to:
```

```
    1. Look someone up
    2. Add someone to the phone book
    3. Remove someone from the phone book
    4. Change an entry in the phone book
    5. List all names and numbers in the phone
    6. Exit this program

Please select one of the above (1-6): 2

Type in your new entry
When you're done, type just a single Enter on the line.
>> Steve's Ice Cream
>> 444 6th Avenue
>> New York City 10003
>> 212-555-3021
>>

Steve's Ice Cream has been added to the phone book

        Would you like to:
          ...
        Please select one of the above (1-6): 2

Type in your new entry

When you're done, type just a single Enter on the line.
>> YMCA
>> 973-555-2344
>>

YMCA has been added to the phone book
        Would you like to:
          ...
        Please select one of the above (1-6): 2

Type in your new entry
When you're done, type just a single Enter on the line.
>> Maureen Connelly
>> Hayden Book Companu
>> 10 Mulholland Drive
>> Hasbrouck Heights, N.J. 07604
>> 201-555-6000
>>

Maureen Connelly has been added to the phone book

        Would you like to:
          ...
        Please select one of the above (1-6): 2

Type in your new entry
```

When you're done, type just a single Enter on the line.
>> **Teri Zak**
>> **Hayden Book Company**
>> **(see Maureen Connelly for address)**
>> **201-555-6060**
>>

Teri Zak has been added to the phone book

    Would you like to:
      ...
    Please select one of the above (1-6): **5**


```
------------------------------------------------------------
Maureen Connelly                    201-555-6000
Steve's Ice Cream                   212-555-3021
Teri Zak                            201-555-6060
YMCA                                973-555-2344
------------------------------------------------------------
```

    Would you like to:
      ...
    Please select one of the above (1-6): **1**
Enter name to look up: **Maureen**


```
-------------------------------------
| Maureen Connelly                  |
| Hayden Book Companu               |
| 10 Mulholland Drive               |
| Hasbrouck Heights, NJ 07604       |
| 201-555-6000                      |
|       o                 o         |
-------------------------------------
```

```
-------------------------------------
| Teri Zak                          |
| Hayden Book Company               |
| (see Maureen Connelly for address)|
| 201-555-6060                      |
|                                   |
|       o                 o         |
-------------------------------------
```

    Would you like to:
      ...
    Please select one of the above (1-6): **4**

Enter name to change: **Maureen**

```
-------------------------------------
| Maureen Connelly                  |
| Hayden Book Companu               |
| 10 Mulholland Drive               |
| Hasbrouck Heights, NJ 07604       |
| 201-555-6000                      |
|        o                   o      |
-------------------------------------

Change this person (y/n)? y
Enter changes with /bin/ed
101
1,$p
Maureen Connelly
Hayden Book Companu
10 Mulholland Drive
Hasbrouck Heights, NJ 07604
201-555-6000

2s/anu/any                          修改错误拼写
Hayden Book Company
w
101
q
     Would you like to:
        ...
     Please select one of the above (1-6): 6
$
```

　　希望这个复杂的例子能在如何开发大型 Shell 程序以及如何搭配使用系统提供的编程工具方面给你一些启发。

　　除了 Shell 的内建命令，`rolo` 同样离不开 `tr`、`grep`、文本编辑器、`sort`，以及如 `mv` 和 `rm` 这样的标准文件系统命令。

　　允许用户将各种工具组合在一起使用，从中体现出的简洁和优雅证明了 UNIX 系统的流行不是没有道理的。

　　附录 B 给出了 `rolo` 程序相关的下载信息。

　　第 14 章为你介绍了 Shell 的交互特性以及另外两种 Shell，它们身上有一些在 POSIX 标准 Shell 中所不具备的不错特性。

第 14 章
交互式与非标准 Shell 特性

你在本章中将学习到的 Shell 特性，有一些有助于交互式用户，有一些并不属于 POSIX Shell 标准。这些特性可用于 Bash 和 Korn Shell，这两种 Shell 是 UNIX、Linux 和 Mac 系统上最常见的 POSIX 兼容 Shell。

Korn Shell 是 AT&T 贝尔实验室的 Daivd Korn 所编写的，设计目标是"向上兼容" System V Bourne Shell 和 POSIX 标准 Shell。现在广泛可用于所有主要的*nix 平台，如果你能够访问命令行，应该就能使用 ksh。

Bash（Bourne-Again Shell 的简称）是由 Brian Fox 为自由软件基金会（Free Software Foundation）所编写的。它同样兼容于 System V Bourne Shell 和 POSIX 标准 Shell，另外还包含了不少取自 Korn 和 C Shell 的扩展功能。Bash 是 Linux 系统的标准 Shell，在大多数现代 UNIX 和 Mac 系统上，它也已经取代了 Bourne Shell（如果你正在用的是 sh，那么实际上可能使用的是 bash，只不过你不知道而已）。

除了少数小的不同，Bash 和 Korn Shell 都提供了 POSIX 标准 Shell 的所有特性并增添了许多新的功能。为了让你了解这些 Shell 与 POSIX 标准之间的兼容性，本书中出现的所有 Shell 程序均运行在 Bash 和 Korn Shell 下。

对于本章中所讨论的非标准特性，我们都会提醒你，而且最后的表 14.4 列出了不同 Shell 所支持的特性。

14.1　使用正确的 Shell

到目前为止，我们只是把命令放进文件，然后将其作为 Shell 程序运行，并没有真正谈及究竟是哪个 Shell 读取命令并执行程序。在默认情况下，因为 Shhell 程序是由登录 Shell 运行的，所以这还不算什么大问题。

其实所有主要的交互式 Shell 都允许你指定由哪个 Shell（实际上，是由 UNIX 或 Linux 发行版中所包含的数千个程序中的某一个）来执行文件。如果文件中第一行的前两个字符是#!，那么该行余下的部分就指定了该文件的解释器，因此

```
#!/bin/ksh
```

指定了 Korn Shell，而

```
#!/bin/bash
```

则指定了 Bash。如果你使用了某种 Shell 的特定功能或记法，可以利用这个特性来强制
使用该 Shell 运行你的程序，以避免兼容性问题。

因为你可以指定任何你想用的程序，所以以下面语句起始的 Perl 程序

```
#!/usr/bin/perl
```

会强制 Shell 调用/usr/bin/perl 来解释文件中的内容。

但是使用这个特性的时候要留心，因为很多程序（如 Perl）在 UNIX 系统中并没有
一个标准位置。另外，这种用法也并非 POSIX 标准，哪怕是你在所有的现代 Shell 中都
能看到这么写，甚至都已经在很多 UNIX 版本的操作系统层面得以实现。

无论用户使用的是什么登录 Shell，为了确保使用 Bourne Shell，在系统 Shell 程序中
基本上都会使用下面的写法：

```
#!/bin/sh
```

14.2 ENV 文件

当你启动 Shell 时，它要先做的其中一件事就是查找环境变量 ENV。如果找到了
该变量且变量不为空，则执行由 ENV 所指定的文件，这和登录时要执行.profile 很像。
ENV 指定的文件中包含用于设置 Shell 环境的命令。本章中提及的内容都可以放进该文件。

如果你决定编写一个 ENV 文件，那么应该在.profile 中设置并导出 ENV 变量：

```
$ cat .profile
...
export ENV=$HOME/.alias
...
$
```

注意，在上面使用了一种快捷的写法：不需要先给变量赋值，然后调用 export，
为了提高效率，这两步可以放在一行上完成。

对于 Bash 用户，无论是使用带有--posix 选项的 sh 来调用 Bash，还是在 set -o
posix 后调用（这两种方式都是强制兼容 POSIX 标准），ENV 文件都是只读的。默认情
况下，如果启动了非交互式 Bash Shell（如当你运行 Shell 程序时），它会从环境变量
BASH_ENV 所指定的文件中读取命令，如果启动的是交互式 Bash Shell（如在命令行提示
符下输入 bash），则不会这么做。

如果你用的系统比较老，那么还应该在 `.profile` 文件中导出 `SHELL` 变量。

```
$ grep SHELL .profile
SHELL=/bin/ksh ; export SHELL
$
```

有些应用程序（如 `vi`）会在执行 Shell 转义（Shell escape）时使用该变量决定启动哪个 Shell。在这种情况下，可以用这种方法确保每次启动的新 Shell 是你希望使用的 Shell，而非陈旧的 Bourne Shell。

有可能你的登录 Shell 已经把 `SHELL` 设置好了。可以测试一下：

```
$ echo $SHELL
/bin/bash
$
```

另外要注意的是，在前面的例子中我们演示了另一种设置并导出变量的方法，而这次却是在同一行中用分号将两条命令分隔开。为什么不使用一致的写法？因为 UNIX 具有非常大的灵活性，你会发现无论是你碰到的 Shell 程序，还是共事的同事，完成同样任务的方法不止一种。不妨还是习惯这种写法上的差异吧！

14.3 命令行编辑

行编辑模式是 Shell 的特性之一，它模仿了两种流行的全屏编辑器，允许你使用相同的方法编辑命令行。POSIX 标准 Shell 可以模仿 `vi`，Bash 和 Korn Shell 还支持 `emacs` 的行编辑模式。我们在附录 A 的表 A.4 中列出了完整的 `vi` 命令。

如果你用过这两种全屏编辑器中的任何一种，就会发现 Shell 内建的行编辑器在功能上完全再现了 `vi` 和 `emacs`。这是 Shell 最有帮助的特性之一。

使用 `set` 命令配合 `-o mode` 选项可以启用行编辑模式，其中 *mode* 可以是 `vi` 或 `emacs`：

```
$ set -o vi          启用 vi 模式
```

将这一句放入 `.profile` 或 ENV 文件中，使得 Shell 在启动时可以自动开启指定的行编辑模式。

14.4 命令历史

无论你用的是哪种 Shell，它都会保留你之前输入过的所有命令的历史记录。每次你按下 Enter 键执行一条命令，该命令就会被添加到历史记录的末尾。

根据你的设置，命令历史记录甚至可以保存成文件，在另一次登录会话中恢复，这样你就能快速地访问上一次会话期间用过的命令。

在默认情况下，历史记录以文件的形式保存在用户主目录下，文件名为 .sh_history（在 Bash 下是 .bash_history）。你可以将该文件设为任何名字，只要保证和变量 HISTFILE 的内容一样就行了。这个变量可以在 .profile 文件中设置并导出。

Shell 能够保存的命令数量有限，最少能保存 128 条命令，不过大多数现代 Shell 能够保存 500 条甚至更多。每次登录后，Shell 都会自动将历史记录文件截断到这个长度。

你可以通过 HISTSIZE 变量控制历史记录文件的大小。如果默认大小不能满足你的要求，那么可以将 HISTSIZE 变量设成更大的值，如 500 或 1000。赋给 HISTSIZE 的值可以在 .profile 文件中设置及导出：

```
$ grep HISTSIZE .profile
HISTSIZE=500
export HISTSIZE
$
```

不要执迷于庞大的历史记录数量：数量越多，相应历史记录文件占用的磁盘空间也越大，Shell 搜索命令要花费的时间也就越久。

14.5 vi 行编辑模式

开启 vi 行编辑器特性之后，随后输入的所有命令都是在 vi 用户所认为的输入模式下。你甚至可能都没有注意到有什么差别，因为依然还是像在默认的 Shell 输入提示符下那样输入并执行命令：

```
$ set -o vi
$ echo hello
hello
$ pwd
/users/pat
$
```

要想使用行编辑器，你必须按 ESCAPE 或 Esc 键（通常是在键盘左上角）切换到命令模式。进入命令模式后，光标会向左移动一个空格，移到所输入的最后一个字符上。

当前字符就是光标所在的字符，稍后我们会讲到有关当前字符更多的内容。你只能在命令模式下输入 vi 命令，命令输入完成后会立即被解释，不需要按 Enter 键。

在输入长命令的时候，你可能遇到的一个典型问题就是只有把命令全都敲完之后才注意到有错误。少不了的，错误就出现在行首！

在命令行模式下，你可以四处移动光标，修改输入错误，同时也不会扰乱命令行。将光标移动到有错误的地方之后，你可以修改一个或多个字符。然后按下 Enter 键（无论此时光标处于命令行中什么位置），Shell 就会解释当前命令。

在下面的例子中，下划线（_）代表光标。首先会显示一个命令行，然后是一次或多次击键，接着是命令行应用了这些击键后的样子：

之前的命令行　　　击键　　　之后的命令行

首先来看移动光标。很多系统允许你使用箭头键：左箭头键表示左移，右箭头键表示右移。

在更通用的 vi 移动命令中，h 表示向左移动光标，l 表示向右移动光标。可以试着进入命令模式（按 Esc 键），然后按几次 h 键和 l 键。光标应该会在行中来回移动。如果你试图将光标移动出命令行的左右两端，Shell 会发出响声作为提醒。

```
$ mary had a little larb_       Esc    $ mary had a little larb
$ mary had a little larb         h     $ mary had a little larb
$ mary had a little larb         h     $ mary had a little larb
$ mary had a little larb         l     $ mary had a little larb
```

将光标移动到你需要修改的字符上之后，你可以使用 x 命令删除当前字符。

```
$ mary had a little larb         x     $ mary had a little lab
```

注意，删除了 r 之后，b 会向左移动，成为当前字符。

i 或 a 命令可以向命令行中添加字符。i 命令会将字符插入到当前字符之前，a 命令会将字符添加到当前字符之后。这两个命令都会将你带回输入模式，要想再返回命令模式，记得按 Esc 键。

```
$ mary had a little lab         im     $ mary had a little lamb
$ mary had a little lamb         m     $ mary had a little lammb
$ mary had a little lammb       Esc    $ mary had a little lammb
$ mary had a little lammb         x     $ mary had a little lamb
$ mary had a little lamb         a     $ mary had a little lamb_
$ mary had a little lamb-        da     $ mary had a little lambda_
```

如果你认为通过不停地按 h 键和 l 键来移动光标太慢的话，你没想错，h 和 l 命令前可以加上一个数字，指定光标要移动的次数。

```
$ mary had a little lambda_      Esc    $ mary had a little lambda
$ mary had a little lambda       10h    $ mary had a little lambda
$ mary had a little lambda       13h    $ mary had a little lambda
$ mary had a little lambda       5x     $ had a little lambda
```

可以看到，x 命令前面也可以加上数字来指定删除多少个字符。

你可以输入 $ 命令轻松地移动到行尾：

```
$ had a little lambda            $      $ had a little lambda
```

要想移动到行首，可以使用 0（数字 0）命令：

```
$ had a little lambda            0      $ had a little lambda
```

有两个挺有用的移动命令是 w 和 b。w 命令可以将光标向前（右侧方向）移动到下一个单词的开头，单词是由字母、数字和下划线组成的字符串，单词之间使用空白字符或标点符号分隔。b 命令可以将光标向后移动到上一个单词的开头。这两个命令前面也可以加上一个数字，指定向前或向后移动的单词数。

```
$ had a little lambda          w       $ had a little lambda
$ had a little lambda          2w      $ had a little lambda
$ had a little lambda          3b      $ had a little lambda
```

你可以随时按下 Enter 键来执行当前命令行。

```
$ had a little lambda                  按 Enter 键
ksh: had: not found
$ _
```

执行完命令之后，你会返回到输入模式。

访问历史记录中的命令

我们到目前已经学会了如何编辑当前命令行。不过关于 vi 模式，可不止如此，你还可以使用 vi 命令 k 和 j 来检索历史记录中的命令。k 命令可以将终端中的当前命令行替换成输入过的上一条命令并将光标置于命令行首部。假设你输入过如下命令：

```
$ pwd
/users/pat
$ cd /tmp
$ echo this is a test
this is a test
$ _
```

现在进入命令模式（Esc 键），使用 k 访问命令历史记录中的上一条命令：

```
$ _                            Esc k      $ echo this is a test
```

每使用一次 k 命令，当前命令行就会被历史记录中的上一条命令所替换，在 HISTSIZE 所限定的范围内，你可以回到之前的任何一条命令。

```
$ echo this is a test          k       $ cd /tmp
$ cd /tmp                      k       $ pwd
```

只需要按下 Enter 键，就可以执行当前显示的命令。

```
$ pwd                                  按 Enter 键
/tmp
$ _
```

j 命令的作用和 k 命令相反，它可以用来显示历史记录中下一条最近的命令。换句话说，k 是在时间点上向后移动，j 是在时间点上向前移动。多试几次，你立刻就知道是怎么回事了。

/命令可以在命令历史记录中搜索包含指定字符串的命令。如果/后面跟上一个字符串，Shell 会在历史记录中向后搜索包含该字符串的最近一条命令，然后将找到的命令显示出来。

如果历史记录中没有命令包含指定的字符串，Shell 会发出响声来表明错误。如果输入了 /，当前命令行会被 / 替换。

```
/tmp
$ _                                    Esc /test   /test_
```

按下 Enter 键后，开始搜索：

```
/test_                                 Enter     $ echo this is a test
```

要想执行搜索到的结果，还得再按一次 Enter 键。

```
$ echo this is a test                          再次按 Enter 键
this is a test
$ _
```

如果找到的命令不是你想要的，可以输入 / 继续搜索，这时候不需要再输入模式，直接按 Enter 键就行了。Shell 会很聪明地使用刚才执行的搜索命令中的字符串，从上次匹配的位置继续向后搜索。

如果在历史记录中找到了命令（使用 k、j 或 /），可以使用我们已经讲过的其他 vi 命令进行编辑。值得一提的是，对命令行所作出的修改并不会改变历史记录中对应的命令。你编辑的只是该命令的副本，当按下 Enter 键时，它会作为最近的命令进入历史记录中。

表 14.1 总结了基本的 vi 行编辑命令。

表 14.1　基本的 vi 行编辑命令

命令	含义
h	向左移动一个字符
l	向右移动一个字符
b	向左移动一个单词
w	向右移动一个单词
0	移动到行首
$	移动到行尾
x	删除光标所在的字符
dw	删除光标所在的单词
rc	将光标所在的字符修改成 c
a	进入输入模式并在当前字符之后输入文本
i	进入输入模式并在当前字符之前插入文本
k	获得历史记录中上一条命令
j	获得历史记录中下一条命令
/string	搜索历史记录中包含 string 的最近一条命令；如果没有指定 string，则使用先前的搜索内容

命令看起来似乎挺多的，不过别太焦虑了：j 和 k 可以在命令历史记录中上下移动，h 和 l 可以在命令行中左右移动，i 可以插入文本，Enter 键用于执行命令，这就是在 vi 模式下编辑命令行所需要知道的所有命令了。

14.6　emacs 行编辑模式

如果你并非 vi 的爱好者，更偏爱 emacs（一款在开源开发者社区中更受欢迎的编辑器），那该怎么办？Shell 同样为你提供了一种行编辑模式。启用 emacs 行编辑器之后，你也不会察觉有什么不同，你还是像之前一样输入并执行命令：

```
$ set -o emacs
$ echo hello
hello
$ pwd
/users/pat
$
```

这次你需要输入 emacs 命令来使用 emacs 行编辑器。emacs 命令要么是控制字符（按下 Ctrl 键时输入的字符）加上其他字符，要么是 Esc 键配合其他字符。你可以随时输入 emacs 命令，因为这不像 vi 行编辑器那样还有不同的"模式"（mode）存在。注意，emacs 命令之后不需要按 Enter 键。

（完整的 emacs 命令列表可参考 Bash 或 Korn Shell 的文档。）

首先，学习如何在命令行中移动光标。Ctrl+b 可以向后（左边）移动光标，Ctrl+f 可以向前（右边）移动光标。在输入命令的时候试着按几次 Ctrl+b 和 Ctrl+f，光标应该会在命令行中来回移动。如果你试图将光标移出命令行的两端，Shell 会忽略你的命令。

```
$ mary had a little larb_        Ctrl+b      $ mary had a little larb
$ mary had a little larb         Ctrl+b      $ mary had a little larb
$ mary had a little larb         Ctrl+b      $ mary had a little larb
$ mary had a little larb         Ctrl+f      $ mary had a little larb
```

把光标置于你要修改的字符上之后，可以使用 Ctrl+d 命令删除当前字符。

```
$ mary had a little larb         Ctrl+d      $ mary had a little lab
```

注意，删除了 r 之后，b 会向左移动，成为当前字符。

要想向命令行中添加字符，直接输入就行了。字符会被插入到当前字符之前。

```
$ mary had a little lab          m           $ mary had a little lamb
$ mary had a little lamb         m           $ mary had a little lammb
$ mary had a little lammb        Ctrl+h      $ mary had a little lamb
```

使用退格键或 Ctrl+h 删除字符的时候总是删除光标左边的字符。

Ctrl+a 和 Ctrl+e 命令可以分别将光标移动到行首和行尾。

```
$ mary had a little lamb          Ctrl+a      $ mary had a little lamb
$ mary had a little lamb          Ctrl+e      $ mary had a little lamb_
```

注意，Ctrl+e 命令会将光标置于该行最后一个字符的右侧（如果你没有处于 emacs 模式，光标会一直位于行尾，也就是你所输入的最后一个字符再靠右的那个位置）。

这样很方便，因为当处于行尾的时候，你所输入的任何内容都会被追加到现有内容之后。

```
$ mary had a little lamb_      da          $ mary had a little lambda_
```

另外两个有用的光标移动命令是 Esc f 和 Esc b。Esc f 命令会将光标向前（右侧方向）移动到当前单词的末尾。Esc b 命令会将光标向后移动到上一个单词的开头。注意，在输入这两个命令的时候，你要先按下 Esc 键，然后松开，接着按下命令所对应的键（f、b 等）。

```
$ mary had a little lambda_    Esc b      $ mary had a little lambda
$ mary had a little lambda     Esc b      $ mary had a little lambda
$ mary had a little lambda     Esc b      $ mary had a little lambda
$ mary had a little lambda     Esc f      $ mary had a_little lambda
$ mary had a_little lambda     Esc f      $ mary had a little_lambda
```

你可以随时按下 Enter 键，执行当前的命令行。

```
$ mary had a little_lambda                按下 Enter 键，执行命令
ksh: mary: not found
$ _
```

访问历史记录中的命令

你已经知道了怎么编辑当前命令行，不过 Shell 保留了最近输入命令的历史记录，使用 emacs 的 Ctrl+p 和 Ctrl+n 命令可以访问历史记录中的这些命令。Ctrl+p 可以使用输入过的上一条命令来替换终端中的当前行并将光标置于行尾。Ctrl+n 的作用类似，只不过使用的是历史记录中的下一条命令。

假设你输入了如下一些命令：

```
$ pwd
/users/pat
$ cd /tmp
$ echo this is a test
this is a test
$ _
```

现在使用 Ctrl+p 来访问这些命令：

```
$ _                           Ctrl+p      $ echo this is a test_
```

每次使用 Ctrl+p，当前行都会被命令历史中的上一条命令所替换。

```
$ echo this is a test_          Ctrl+p          $ cd /tmp_
$ cd /tmp_                       Ctrl+p          $ pwd_
```

按 Enter 键来执行当前显示的命令：

```
$ pwd_                           按 Enter 键
/tmp
$ _
```

Ctrl+r 命令可以在命令历史中搜索包含指定字符串的命令。按下 Ctrl+r 之后，跟着输入搜索模式，接着按 Enter 键。Shell 就会在命令历史中搜索包含该字符串的最近的那条命令。如果找到，则显示该命令；如果没有，Shell 会发出响声提示。

按下 Ctrl+r 时，Shell 会使用提示符^R 来替换当前行：

```
$ _                              Ctrl+r test      $ ^Rtest_
```

按下 Enter 键后开始搜索。

```
$ ^Rtest_                        Enter            $ echo this is a test_
```

再按一次 Enter 键执行搜索到的命令。

```
$ echo this is a test_          再按一次 Enter 键
this is a test
$ _
```

要想继续在命令历史中搜索，不停地按 Ctrl+r 和 Enter 键就行了。

Bash 处理 Ctrl+r 的方式有点不同。当你按下 Ctrl+r 时，Bash 会将当前行替换成 (reverse-i-search)`'：

```
$ _                              Ctrl+r           (reverse-i-search)`'：_
```

其中的-1 内容会随着你的输入更新，其余的部分会变成所匹配到的命令：

```
(reverse-i-search)`'：_             c (reverse-i-search)`c'：echo this is a
                                                            test
(reverse-i-search)`c'：echo this is a test d (reverse-i-search)`cd'：cd /
tmp
```

注意，Bash 会将光标放在匹配到的那部分命令上，以示强调。和 Korn Shell 一样，按下 Enter 键就可以执行命令。

当在历史记录中找到命令时（通过 Ctrl+p、Ctrl+n 或 Ctrl+r），还可以使用之前讲过的那些 emacs 命令对其进行编辑。和 vi 编辑模式一样，你修改的并非历史记录中的命令，而是该命令的副本，等你按下 Enter 键之后，编辑过的命令会进入到历史记录中。

表 14.2 总结了基本的 emacs 行编辑命令。

表 14.2 基本的 emacs 行编辑命令

命令	含义
Ctrl+b	向左移动一个字符
Ctrl+f	向右移动一个字符
Esc f	向前移动一个单词
Esc b	向后移动一个单词
Ctrl+a	移动到行首
Ctrl+e	移动到行尾
Ctrl+d	删除当前字符
Esc d	删除当前单词
erase char	（由用户定义的擦除字符，通常是#或 Ctrl+h），删除上一个字符
Ctrl+p	从历史记录中获得上一条命令
Ctrl+n	从历史记录中获得下一条命令
Ctrl+r *string*	搜索历史记录，查找包含 *string* 的最近一条命令

14.7 访问历史记录的其他方法

如果你觉得 vi 或 emacs 的行编辑模式不适合你的话，还有其他一些方法也可以用来访问命令历史。

14.7.1 history 命令

访问命令历史记录最简单的方法就是使用 history 命令：

```
$ history
507   cd Shell
508   cd ch15
509   vi int
510   ps
511   echo $HISTSIZE
512   cat $ENV
513   cp int int.sv
514   history
515   exit
516   cd Shell
517   cd ch16
518   vi all
519   run -n5 all
```

```
520   ps
521   lpr all.out
522   history
```

左侧的数字是命令编号（编号为 1 的命令是历史记录中最靠前的命令，或者说是最早的命令）。

要留心的是，Korn 和 Bash Shell 中的 history 命令不一样：Korn Shell 会将最近的 16 条命令写到标准输出中，而 Bash 会列出所有的历史记录，不管是 500 行还是 1000 行。

如果你用的是 Bash，但不想被这么多的命令记录所"淹没"，可以将想看到的命令数作为参数：

```
$ history 10
  513   cp int int.sv
  514   history
  515   exit
  516   cd Shell
  517   cd ch16
  518   vi all
  519   run -n5 all
  520   ps
  521   lpr all.out
  522   history 10
$
```

14.7.2　fc 命令

fc 命令可以为历史记录中的若干条命令启动一个编辑器或将历史命令列表写入终端中。在后一种形式中，可以使用-l 选项来指定命令列表，这和 history 差不多，无非就是灵活性更大（你可以指定要显示的命令范围）。例如，下列命令：

```
fc -l 510 515
```

会将编号在 510～515 之间的命令写入到标准输出，而命令：

```
fc -n -l -20
```

会将最近的 20 条命令写入到标准输出，在输出命令时忽略命令编号（-n）。

假设你刚执行了一条挺长的命令，然后觉得把这条命令改成名为 runx 的脚本程序应该不错。你可以使用 fc 从历史记录中把这条命令挑出来，然后利用 I/O 重定向将其写入文件中：

```
fc -n -l -1 > runx
```

命令中先是字母l，然后是用数字-1 获得最近执行的那条命令。附录 A 中详细描述了 fc 命令。

14.7.3 r 命令

Korn Shell 中有一个简单的命令可以让你用更少的击键次数重新执行上一条命令。输入 r 命令，Korn Shell 就会重新执行刚才的命令：

```
$ date
Thu Oct 24 14:24:48 EST 2002
$ r                               重新执行上一条命令
date
Thu Oct 24 14:25:13 EST 2002
$
```

只要输入 r 命令，Korn Shell 就会重新显示上一条命令，然后立即执行。

如果你给 r 一个命令名作为参数，Korn Shell 会从历史记录中找出最近一条以指定模式开头的命令重新执行：

```
$ cat docs/planA
...
$ pwd
/users/steve
$ r cat                          运行上一条 cat 命令
cat docs/planA
$
```

Korn Shell 再次显示历史记录中的这条命令并自动重新执行。

r 命令的最后一种形式允许你将命令中第一次出现的某个字符串替换成另一个。要在 planB，而非 planA 上重新执行上一条 cat 命令，可以输入：

```
$ r cat planA=planB
cat docs/planB
...
$
```

或者这种更简单的形式也行：

```
$ r cat A=B
cat docs/planB
...
$
```

Bash 也有类似的快捷历史命令。!*string* 可以搜索历史记录，!! 可以重新执行上一条命令：

```
$ !!
cat docs/planB
...
$ !d
date
Thu Oct 24 14:39:40 EST 2002
$
```

！和 `string` 之间没有空格。

`fc` 命令可以利用 `-s` 选项实现与其他 POSIX 兼容 Shell 相同的功能（在 Korn Shell 中，`r` 命令其实就是 `fc` 命令的别名，本章随后我们会详述）：

```
$ fc -s cat
cat docs/planB
...
$ fc -s B=C
cat docs/planC
...
$
```

14.8   函数

Bash 和 Korn Shell 都有一些 POSIX 标准 Shell 所不具备的函数特性，让我们来看看。

14.8.1   局部变量

Bash 和 Korn Shell 函数都可以拥有局部变量，这使得编写递归函数成为可能。局部变量使用 `typeset` 命令定义：

```
typeset i j
```

如果已经存在同名变量，该同名变量的值在执行 `typeset` 时会被保存，当函数退出时恢复。

用过一段时间的 Shell 之后，你可能有了一些自己编写的函数，希望在交互式工作会话中使用。ENV 文件是一个定义函数不错的地方，这样不管什么时候启动了新 Shell，都可以直接使用这些函数。

14.8.2   自动载入函数

Korn Shell 允许设置一个特殊变量 FPATH，它类似于 PATH 变量。如果你试图执行一个尚未定义的函数，Korn Shell 会在 FPATH 所保存的一系列以冒号分隔的目录中搜索匹配该函数名的文件。如果找到，便会在当前 Shell 中执行该文件，期望其中定义了指定的函数。

14.9   整数算术

Bash 和 Korn Shell 都支持在不使用算术扩展的情况下求值算术表达式。其语法类似于 `$((...))`，不过不需要使用`$`。因为不会执行扩展，所以这种写法本身可以作为命令使用：

```
$ x=10
$ ((x = x * 12))
$ echo $x
120
$
```

它的真正价值在于可以将算术表达式用于 `if`、`while` 和 `until` 命令中。如果比较结果为假，比较运算符会将退出状态码设为非 0；如果结果为真，退出状态码为 0。因此，下面的写法：

```
(( i == 100 ))
```

会测试 `i` 是否等于 100 并设置相应的退出状态码。这非常适合用在 `if` 条件中：

```
if (( i == 100 ))
then
      ...
fi
```

如果 `i` 等于 100，`(( i == 100 ))` 返回为 0 的退出状态码（真），否则返回为 1 的退出状态码（假），其效果和下列语句一样：

```
if [ "$i" -eq 100 ]
then
      ...
fi
```

相较于 `test` 的另一个优势在于前者在测试的同时还可以执行算术运算：

```
if (( i / 10 != 0 ))
then
      ...
fi
```

如果 `i` 除以 10 不等于 0，则返回真。

`while` 循环也可以从这种写法中获益。例如：

```
x=0
while ((x++ < 100))
do
      commands
done
```

会执行 100 次 *commands*。

14.9.1　整数类型

Korn 和 Bash Shell 都支持整数类型。你可以使用带有 `-i` 选项的 `typeset` 声明整数类型的变量：

```
typeset -i variables
```

其中，*variables* 可以是任何合法的 Shell 变量名。在声明的同时可以初始化变量：

```
typeset -i signal=1
```

这样做的主要好处在于：相较非整数值，((...)) 对整数执行算术运算的速度要更快。

但是只能将整数值或整数表达式赋给整数类型的变量。如果你试图为其分配非整数值，Shell 会输出 bad number：

```
$ typeset -i i
$ i=hello
ksh: i: bad number
```

Bash 会直接忽略不包含数字值的字符串，对于包含数字和其他字符的字符串，会产生错误信息：

```
$ typeset -i i
$ i=hello
$ echo $i
0
$ i=1hello
bash: 1hello: value too great for base (error token is "1hello")
$ i=10+15
$ echo $i
25
$
```

从上面的例子也可以看出，整数值表达式可以分配给整数类型变量，甚至都不需要使用((...))。这一点对于 Korn 和 Bash Shell 都适用。

14.9.2　不同基数的数字

Korn 和 Bash 也允许你对不同基数的值进行算术运算。要想在 Shell 中使用其他基数的值，可以这样写：

```
base#number
```

例如，要想表示基数为 8（八进制）的值 100，必须写成：

```
8#100
```

在允许出现整数值的地方，都可以使用其他进制。例如，可以将八进制数 100 赋给整数类型变量 i：

```
typeset -i i=8#100
```

注意，在 Korn Shell 中，赋给整数类型变量的第一个值的基数决定了该变量后续使用的默认基数。换句话说，如果赋给整数类型变量 i 的第一个值是八进制，那么之后每次引用 i 的时候，Korn Shell 都会使用 8#*value* 的记法，按照八进制数来显示该变量的值。

```
$ typeset -i i=8#100
$ echo $i
8#100
$ i=50
$ echo $i
8#62
$ (( i = 16#a5 + 16#120 ))
$ echo $i
8#705
$
```

因为赋给 i 的第一个值是八进制数（8#100），所以之后对于 i 的所有引用都会使用八进制。接下来，十进制数 50 被分配给 i，然后在显示 i 的值时，我们看到的形式是 8#62，这是十进制数 50 所对应的八进制。

这里有一个细微之处：尽管 i 的值被设置成按照八进制显示，但是分配给该变量的值的默认基数仍旧是十进制，除非另行指定。换句话说，i=50 并不等同于 i=8#50，即便是 Shell 知道在引用 i 的时候要使用八进制。

在上面的例子中，((...)) 用来将两个十六进制数 a5 和 120 相加。然后将结果以八进制形式显示出来。我们承认，这种做法很是晦涩难懂，在日常的 Shell 编程或交互式应用中不大可能碰到。

Bash 对任何基数的值都可以使用 *base#number* 的语法，对八进制和十六进制值可以使用 C 语言的语法（八进制数前面加上数字 0，十六进制数前面加上 0x）：

```
$ typeset -i i=0100
$ echo $i
64
$ i=0x80
$ echo $i
128
$ i=2#1101001
$ echo $i
105
$ (( i = 16#a5 + 16#120 ))
$ echo $i
453
$
```

和 Korn Shell 不同，Bash 并不保持变量的基数，整数类型变量就按照十进制形式显示。你总是可以使用 printf 打印出八进制或十六进制格式的整数。

如你所见，Bash 和 Korn Shell 可以轻松地处理不同的基数，这使得我们能够编写一些执行数制转换及非十进制算术的函数。

14.10 alias 命令

别名是 Shell 提供的一种可以用于自定义命令的快捷记法。Shell 保存了一个别名列表，在命令输入之后，会在执行其他替换操作之前首先搜索该列表。如果命令行的第一个单词是别名，将该别名替换成对应的文本。

可以使用 alias 命令定义别名。其格式如下：

alias *name=string*

其中，*name* 是别名的名称，*string* 是任意的字符串。例如：

alias ll='ls -l'

将 ll 作为 ls -l 的别名。如果现在用户输入 ll 命令，Shell 会悄悄地将其替换为 ls -l。更妙的是，你还可以在别名之后输入参数：

ll *.c

在完成别名替换之后，该命令会变成：

ls -l *.c

在别名设置及使用的时候，Shell 会执行正常的命令行处理，比较棘手的地方是引用。举例来说，我们知道 Shell 在变量 PWD 中保存了当前工作目录：

```
$ cd /users/steve/letters
$ echo $PWD
/users/steve/letters
$
```

你可以创建一个叫做 dir 的别名，该别名通过 PWD 变量以及参数替换，可以给出当前工作目录的基本名称（base name）：

alias dir="echo ${PWD##*/}"

这种写法看起来很合理，不过还是瞧瞧实际效果吧。

```
$ alias dir="echo ${PWD##*/}"          定义别名
$ pwd                                  当前位置
/users/steve
$ dir                                  应用别名
steve
$ cd letters                           更改目录
$ dir                                  再次应用别名
steve
$ cd /usr/spool                        再次更改目录
```

```
$ dir
steve
$
```

无论当前目录是什么，别名 dir 总是输出 steve。这是因为当我们定义别名 dir 的时候，没有仔细处理好引用。回想一下，Shell 会在双引号中执行参数替换，问题就在于 Shell 是在定义别名的时候对

```
${PWD##*/}
```

进行求值的。这意味着在别名 dir 的定义实际上相当于我们输入了：

```
$ alias dir="echo steve"
```

这要是能正常工作才怪呢！解决方法是定义的时候使用单引号而不是双引号，将参数替换推迟到应用别名的时候：

```
$ alias dir='echo ${PWD##*/}'        定义别名
$ pwd                                当前位置
/users/steve
$ dir                                应用别名
steve
$ cd letters                         更改目录
$ dir                                再次应用别名
letters
$ cd /usr/spool                      再次更改目录
$ dir
spool
$
```

如果别名以空格结束，则会对其之后的单词执行别名替换。例如：

```
alias nohup="/bin/nohup "
nohup ll
```

在使用/bin/nohup 替换了别名 nohup 之后，Shell 还会检查字符串 ll，查看有没有对应的别名。

把命令引用起来或是将其放在反斜线之后可以避免进行别名替换。例如：

```
$ 'll'
ksh: ll: command not found
$
```

下列写法：

```
alias name
```

会列出别名 name 对应的值，不带参数的 alias 命令会列出所有的别名。

当 Korn Shell 启动时，会自动定义下列别名：

```
autoload='typeset -fu'
functions='typeset -f'
history='fc -l'
integer='typeset -i'
local=typeset
nohup='nohup '
r='fc -e -'
suspend='kill -STOP $$'
```

从以上输出中可以看到：r 实际上是带有-e 选项的 fc 命令的别名，history 是
fc -l 的别名。相比之下，Bash 默认并不会自动定义别名。

删除别名

unalias 命令可以删除别名。其格式为：

unalias *name*

该命令会删除别名 *name*。而下列命令：

unalias -a

会删除所有的别名。

如果你定义了一些别名，并希望在登录会话期间使用，那么可以将其定义在 ENV 文
件中，这样就能够一直使用了，这些别名定义不会进入子 Shell。

14.11   数组

Korn 和 Bash Shell 均提供了有限的数组功能。Bash 数组对于数组元素的个数没有限
制（仅受限于内存容量），而 Korn Shell 将数组元素个数限制在 4096 个。在这两种 Shell
中，数组元素都是以 0 作为起始。

数组元素可以通过下标访问，下标是一个值为整数的表达式，两侧由中括号包围。
你并不需要声明 Shell 数组的大小，直接给元素赋值就行了。给元素赋值和给普通变量赋
值没什么两样：

```
$ arr[0]=hello
$ arr[1]="some text"
$ arr[2]=/users/steve/memos
$
```

要想从数组中检索某个元素，首先要写出数组名，然后是一个起始中括号（open
bracket），接着是元素下标以及另一个闭合中括号（close bracket）。之前所有这些内容必须
再放入一对花括号中，然后在花括号前面加上美元符号。听起来很复杂？其实很简单的：

```
$ echo ${array[0]}
hello
$ echo ${array[1]}
some text
$ echo ${array[2]}
/users/steve/memos
$ echo $array
hello
$
```

可以看到，如果不指定下标，则使用下标为 0 的那个元素。

如果在执行替换的时候忘了写花括号，也许产生的结果未必是你想要的：

```
$ echo $array[1]
hello[1]
$
```

array 的值被替换成对应的值（hello——也就是 array[0] 的值），然后连同 [1] 被 echo 命令显示出来（注意，因为 Shell 会在变量替换之后执行文件名替换，所以 Shell 会尝试针对当前目录下的所有文件匹配模式 hello[1]）。

[*] 可以作为下标，用来在命令行中生成数组的所有元素，元素之间用空格分隔。

```
$ echo ${array[*]}
hello some text /users/steve/memos
$
```

${#array[*]} 可以用来获得 array 中的元素个数。

```
$ echo ${#array[*]}
3
$
```

这个数字是数组元素的个数，并非保存元素的最大下标数。

```
$ array[10]=foo
$ echo ${array[*]}                  显示所有元素
hello some text /users/steve/memos foo
$ echo ${#array[*]}                 元素个数
4
$
```

包含非连续值的数组称为稀疏数组，以前你可能听过这个术语。

你可以使用 typeset -i 指定数组名来声明一个整数数组：

```
typeset -i data
```

可以使用 ((...)) 对数组元素执行整数运算：

```
$ typeset -i array
$ array[0]=100
```

```
$ array[1]=50
$ (( array[2] = array[0] + array[1] ))
$ echo ${array[2]}
150
$ i=1
$ echo ${array[i]}
50
$ array[3]=array[0]+array[2]
$ echo ${array[3]}
250
$
```

注意，在双括号中引用数组元素时不仅可以省略美元符号和花括号，而且，如果声明的是整数数组的话，就算不在双括号中也可以省略。另外，下标表达式中的变量前面不需要使用美元符号。

下面名为 reverse 的程序会从标准输入中读取行，然后将其以相反的顺序再写回标准输出：

```
$ cat reverse
# 将行读入到数组 buf 中

typeset -i line=0
while (( line < 4096 )) && read buf[line]
do
    ((line = line + 1 ))
done

# 以相反的顺序打印行

while (( line > 0 )) do
    (( line = line - 1 ))
    echo "${buf[line]}"
done

$ reverse
line one
line two
line three
Ctrl+d
line three
line two
line one
$
```

第一个 while 循环会在碰到文件末尾或读入了 4096 行（4096 是 Korn Shell 对于数组大小的限制）时结束。

另一个例子：下面定义的函数 cdh 会更改当前目录，但同时使用了一个数组保存之前的目录历史。它允许用户列出目录历史记录并退回到记录中的任意目录中：

```
$ cat cdh
CDHIST[0]=$PWD                          # 初始化 CDHIST[0]

cdh ()
{
        typeset -i cdlen i
        if [ $# -eq 0 ] ; then          # 如果没有指定参数的话，默认使用 HOME
          set -- $HOME
        fi

        cdlen=${#CDHIST[*]}             # 获得 CDHIST 中的元素个数

        case "$@" in
        -l)                             # 打印目录列表
                i=0
                while ((i < cdlen))
                do
                        printf "%3d %s\n" $i ${CDHIST[i]}
                        ((i = i + 1))
                done
                return ;;
        -[0-9]|-[0-9][0-9])             # 更改到列表中的目录
                i=${1#-}                # 删除起始的 '-'
                cd ${CDHIST[i]} ;;
        *)                              # 更改到新目录
                cd $@ ;;
        esac

        CDHIST[cdlen]=$PWD
}
$
```

CDHIST 数组中保存了 cdh 访问过的每个目录，使用运行 cdh 时的当前目录来初始化第一个元素 CDHIST[0]：

```
$ pwd
/users/pat
$ . cdh                      定义 cdh 函数
$ cdh /tmp
$ cdh -l
  0 /users/pat
  1 /tmp
$
```

第一次运行 cdh 文件会将/users/pat 赋给 CDHIST[0]，然后定义 cdh 函数。当执行 cdh /tmp 时，cdlen 中保存了数组 CDHIST 的元素个数（1 个），CDHIST[1]被视为/tmp。cdh -l 使用 printf 显示出 CDHIST 中的所有元素（在本次调用中，cdlen 的值为 2，因为 CDHIST 的前两个元素中都包含有数据）。

注意，如果没有使用参数，函数开头的 if 语句会将$1 设为$HOME。来试试看：

```
$ cdh
$ pwd
/users/pat
$ cdh -l
  0 /users/pat
  1 /tmp
  2 /users/pat
$
```

没问题，不过现在/users/pat 在历史列表中出现了两次。本章最后的练习之一就是要求你解决这个问题。

cdh 最有用的特性就是-n 选项，该选项可以将当前目录修改成历史列表中所指定的目录：

```
$ cdh /usr/spool/uucppublic
$ cdh -l
  0 /users/pat
  1 /tmp
  2 /users/pat
  3 /usr/spool/uucppublic
$ cdh -1
$ pwd
/tmp
$ cdh -3
$ pwd
/usr/spool/uucppublic
$
```

cdh 可以取代标准的 cd 命令，因为在执行命令时会先搜索别名，然后才是内建命令。如果我们为 cdh 创建一个别名 cd，那就得到了一个加强版的 cd。

但要想实现这一效果的话，必须在 cdh 函数中将每一处 cd 命令引用起来，避免出现不必要的递归：

```
$ cat cdh
CDHIST[0]=$PWD                          # 初始化 CDHIST[0]
alias cd=cdh

cdh ()
{
        typeset -i cdlen i
        if [ $# -eq 0 ] ; then          # 如果没有指定参数的话，默认使用 HOME
          set -- $HOME
        fi

        cdlen=${#CDHIST[*]}             # 获得 CDHIST 中的元素个数

        case "$@" in
```

```
          -1)                           # 打印出目录历史列表
                    i=0
                    while ((i < cdlen))
                    do
                            printf "%3d %s\n" $i ${CDHIST[i]}
                            ((i = i + 1))
                    done
                    return ;;
          -[0-9]|-[0-9][0-9])                # 切换到目录历史列表中的目录
                    i=${1#-}                  # 删除起始的-
                    'cd' ${CDHIST[i]} ;;
          *)                                  # 切换到新目录
                    'cd' $@ ;;
          esac

          CDHIST[cdlen]=$PWD
}
$ . cdh                          定义 cdh 函数以及 cd 别名
$ cd /tmp
$ cd -l
  0 /users/pat
  1 /tmp
$ cd /usr/spool
$ cd -l
  0 /users/pat
  1 /tmp
  2 /usr/spool
$
```

表 14.3 总结了 Korn Shell 和 Bash 中各种数组写法。

表 14.3　数组写法

写法	含义
${array[i]}	替换为元素 i 的值
$array	替换为数组第一个元素的值（array[0]）
${array[*]}	替换为所有数组元素的值
${#array[*]}	替换为元素个数
array[i]=val	将 val 保存到 array[i]

14.12　作业控制

Shell 提供了能够在命令行中直接控制作业的功能。作业可以是 Shell 中任意的命令或命令序列。例如：

```
who | wc
```

当命令在后台启动时（利用&），Shell 会在中括号（[ ]）中打印出作业编号及进程 ID：

```
$ who | wc &
[1]      832
$
```

作业结束时，Shell 会打印出信息：

```
[n] + Done        sequence
```

其中，n 是已完成作业的编号，sequence 是用于创建作业的命令序列。

在最简单的用法中，jobs 命令可以打印出尚未完成的作业状态。

```
$ jobs
[3] + Running       make ksh &
[2] - Running       monitor &
[1]   Running       pic chapt2 | troff > aps.out &
```

作业编号后面的+和-分别标出了当前作业及上一个作业。当前作业是最近送入后台的作业，上一个作业是倒数第二个送入后台的作业。作为一种便捷的写法，不少内建命令都能够将作业编号、当前作业或上一个作业当做参数。

举例来说，Shell 的内建命令 kill 可以用来终止后台作业。该命令能够接收的参数包括进程 ID，或者是以百分号（%）开头的作业编号、+（当前作业）、-（上一个作业）、另一个 %（也指当前作业）。

```
$ pic chapt1 | troff > aps.out &
[1]      886
$ jobs
[1] + Running             pic chapt1 | troff > aps.out &
$ kill %1
[1]    Done               pic chapt1 | troff > aps.out &
$
```

上面的 kill 命令使用了 %+ 或 %% 来引用同一个作业。

命令序列的前几个字符也可以用来引用作业。例如，kill %pic 的效果和上面的例子一样。

停止作业以及 fg 和 bg 命令

如果你想挂起在前台运行的作业（没有使用&），可以按下 Ctrl+z 键。该作业会停止执行，然后 Shell 打印出如下信息：

```
[n] + Stopped (SIGTSTP)            sequence
```

停止的作业就成为了当前作业。要想继续执行该作业，可以使用 fg 或 bg 命令：fg 命令会在前台恢复执行当前作业，bg 命令会在后台恢复执行当前作业。

你也可以为 `fg` 或 `bg` 命令指定作业编号、管道的前几个字符、+、-或`%%`。作为提醒，这些命令都会打印出带回前台或置入后台的命令序列。

```
$ troff memo | photo
Ctrl+z
[1] + Stopped (SIGTSTP)        troff memo | photo
$ bg
[1]        troff memo | photo &
$
```

上面是最常用到的作业控制命令序列之一：停止正在运行的前台作业并将其置入后台。如果后台作业试图从终端读取信息，该作业会被停止并显示出如下信息：

```
[n]  -  Stopped (SIGTTIN)      sequence
```

然后可以使用 `fg` 命令把它带到前台读取所需的数据。得到数据之后，可以再次停止该作业（使用 Ctrl+z）并将其置入后台继续执行。

后台作业的输出通常会直接进入终端，如果这时你正好在忙别的工作，结果就混乱了。有一个命令可以解决这个问题：

```
stty tostop
```

该命令会停止所有试图向终端写入的后台作业并输出如下信息（Bash 生成的信息略微不同，不过作用是一样的）：

```
[n] - Stopped (SIGTTOU)    sequence
```

下面展示了作业控制的用法：

```
$ stty tostop
$ rundb                              启动数据库程序
??? find green red                   查找颜色为 green 和 red 的物品
Ctrl+z                               查找过程得花点时间
[1] + Stopped rundb
$ bg                                 将其置入后台
[1]        rundb &
...                                  做其他工作
$ jobs
[1] + Stopped(tty output)        rundb &
$ fg                                 带回前台
rundb
1973 Ford      Mustang        red
1975 Chevy     Monte Carlo    green
1976 Ford      Granada        green
1980 Buick     Century        green
1983 Chevy     Cavalier       red
??? find blue                        查找颜色为 blue 的物品
Ctrl+z                               再次停止
[1] + Stopped        rundb
$ bg                                 放入后台
[1]       rundb &
...                                  在查找到之前继续别的工作
```

14.13　其他特性

在我们结束本章之前，还有一些小话题。

cd 命令看起来挺直截了当的，但它还有几个鲜为人知的技巧。例如，作为一种简写方式，参数 "-" 表示 "上一个目录"：

```
$ pwd
/usr/src/cmd
$ cd /usr/spool/uucp
$ pwd
/usr/spool/uucp
$ cd -                          切换到上一个目录
/usr/src/cmd                    cd命令打印出新目录名
$ cd -
/usr/spool/uucp
$
```

如你所见，"cd -" 可以毫不费力地在两个目录之间切换。

Korn Shell 的 cd 命令可以替换当前目录路径中的一部分（Bash 和 POSIX 标准 Shell 都不支持该特性）。

其格式为：

```
cd old new
```

cd 命令会尝试将当前目录路径中第一次出现的字符串 old 替换成字符串 new。

```
$ pwd
/usr/spool/uucppublic/pat
$ cd pat steve                  将 pat 更改成 steve，然后切换目录
/usr/spool/uucppublic/steve     cd命令打印出新目录名
$ pwd                           验证当前位置
/usr/spool/uucppublic/steve
$
```

如果命令行中有单词是以波浪符~起始，Shell 会执行以下替换操作：如果波浪符是单词中唯一的字符或者紧挨着波浪符的是斜线/，会使用 HOME 变量的值来替换。

```
$ echo ~
/users/pat
$ qrep Korn ~/Shell/chapter9/ksh
The Korn Shell is a new Shell developed
by David Korn at AT&T
```

```
for the Bourne Shell would also run under the Korn
the one on System V, the Korn Shell provides you with
idea of the compatibility of the Korn Shell with Bourne's,
the Bourne and Korn Shells.
The main features added to the Korn Shell are:
$
```

如果从波浪符往后，一直到斜线的剩余单词是/etc/passwd 中的用户登录名，那么波浪符和用户登录名会被该用户的 HOME 目录所替换。

```
$ echo ~steve
/users/steve
$ echo ~pat
/users/pat
$ qrep Korn -pat/Shell/chapter9/ksh
The Korn Shell is a new Shell developed
by David Korn at AT&T
for the Bourne Shell would also run under the Korn
the one on System V, the Korn Shell provides you with
idea of the compatibility of the Korn Shell with Bourne's,
the Bourne and Korn Shells.
The main features added to the Korn Shell are:
$
```

在 Korn 和 Bash Shell 中，如果~后面是+或-，那么会分别使用变量 PWD 或 OLDPWD 的值来替换。PWD 和 OLDPWD 由 cd 所设置，其中保存的是当前目录和上一个目录的完整路径。POSIX 标准 Shell 不支持~+和~-。

```
$ pwd
/usr/spool/uucppublic/steve
$ cd
$ pwd
/users/pat
$ echo ~+
/users/pat
$ echo ~-
/usr/spool/uucppublic/steve
$
```

除了上述替换，Shell 还会检查冒号:之后的波浪符并执行波浪符替换（这正是为什么你可以在 PATH 中写入像~/bin 这样的内容，结果照样正常的原因）。

14.13.3　搜索次序

有必要弄清楚在命令行中输入命令名后 Shell 所采用的搜索次序。

1. Shell 首先检查命令是否为保留字（如 for 或 do）。

2. 如果不是保留字，也没有被引用，Shell 接着检查别名列表，如果在其中找到匹配的别名，就执行替换操作。如果别名定义是以空格结尾，Shell 还会尝试对下一个单词执行别名替换。针对替换后的最终结果，再次检查保留字列表，如果不是保留字，继续进行第 3 步。

3. 针对命令名检查函数列表，如果找到的话，执行其中的同名函数。

4. 检查是否为内建命令（如 cd 和 pwd）。

5. 最后，搜索 PATH 来定位命令。

6. 如果还没有找到，输出错误信息 command not found。

14.14　兼容性总结

表 14.4 总结了 POSIX 标准 Shell、Korn Shell 及 Bash 对于本章所讲的这些特性的兼容性。在表中，X 表示支持该特性；UP 表示在 POSIX Shell 中是可选特性（在 POSIX Shell 规范中称这种特性为"用户可移植性"特性）；POS 表示 Bash 支持该特性，但仅在使用 sh 或--posix 命令行选项调用的时候，或者在执行了 set -o posix 之后。

表 14.4　POSIX Shell、Korn Shell 及 Bash 的兼容性

	POSIX Shell	Korn Shell	Bash
ENV 文件	X	X	POS
vi 行编辑模式	X	X	X
emacs 行编辑模式		X	X
fc 命令	X	X	X
r 命令			X
!!			
!string			X
函数	X	X	X
局部变量		X	X
通过 FPATH 自动载入		X	
使用((...))的整数表达式		X	X
整数类型		X	X
不同基数的整数		X	X
0xhexnumber（十六进制数）、0octalnumber（八进制数）			X
别名	UP	X	X
数组		X	X
作业控制	UP	X	X
cd -	X	X	X
cd old new		X	
~username、 ~/	X	X	X
~+、 ~-		X	X

附录 A
Shell 总结

该附录根据 IEEE Std 1003.1-2001 总结了标准 POSIX Shell 的主要特性。

A.1 启动

Shell 可以在命令行上使用和 set 命令一样的选项。除此之外，还可以指定下列选项：

```
-c commands          执行 commands
-i                   使用交互式 Shell。忽略信号 2、3 和 15
-s                   从标准输入中读取命令
```

A.2 命令

可以在 Shell 中输入的命令的一般格式为：

command arguments

其中，*command* 是要执行的程序名，*arguments* 是程序的参数。程序名和参数之间使用空白字符分隔，通常是空格、制表符和换行符（可以通过 IFS 变量修改）。

同一行上可以输入多条命令，命令之间使用分号;分隔就可以了。

执行的每条命令都会返回一个叫做退出状态码的数字，其中 0 表示成功执行，非 0 表示故障。

管道符号|用于将一个命令的标准输出连接到另一个命令的标准输入，例如：

```
who | wc -l
```

其退出状态码是管道中最后一个命令的退出状态码。在管道前面放上一个!会将管道中最后一个命令结果的逻辑反作为管道的退出状态码。

如果命令序列是以&作为结尾，它会在后台以异步方式运行。Shell 会在终端中显示其进程 ID 和作业编号并提示输入下一条交互式命令。

如果命令行最后一个字符是反斜线\，那么可以在下一行中继续输入命令。

&&仅在其之前的命令返回为 0 的退出状态码时才执行之后的命令。||仅在其之前的命令返回非 0 的退出状态码时才执行之后的命令。例如：

```
who | grep "fred" > /dev/null && echo "fred's logged on"
```

仅当 grep 返回为 0 的退出状态码时才执行 echo。

A.3　注释

如果行中出现了字符#，Shell 会将行中剩余的部分视为注释并将其忽略，不再进行解释、替换和执行。

A.4　参数与变量[①]

有 3 种不同类型的参数（parameter）：Shell 变量、特殊参数及位置参数。

A.4.1　Shell 变量

Shell 变量名必须以字母或下划线_开头，随后可以是任意的字母、数字或下划线。可以在命令行上给 Shell 变量赋值：

```
variable=value variable=value ...
```

Shell 不会在 *value* 上执行文件名替换操作。

A.4.2　位置参数

当 Shell 程序执行时，程序名被赋给变量$0，命令行上输入的参数分别被赋给$1、$2……。可以使用 set 命令为位置参数赋值。位置参数 1～9 可以直接引用，大于 9 的位置参数必须放在花括号中，如${10}。

A.4.3　特殊参数

表 A.1 中总结了特殊的 Shell 参数。

[①] 这里将参数（parameter）和变量（variable）进行了区分，两者的区别在于（下列内容引自 Bash Reference Manual）："A parameter is an entity that stores values. It can be a name, a number, or one of the special characters listed below. A variable is a parameter denoted by a name"（https://www.gnu.org/software/bash/manual/bashref.html#Shell-Parameters）。——译者注

表 A.1　特殊的参数变量

参数	含义
$#	传递给程序的参数数量或者由 set 语句设置的参数数量
$*	引用所有的位置参数$1、$2……
$@	和$*一样，除了出现在双引号中的时候（"$@"）是以"$1"、"$2"……的形式来引用所有的位置参数
$0	所执行的程序名
$$	所执行程序的进程 ID
$!	送入后台执行的最近一个程序的进程 ID
$?	最近执行的非后台命令的退出状态码
$-	生效的当前选项标志（详见 set 语句）

除了这些参数，Shell 还用到了其他一些变量。表 A.2 中总结了一些较重要的变量。

表 A.2　Shell 使用的其他变量

变量	含义
CDPATH	在执行 cd 时，如果没有指定完整的路径作为参数，则搜索该变量中保存的目录
ENV	当以交互方式启动的时候，Shell 会在当前环境下所执行的文件名
FCEDIT	fc 使用的编辑器。如果没有设置，则使用 ed
HISTFILE	如果设置，则指定了用于保存命令历史的文件。如果没有设置或者文件不可写，就使用$HOME/.sh_history
HISTSIZE	如果设置，则指定了可保存的先前输入过的命令数量。默认值至少为 128
HOME	用户的主目录；如果使用 cd 时没有指定参数，则切换到该目录中
IFS	内部字段分隔符。在下列情况下，Shell 用其分隔单词：解析命令行，处理 read 和 set 命令，替换反引号命令的输出以及执行参数替换。IFS 中通常包含 3 个字符：空格、水平制表符和换行符
LINENO	Shell 将该变量设置为正在执行中的脚本语句的行号。这个值在某条语句执行前就会设置好，起始值是 1
MAIL	该变量中保存的是一个文件名，Shell 会定期检查是否有新邮件到来。如果收到新邮件，Shell 会显示信息"You have mail"。另外可以参见 MAILCHECK 和 MAILPATH
MAILCHECK	指定 Shell 多久检查一次 MAIL 所指定的文件或 MAILPATH 中所列出的多个文件中是否有新邮件（以秒为单位）。默认值是 600。如果设置为 0，Shell 会在每次显示命令行提示符之前检查新邮件
MAILPATH	用于检查是否有新邮件的文件列表。文件之间以冒号分隔，每个文件后面可以跟上一个百分号%和一条信息，当有邮件到达指定的文件时会显示该信息（通常都是默认的 You have mail）
PATH	由冒号分隔的目录列表，Shell 会在其中查找待执行的命令。当前目录可以指定为::或:.:（如果当前目录是在列表的头部或尾部，使用:就够了）
PPID	调用该 Shell 的程序的进程 ID（也就是父进程）

续表

变量	含义
PS1	主命令行提示符，通常是 "$ "
PS2	辅命令行提示符，通常是 "> "
PS4	跟踪模式下（Shell 的-x 选项或者 set -x）使用的提示符。默认是 "+ "
PWD	当前工作目录的路径

A.4.4　参数替换

在最简单的情况下，可以通过在参数前面加上美元符号$来访问参数的值。表 A.3 总结了可以执行的不同类型的参数替换。参数替换是由 Shell 在文件名替换以及切分命令行参数之前处理的。

表 A.3 中 *parameter* 后的冒号表明会测试 *parameter* 是否设置且不为空。不使用冒号的话，只测试 *parameter* 是否设置。

表 A.3　参数替换

参数	含义
$*parameter* 或${*parameter*}	替换为 *parameter* 的值
${*parameter*:-*value*}	如果 *parameter* 已设置且不为空，替换为它的值；否则，替换为 *value*
${*parameter*-*value*}	如果 *parameter* 已设置，替换为它的值；否则，替换为 *value*
${*parameter*:=*value*}	如果 *parameter* 已设置且不为空，替换为它的值；否则，替换为 *value* 并将其赋给 *parameter*
${*parameter*=*value*}	如果 *parameter* 已设置，替换为它的值；否则，替换为 *value* 并将其赋给 *parameter*
${*parameter*:?*value*}	如果 *parameter* 已设置且不为空，替换为它的值；否则，将 *value* 写入标准错误并退出。如果忽略 *value*，则向标准错误写入 *parameter*: parameter null or not set
${*parameter*?*value*}	如果 *parameter* 已设置，替换为它的值；否则，将 *value* 写入标准错误并退出。如果忽略 *value*，则向标准错误写入 *parameter*: parameter null or not set
${*parameter*:+*value*}	如果 *parameter* 已设置且不为空，替换为 *value*；否则，替换为空
${*parameter*+*value*}	如果 *parameter* 已设置，替换为 *value*；否则，替换为空
${#*parameter*}	替换为 *parameter* 的长度。如果 *parameter* 是*或@，结果不定
${*parameter*#*pattern*}	从 *parameter* 的左边开始删除 *pattern* 的最短匹配，余下内容作为参数替换的结果。*pattern* 中可以使用 Shell 文件名替换字符（*、?、[...]、!和@）
${*parameter*##*pattern*}	和#*pattern* 一样，除了删除的是 *pattern* 的最长匹配
${*parameter*%*pattern*}	和#*pattern* 一样，除了是从 *parameter* 的右边开始删除
${*parameter*%%*pattern*}	和##*pattern* 一样，除了是从 *parameter* 右边删除 *pattern* 的最长匹配

A.5 命令重新输入

Shell 保存了最近输入的命令列表。命令的数量是由 HISTSIZE 变量决定的（默认通常是 128），保存命令历史列表的文件是由 HISTFILE 变量决定的（默认是 $HOME/.sh_history）。因为命令历史被保存在了文件中，所以这些命令在不同的登录会话期间都可以使用。

有 3 种访问命令历史的方法。

A.5.1 fc 命令

内建的 fc 命令可以在命令历史记录中的一条或多条命令上运行一个编辑器。当命令被编辑并保存，该命令会在退出编辑器后执行。编辑器是由变量 FCEDIT 变量决定的（默认是 ed）。fc 的 -e 选项可以用来指定其他编辑器。

-s 选项可以在执行命令的时候不调用编辑器。fc -s 自身具备简单的编辑功能，下列形式的参数：

old=new

可以将命令中第一次出现的字符串 *old* 修改成字符串 *new*，然后重新执行该命令。

A.5.2 vi 的行编辑模式

Shell 有一个 vi 兼容的编辑模式。当启用 vi 模式后，你便处于和 vi 的输入模式一样的状态中。你可以按 Esc 键进入编辑模式，在该模式中，Shell 会解释大部分的 vi 命令。可以对当前命令行以及命令历史中的任意命令行进行编辑。在输入模式或编辑模式中，随时按下 Enter 键都会执行当前所编辑的命令。

表 A.4 列出了 vi 模式下所有的编辑命令。注意，[*count*]是一个整数，可以忽略。

表 A.4 vi 编辑命令

输入模式命令	
命令	含义
erase	（擦除字符，通常是 Ctrl+h 或#）；删除上一个字符
Ctrl+w	删除上一个由空白字符分隔的单词
kill	（行删除字符，通常是 Ctrl+u 或@）；删除整个当前行
eof	（文件结尾字符，通常是 Ctrl+d）；如果当前行为空，终止 Shell
Ctrl+v	引用下一个字符；如果在编辑字符以及 erase 和 kill 字符前面加上 Ctrl+v，这些字符也可以出现在命令行或搜索字符串中

续表

命令	含义
Enter	执行当前行
ESC	进入编辑模式
编辑模式命令	
[*count*]k	获得命令历史中上一条命令
[*count*]-	获得命令历史中上一条命令
[*count*]j	获得命令历史中下一条命令
[*count*]+	获得命令历史中下一条命令
[*count*]G	获得命令历史中编号为 *count* 的命令；默认是最早的那条命令
/*string*	在命令历史中搜索包含 *string* 的最近一条命令；如果没有指定 *string*，就使用之前用过的搜索字符串（*string* 使用 Enter 或 Ctrl+j 作为结束）；如果 *string* 以^作为起始，则搜索开头是 *string* 的命令行
?*string*	和/一样，除了搜索的是最早的命令
n	重复上一条/或?命令
N	重复上一条/或?命令，但是从相反的方向搜索
[*count*]l 或者 [*count*]*space*	光标向右移动一个字符
[*count*]w	光标向右移动一个单词（字母、数字形式）
[*count*]W	光标向右移动到下一个由空白字符分隔的单词
[*count*]e	光标移动到单词末尾
[*count*]E	光标移动到当前以空白字符分隔的单词的末尾
[*count*]h	光标向左移动一个字符
[*count*]b	光标向左移动一个单词
[*count*]B	光标向左移动到上一个由空白字符分隔的单词
0	光标移动到行首
^	光标移动到第一个非空白字符
$	光标移动到行尾
[*count*]|	光标移动到第 *count* 列；默认是第 1 列
[*count*]f*c*	光标向右移动到字符 *c*
[*count*]F*c*	光标向左移动到字符 *c*
[*count*]t*c*	其效果和先后执行 f*c* 和 h 一样
[*count*]T*c*	其效果和先后执行 F*c* 和 l 一样
;	重复最近的 f、F、t 或 T 命令
,	重复最早的 f、F、t 或 T 命令
a	进入输入模式，在当前字符之后输入文本
A	在行尾追加文本；效果等同于$a

续表

命令	含义
[count]c motion	从当前字符一直删除到由 motion 所指定的字符，然后进入输入模式；如果 motion 是 c，则删除整行
C	从当前字符一直删除到行尾，然后进入输入模式
S	其效果和 cc 一样
[count]d motion	从当前字符一直删除到由 motion 所指定的字符；如果 motion 是 d，则删除整行
D	从当前字符一直删除到行尾；同 d$
i	进入输入模式，在当前字符之前插入文本
I	进入输入模式，在本行第一个单词之前插入文本
[count]p	把上一次修改的文本放在光标之前
[count]P	把上一次修改的文本放在光标之后
[count]y motion	从当前字符一直复制到由 motion 所指定的字符并将这些字符放入 p 或 P 所使用的缓冲区中。如果 motion 是 y，则复制整行
Y	从当前字符一直复制到行尾；效果等同于 y$
R	进入输入模式并覆盖行中的字符
[count]rc	将当前字符替换成 c
[count]x	删除当前字符
[count]X	删除前一个字符
[count].	重复上一条文本修改命令
~	转换当前字符的大小写并向前移动光标
[count]_	将上一条命令中的 count 个单词追加到光标当前位置之后并进入输入模式；默认使用最后一个单词
=	列出以当前单词起始的文件
\	补全当前单词的路径；如果当前单词是目录，追加上一个 /；如果当前单词是文件，追加一个空格
u	撤销最近一次文本修改命令
U	将当前行恢复原状
@letter	软功能键（soft function key），如果定义了 _letter 的别名，执行其值
[count]v	在第 count 行上运行 vi 编辑器；如果忽略 count，则使用当前行
Ctrl+l	换行并打印出当前行
L	再打印当前行
Ctrl+j	执行当前行
Ctrl+m	执行当前行
Enter	执行当前行
#	在行首插入 # 并将该行记入命令历史记录（其效果等同于 I#Enter）

A.6　引用

Shell 能够识别 4 种不同类型的引用机制，见表 A.5。

表 A.5　引用机制总结

引用	描述
`'...'`	去除引号中所有字符的特殊含义
`"..."`	去除引号中$、'和\之外其他字符的特殊含义
`\c`	去除字符 *c* 的特殊含义；在双引号中能够去除\之后的$、'、"、换行符和\的特殊含义，除此之外不做解释；如果是一行最后一个字符（删除换行符），可用作续行
`` `command` `` 或者 `$(command)`	执行 *command* 并将标准输出结果插入到该引用的当前位置上

A.7　波浪符替换

Shell 会检查命令行中的每一个单词及变量是否以未引用的~开头。如果是这样，将单词或变量中其余直到/的部分视为登录名，并在系统文件/etc/passwd 中查找该用户。如果存在，使用其主目录替换~以及登录名。如果不存在，则不做任何修改。单独的~或/之后的~会被 HOME 变量所替换。

A.8　算术表达式

一般格式：`$((expression))`

Shell 会对整数算术表达式 *expression* 求值。*Expression* 中可以包含常量、Shell 变量（不需要使用美元符号）及操作符。按照优先级由高往低的次序，这些操作符如下：

`-`	减号
`~`	按位取反
`!`	逻辑反
`* / %`	乘、除、求余
`+ -`	加、减
`<< >>`	左移、右移
`<= >= < >`	比较

续表

== !=	等于、不等于
&	按位与
^	按位异或
|	按位或
&&	逻辑与
||	逻辑或
$expr_1$? $expr_2$: $expr_3$	条件运算符
= *= /= %=	
+= <<= >>=	赋值
&= ^= |=	

括号可以用来改变操作符优先级。

如果最后一个表达式结果非 0，则退出状态码为 0（真）；如果最后一个表达式结果为 0，则退出状态码为 1（假）。

C 语言中的操作符 sizeof、++和--也许在你的 Shell 实现中可用，但标准对此未进行要求。可以输入 sizeof 看看有什么结果。

示例：

```
y=$((22 * 33))
z=$((y * y / (y - 1)))
```

A.9 文件名替换

在命令行执行过参数替换和命令替换之后，Shell 会查找特殊字符*、?和[。如果它们没有被引用，Shell 会搜索当前目录或其他目录（如果这些符号前有/），将其替换成匹配的所有文件名。如果没有发现匹配，就不对这些字符进行任何改动。

注意，以.开头的文件必须明确地进行匹配（也就是说，echo *并不会显示出隐藏文件，而 echo .*就可以）。

表 A.6 总结了文件名替换字符。

表 A.6 文件名替换字符

字符	含义
?	匹配任意单个字符
*	匹配零个或多个字符
[chars]	匹配 chars 中的任意单个字符；C_1-C_2 这种格式可以匹配范围在 C_1~C_2 之间（包括 C_1 和 C_2）的任意单个字符（例如，[A-Z]能够匹配任意单个大写字母）
[!chars]	匹配不在 chars 中的任意单个字符；也可以像上面那样指定字符范围

A.10　I/O 重定向

在扫描命令行时，Shell 会查找特殊的重定向字符<和>。如果找到，会对其进行处理并从命令行中删除（包括与之联系的参数）。表 A.7 总结了 Shell 支持的各种类型的 I/O 重定向。

表 A.7　I/O 重定向

写法	含义
`< file`	将标准输入重定向到 `file`
`>file`	将标准输出重定向到 `file`。如果 `file` 不存在，则创建；如果存在，将已有内容全部清空
`>| file`	将标准输出重定向到 `file`。如果 `file` 不存在，则创建；如果存在，将已有内容全部清空。忽略 `set` 命令的 `noclobber`（`-C`）选项
`>>file`	和`>`类似，只不过如果 `file` 已经存在的话，会将输出追加到该文件尾部
`<< word`	将标准输入重定向到随后的行中，直到出现某一行只包含 `word`。Shell 会在这些行中执行参数替换、执行反引用命令并解释反斜线字符。如果 `word` 中的任何字符被引用，不再执行上述处理过程，所有行原封不动传入。如果 `word` 前面有一个`-`，所有行中的前导制表符都会被删除
`<& digit`	将标准输入重定向到与文件描述符 `digit` 相关联的文件
`>& digit`	将标准输出重定向到与文件描述符 `digit` 相关联的文件
`<&-`	关闭标准输入
`>&-`	关闭标准输出
`<> file`	打开 `file` 进行读取和写入

注意，`file` 上不会执行文件名替换。表 A.7 中第一列中列出的写法都可以出现在文件描述符之前，其效果和作用在文件描述符所对应的文件上一样。

文件描述符 0、1、2 分别对应的是标准输入、标准输出和标准错误。

A.11　导出变量与子 Shell 执行

除 Shell 内建命令之外的其他命令通常都是在一个全新的 Shell 实例中执行的，我们称其为子 Shell。子 Shell 无法改变父 Shell 中变量的值，它只能访问从父 Shell 中导出（隐式或显式）的变量。如果子 Shell 修改了这些变量的值并希望自己的子 Shell 能够知晓，它必须在启动子 Shell 之前明确地将变量导出。

当子 Shell 执行完毕时，它所创建的变量便无法再被访问了。

A.11.1 (...)

小括号中可以放入一条或多条命令，这些命令会在子 Shell 中执行。

A.11.2 { ...; }

如果在花括号中放入一条或多条命令，那么这些命令会在当前 Shell 中执行。

有了 (...) 和 { ...; } 这两种写法，I/O 重定向和管道可以作用在括号中的一组命令上，在末尾加上 &，就能够把这组命令置入后台执行。例如：

```
(prog1; prog2; prog3) 2>errors &
```

将列出的 3 个程序放入后台执行，它们的标准错误也被重定向到文件 errors。

A.11.3 再谈 Shell 变量

可以通过在命令行上将赋值语句放在命令名之前的方式将 Shell 变量添加到该命令的环境中，例如：

```
PHONEBOOK=$HOME/misc/phone rolo
```

在这里，变量 PHONEBOOK 被赋以指定的值，然后添加到 rolo 的环境中。当前 Shell 的环境保持不变，其效果等同于：

```
(PHONEBOOK=$HOME/misc/phone; export PHONE BOOK; rolo)
```

A.12 函数

函数的格式如下：

name () compound-command

其中，*compound-command* 是一组放在 (...) 或 {...} 中的命令，也可以是 for、case、until 或 while 命令。在大多数情况下，函数定义都是采用下列形式：

name () { command; command; ...command; }

其中，*name* 是定义在当前 Shell 中的函数名（函数不能被导出）。函数定义可以有多行。return 命令可以在不终止 Shell 的情况下终止函数的执行。

例如：

```
nf () { ls | wc -l; }
```

定义了名为 nf 的函数，该函数可以统计出当前目录下的文件数量。

A.13　作业控制

A.13.1　Shell 作业

在后台运行的每一个命令序列都会被分配一个从 1 开始的作业编号。可以使用作业 id 来引用某个作业，作业 id 的形式有多种，可以是%跟上作业编号、%+、%-、%%、%跟上管道的前几个字符或%?*string*。

kill、fg、bg 和 wait 这些内建命令都可以使用作业 id 作为参数。特殊写法%+和%-分别引用的是当前作业和上一个作业；%%也可以引用当前作业。当前作业是最近被置入后台的作业或正运行在前台的作业。%*string* 引用的是名字以 *string* 起始的作业，而%?*string* 引用的是名字中包含 *string* 的作业。jobs 命令可以列出当前运行的作业的状态。

如果启用了 set 命令的 monitor 选项，Shell 会在每个作业结束时打印出一条信息。在你退出 Shell 的时候，如果仍有作业未完成，会有信息提醒你。如果你再次尝试，Shell 才会退出。交互式 Shell 在默认情况下会启用 monitor 选项。

A.13.2　停止作业

如果 Shell 所在的系统具备作业控制能力，而且也启用了 set 命令的 monitor 选项，那么就可以将运行在前台的作业置入后台，反之亦然。通常，Ctrl+z 会停止当前作业，bg 命令可以将已停止的作业置入后台。fg 命令可以将后台作业或已停止的作业带回前台。

只要后台作业试图从终端中读取，就会立刻被停止，直到将其带回前台。后台作业的输出通常会进入终端。如果执行了 stty tostop，就会禁止后台作业的输出，凡是向终端写入的作业都会被停止，直到将其带回前台。当 Shell 退出时，所有停止的作业都会被完全终止。

A.14　命令总结

本节总结了 Shell 的内建命令。实际上，其中有些命令（如 echo 和 test）可能并没有内建于 Shell，或是有两个版本：一个是精简的内建版，另一个是作为独立程序出现的复杂版。无论怎样，这些功能都必须由 POSIX 兼容系统作为实用工具来提供。它们内建在 Bash 和 Korn Shell 中，可以在几乎所有的 Shell 脚本中使用。

A.14.1 ：命令

一般格式：：

这实际上是一个空命令。它通常用来满足必须有命令出现的要求。

示例：

```
if who | grep jack > /dev/null ; then
        :
else
        echo "jack's not logged in"
fi
```

:命令会返回为 0 的退出状态码。

A.14.2 .命令

一般格式：. *file*

● 命令会使得 Shell 读取并执行指定的文件，就好像将文件中的命令直接输入一样。注意，*file* 并不一定非得是可执行的，只要可读就行了。另外，Shell 使用 PATH 变量来查找 *file*。

示例：

```
. progdefs                    执行 progdefs 中的命令
```

以上命令会使得 Shell 在 PATH 列出的目录里查找 progdefs。找到该文件后，读取并执行文件中的命令。

注意，因为 *file* 并不是在子 Shell 中执行的，当 *file* 中的命令执行完毕之后，其中所设置及/或修改的变量依然有效。

A.14.3 alias 命令

一般格式：alias *name=string* [*name=string* ...]

alias 命令会将 *string* 分配给别名 *name*。当 *name* 用作命令时，Shell 会将其替换成 *string*，然后执行命令行替换。

示例：

```
alias ll='ls -l'
alias dir='basename $(pwd)'
```

如果别名以空格结尾，随后的单词也会被检查，查看是否为别名。

下列格式：

```
alias name
```

会打印出 *name* 的别名。

不使用参数的 alias 会列出所有的别名。

alias 返回为 0 的退出状态码，除非给出的 *name*（在形如 alias *name* 中）没有定义别名。

A.14.4 bg 命令

一般格式：bg *job_id*

如果启用了作业控制，由 job_id 标识的作业会被置入后台。如果没有给出参数，则会将最近挂起的作业置入后台。

示例：

```
bg %2
```

A.14.5 break 命令

一般格式：break

break 命令会立即终止最内的 for、while 或 until 循环。程序接着从循环之后的命令继续执行。

如果使用格式：

```
break n
```

内部第 *n* 层的循环自动被终止。

A.14.6 case 命令

一般格式：

```
case value in
     pat₁) command
          command
          ...
          command;;
     pat₂) command
          command
          ...
          command;;
          ...
     patₙ) command
          command
          ...
          command;;
esac
```

value 会连续地和 *pat₁*、*pat₂*...*patₙ* 比较，直至找到匹配项。出现在匹配项之后、双分号（;;）之前的命令会立刻被执行。然后，case 命令结束。

如果没有 *value* 的匹配项，case 中的命令一条都不执行。模式*可以匹配任何内容，通常出现在 case 中的最后一个模式以作为默认，或者作为"万能"条件。

Shell 的元字符：

*（匹配零个或多个字符）

?（匹配任意单个字符）

[...]（匹配中括号内的任意单个字符）

上述都可以用在模式中。字符|可以用来指定两种模式之间的"逻辑或"关系，例如：

$pat_1 | pat_2$

这表示可以匹配 pat_1 或 pat_2。

示例：

```
case $1 in
    -1) lopt=TRUE;;
    -w) wopt=TRUE;;
    -c) copt=TRUE;;
     *) echo "Unknown option";;
esac
case $choice in
  [1-9]) valid=TRUE;;
      *) echo "Please choose a number from 1-9";;
esac
```

A.14.7　cd 命令

一般格式：cd *directory*

该命令会使得 Shell 将 *directory* 作为当前目录。如果忽略目录，Shell 会将 HOME 变量中保存的目录设为当前目录。

如果 Shell 变量 CDPATH 为空，*directory* 必须是一个完整的目录路径（如 /users/steve/documents）或者当前目录的相对路径（如 documents 或 ../pat）。

如果 CDPATH 不为空且 *directory* 并非完整路径，Shell 会在 CDPATH 所保存的一系列由冒号分隔的目录中查找包含 *directory* 的目录。

示例：

```
$ cd documents/memos        切换到 documents/memos 目录
$ cd                         切换到 HOME 目录
```

参数-可以返回到上一个目录中。新的当前目录的路径会被打印出来。

示例：

```
$ pwd
/usr/lib/uucp
$ cd /
```

```
$ cd -
/usr/lib/uucp
$
```

cd 命令会将 Shell 变量 PWD 设置成新的当前目录，将 OLDPWD 设置成上一个目录。

A.14.8   continue 命令

一般格式：continue

在 for、while 或 until 循环中执行该命令会跳过循环中 continue 之后的语句，然后继续执行下一次循环。

如果使用格式：

continue n

会跳过最内的第 n 层循环中剩下的语句，然后继续执行下一次循环。

A.14.9   echo 命令

一般格式：echo args

该命令会将 args 写入标准输出。args 中每个单词之间由空白字符分隔。在最后会加上一个换行符。如果忽略 args，结果就是往下跳一行。

表 A.8 中列出了某些对于 echo 有特殊意义的转义字符。

表 A.8   echo 转义字符

字符	输出
\a	告警
\b	退格
\c	忽略输出中最后的换行符
\f	换页（Formfeed）
\n	回车换行（Newline）
\r	回车（Carriage Return）
\v	水平制表符
	垂直制表符
\\	反斜线
\0nnn	ASCII 值为 nnn 的字符，其中 nnn 是 1～3 位的八进制数（以 0 开头）

记住将这些转义字符引用起来，由 echo 命令，而不是 Shell 去解释这些字符。

示例：

```
$ echo *                          列出当前目录中的所有文件
bin docs mail mise src
```

```
$ echo                                     跳过一行

$ echo 'X\tY'                              打印 X 和 Y，之间用制表符分隔
X       Y
$ echo "\n\nSales Report"         在显示 Sales Report 之前，先跳过两行


Sales Report
$ echo "Wake up!!\a"              打印信息并在终端上发出响声
Wake up!!
$
```

A.14.10　eval 命令

一般格式：eval *args*

该命令会使得 Shell 对 *args* 求值，然后执行求值结果。这实际上可以实现对命令行的"二次扫描"。

示例：

```
$ x='abc def'
$ y='$x'                          将$x 赋给 y
$ echo $y
$x
$ eval echo $y
abc def
$
```

A.14.11　exec 命令

一般格式：exec *command args*

该命令会执行指定的 *command*，并将 *args* 作为参数。和其他命令不同，*command* 会替换当前进程（也就是说，并不会创建新进程）。执行 *command* 之后，就不会再返回调用 exec 的程序了。

如果只指定了 I/O 重定向，就会更改 Shell 的输入和/或输出。

示例：

```
exec /bin/sh                使用 sh 替换当前进程
exec < datafile             将标准输入重新分配给 datafile
```

A.14.12　exit 命令

一般格式：exit *n*

该命令会立即终止当前 Shell 程序。该程序的退出状态码是整数 *n* 的值（如果提供的话）。如果没有提供 *n*，则使用 exit 之前那条命令的退出状态码。

退出状态码 0 表示执行成功，非 0 值表示有故障（如出现了错误）。Shell 在对 `if`、`while` 和 `until` 命令的条件求值以及使用 `&&` 和 `||` 时，也遵循了这种约定（convention）。

示例：

```
who | grep $user > /dev/null
exit                            退出时使用上一条 grep 命令的退出状态码
exit 1                          退出状态码为 1
if finduser                     如果 finduser 返回为 0 的退出状态码，然后...
then
    ...
fi
```

注意，直接在登录 Shell 中执行 `exit`，其效果相当于登出系统。

A.14.13　export 命令

一般格式：export *variables*

该命令可以导出指定的变量，也就是说，这些变量的值会被传入子 Shell。

示例：

```
export PATH PS1
export dbhome x1 y1 date
```

在导出的同时还可以设置变量：

```
export variable=value...
```

因此，像下面的行：

```
PATH=$PATH:$HOME/bin; export PATH
CDPATH=.:$HOME:/usr/spool/uucppublic; export CDPATH
```

可以改写为：

```
export PATH=$PATH:$HOME/bin CDPATH=.:$HOME:/usr/spool/uucppublic
```

带有 -p 参数的 export 会以下例形式输出已导出变量的列表及其值：

```
export variable=value
```

或者

```
export variable
```

后一种形式表示 *variable* 已经被导出，但尚未赋值。

A.14.14　false 命令

一般格式：false

该命令会返回非 0 的退出状态码。

A.14.15　fc 命令

一般格式：`fc -e editor -lnr first last`
　　　　　`fc -s old=new first`

该命令可用于编辑命令历史记录中的命令。可以指定从 *first* 到 *last* 的命令范围，*first* 和 *last* 可以是命令编号或字符串，其中负数被视为相对于当前命令编号的偏移量，而字符串指定了以该字符串起始的最近那条命令。命令会被读入编辑器，然后在退出编辑器时执行。如果没有指定编辑器，就使用 Shell 变量 FCEDIT 的值；如果没有设置 FCEDIT，则使用 ed。

-l 选项可以列出范围在 *first* 至 *last* 之间的命令（也就是说，不调用编辑器）。如果也选择了 -n 选项，这些命令前面不会出现命令编号。

-r 选项会颠倒命令出现的次序。

如果没有指定 *last*，则默认使用 *first* 的值。如果也没有指定 *first*，默认编辑上一条命令，列出前 16 条命令。

-s 选项会执行选中的命令，无须事先编辑。其格式为：

`fc -s old=new first`

其作用是将 *first* 命令中的字符串 *old* 替换成 *new* 之后，重新执行该命令。如果没有指定 *first*，就使用上一条命令；如果没有指定 *old=new*，则不修改命令。

示例：

```
fc -l                     列出最近的 16 条命令
fc -e vi sed              将最近的 sed 命令送入 vi 中编辑
fc 100 110                将编号从 100 到 110 的命令送入 $FCEDIT 中指定的编辑器
fc -s                     重新执行上一条命令
fc -s abc=def 104         将编号为 104 的命令中的 abc 替换成 def，然后重新执行
```

A.14.16　fg 命令

一般格式：`fg job_id`
如果启用了作业控制，由 *job_id* 指定的作业会被带回前台。如果没有指定参数，则将最近挂起的作业或最近置入后台的作业带回前台。

示例：

```
fg %2
```

A.14.17　for 命令

一般格式：

`for var in word₁ word₂ ... wordₙ`

```
do
    command
    command
    ...
done
```

该命令会执行 do 和 done 之间的命令，执行次数由 in 之后的单词列表中的数量决定。

第一次执行循环时，第一个单词 $word_1$ 被分配给变量 var，然后执行 do 和 done 之间的命令。第二次执行循环时，第二个单词 $word_2$ 被分配给变量 var，然后再次执行循环中的命令。

这个过程继续下去，直到列表中最后一个单词 $word_n$ 赋给 var 并执行完 do 和 done 之间的命令。这时候，for 循环就结束了。然后接着执行 done 之后的命令。

特殊格式：

```
for var
do
    ...
done
```

在这种格式中，位置参数"$1"、"$2"……被作为单词列表使用，等同于：

```
for var in "$@"
do
    ...
done
```

示例：

```
# 使用 nroff 处理当前目录下的所有文件
for file in *
do
    nroff -Tlp $file | lp
done
```

A.14.18　getopts 命令

一般格式：getopts *options var*

该命令能够处理命令行参数。*options* 是一个包含有效单字母选项的列表。如果 *options* 中的某个字母后面有:，则表明该选项需要额外的参数，这个参数和选项之间必须至少有一个空格。

每次调用 getopts，它就会处理接下来的命令行参数。如果找到了有效选项，getopts 会将选项字母保存在指定的变量 *var* 中并返回为 0 的退出状态码。

如果用户指定的是无效选项（没有在 *options* 中列出），getopts 将?保存在 *var* 中，然后返回为 0 的退出状态码。另外还会向标准错误写入错误信息。

如果选项需要参数，getopts 会将选项字母保存在 *var* 中，将相应的参数保存在特殊变量 OPTARG 中。如果没有给出参数，getopts 将 *var* 设为?并向标准错误写入错误信息。

如果已经处理完了所有的命令行选项（下一个命令行参数不是以-开头），getopts 返回非 0 的退出状态码。

getopts 还用到了特殊变量 OPTIND。该变量的初始值为 1，每当 getopts 返回时都会调整其中的值，用以指明接下来要处理的命令行参数是第几个。

参数--可以被放置在命令行中，表明命令行参数已经结束。

getopts 支持参数堆叠，例如：

```
repx -iau
```

这等同于：

```
repx -i -a -u
```

需要参数的选项不能堆叠。

如果使用下列格式：

```
getopts options var args
```

将不再解析命令行参数，而是去解析由 *args* 指定的参数。

示例：

```
usage="Usage: foo [-r] [-O outfile] infile"

while getopts ro: opt
do
        case "$opt"
        in
                r) rflag=1;;
                O) oflag=1
                   ofile=$OPTARG;;
                \?) echo "$usage"
                    exit 1;;
        esac
done

if [ $OPTIND -gt $# ]
then
        echo "Needs input file!"
        echo "$usage"
        exit 2
fi

shift $((OPTIND - 1))
ifile=$1
...
```

A.14.19 hash 命令

一般格式：`hash commands`

该命令可以使得 Shell 查找指定的命令并记住其所在目录。如果没有指定 `commands`，则显示经过散列处理的命令（hashed commands）列表。

如果使用下列格式：

```
hash -r
```

Shell 会删除散列表中的所有命令。下一次再执行命令时，Shell 会按照普通的搜索方法查找命令。

示例：

```
hash rolo whoq              将 rolo 和 whoq 添加到散列表
hash                        打印散列表
hash -r                     删除散列表
```

A.14.20 if 命令

一般格式：

```
if   command_t
then
        command
        command
...
fi
```

执行 `command_t` 并检测其退出状态。如果为 0，执行 `fi` 之前的命令；否则，跳过 `fi` 之前的命令。

示例：

```
if grep $sys sysnames > /dev/null
then
        echo "$sys is a valid system name"
fi
```

如果 `grep` 返回的退出状态码为 0（如果在文件 `sysnames` 中找到`$sys`），就执行 `echo` 命令；否则，跳过 `echo` 命令。

内建命令 `test` 常出现在 `if` 之后，要么显式地调用 `test`，要么使用简写的 "`[`"，这需要加上对应的 "`]`"。

示例：

```
if [ $# -eq 0 ] ; then
        echo "Usage: $0 [-l] file ..."
```

```
        exit 1
fi
```

else 子句可以放在 if 的后面，如果 *command_t* 返回非 0 的退出状态码，则执行 else 子句。在这种情况下，if 的一般格式可以写作：

```
if command_t
then
        command
        command
        ...
else
        command
        command
        ...
fi
```

如果 $command_t$ 的退出状态码为 0，执行 else 之前的命令，跳过 else 与 fi 之间的命令。如果 $command_t$ 返回非 0 的退出状态码，则跳过 then 和 else 之间的命令，执行 else 和 fi 之间的命令。

示例：

```
if [ -z "$line" ]
then
        echo "I couldn't find $name"
else
        echo "$line"
fi
```

在上面的例子中，如果 line 的长度为 0，echo 命令会显示信息 I couldn't find $name；否则，使用 echo 命令显示出 line 的值。

if 命令的最后一种格式在需要进行两个以上选择的时候很有用。其一般格式为：

```
if command_1
then
        command
        command
        ...
elif command_2
then
        command
        command
        ...
elif command_n
then
        command
        command
        ...
else
```

```
command
    command
    ...
fi
```

对 *command₁*、*command₂...commandₙ* 依次求值，直到其中一个命令的退出状态码为 0，这时立即执行 `then` 之后的命令（直到另一个 `elif`、`else` 或 `fi`）。如果所有命令的退出状态码都不为 0，则执行 `else`（如果有的话）之后的命令。

示例：

```
if [ "$choice" = a ] ; then
    add $*
elif [ "$choice" = d ] ; then
    delete $*
elif [ "$choice" = l ] ; then
    list
else
    echo "Bad choice!"
    error=TRUE
fi
```

A.14.21   jobs 命令

一般格式：`jobs`

该命令会打印出当前活跃作业的列表。如果指定了 `-l` 选项，还会列出每项作业的详细信息（包括其进程 ID）。如果指定了 `-p` 选项，则只列出进程 ID。

如果提供了可选的作业 id，只列出指定作业的信息。

示例：

```
$ sleep 100 &
[1] 1104
$ jobs
[1] + Running            sleep 100 &
$
```

A.14.22   kill 命令

一般格式：`kill -signal job`

`kill` 命令会向指定进程发送信号 *signal*，*job* 是进程 ID 或作业 ID，*signal* 是信号编号或在 `<signal.h>`（见本附录随后 `trap` 命令的描述）中指定的信号名。`kill -l` 可以列出所有的信号名。提供给 `-l` 选项的信号编号可以列出对应的信号名。提供给 `-l` 选项的进程 ID 可以列出终止了该进程的信号名（如果是由信号终止的）。

可以使用 `-s` 选项来指定信号名，在这种情况下，信号名前不用加连字符（看下面的例子）。

如果没有指定 *signal*，则使用 SIGTERM(TERM)。
示例：

```
kill -9 1234
kill -HUP %2 3456
kill -s TERM %2
kill %1
```

注意，在 kill 命令中可以指定多个进程 ID。

A.14.23 newgrp 命令

一般格式：newgrp *group*
该命令可以将你的真实组 id（real group id）（GID）修改成 *group*。如果不提供参数，它会将你改回默认组。
示例：

```
newgrp shbook          改为 shbook 组
newgrp                 改回默认组
```

如果新的组需要密码，而且你也不是该组的成员，这时候会要求输入密码。
newgrp -l 可以将你改回登录组。

A.14.24 pwd 命令

一般格式：pwd
该命令可以在标准输出中打印出工作目录。
示例：

```
$ pwd
/users/steve/documents/memos
$ cd
$ pwd
/users/steve
$
```

A.14.25 read 命令

一般格式：read *vars*
该命令会使得 Shell 从标准输入中读取一行，然后将行中由空白字符分隔的连续单词分配给变量 *vars*。如果变量数量少于行中的单词数量，多余的单词就被保存在最后一个变量中。
只指定一个变量的话，相当于读取一整行并将其分配给该变量。
read 的退出状态码为 0，除非碰到了文件末尾。

示例:

```
$ read hours mins
10 19
$ echo "$hours:$mins"
10:19
$ read num rest
39 East 12th Street, New York City 10003
$ echo "$num\n$rest"
39
East 12th Street, New York City 10003
$ read line
    Here     is an entire        line \r
$ echo "$line"
Here     is an entire        line r
$
```

注意最后一个例子中,Shell 在读取时会删除所有的前导空白字符。如果对此有问题的话,可以通过修改 IFS 来解决。

另外要注意的是,在读取行的时候,反斜线字符是由 Shell 解释的,经过 Shell 解释后的字符(双反斜线变成单反斜线)再由 echo 解释并显示。

read 的-r 选项不再将行尾的\字符视为续行。

A.14.26 readonly 命令

一般格式: readonly *vars*

对于在该命令中列出的变量,随后不能对其赋值。可以选择在 readonly 命令中对这些变量赋值。如果之后再试图给 readonly 变量赋值,Shell 会发出错误信息。

readonly 变量能够确保不会意外覆盖变量的值。它也能够避免使用 Shell 程序的其他用户不会修改特定变量的值(如 HOME 变量或 PATH 变量)。readonly 属性不会传入子 Shell。

readonly 的-p 选项可以打印出你所拥有的 readonly 变量列表。

示例:

```
$ readonly DB=/users/steve/database        给 DB 赋值并将其设为 readonly
$ DB=foo                                    尝试给 DB 赋值
sh: DB: is read-only                        Shell 发出错误信息
$ echo $DB                                  可以正常访问 readonly 变量的值
/users/steve/database
$
```

A.14.27 return 命令

一般格式: return *n*

该命令会停止当前函数的执行并立即向调用者返回值为 *n* 的退出状态码。如果忽略 *n*，则返回 retrun 之前的那条命令的退出状态码。

A.14.28 set 命令

一般格式：set *options args*

该命令用于启用或关闭 *options* 所指定的选项。另外，还可以根据 *args* 来设置位置参数。

对于 *options* 中的单字母选项，如果前面是减号-，表示启用该选项；如果前面是加号+，则表明禁止该选项。选项可以分组，例如：

set -fx

该命令可以启用 f 和 x 选项。

表 A.9 总结了可以使用的各种选项。

表 A.9　set 选项

选项	含义
--	不再将之后带有-的参数视为选项。如果没有参数，则删除（unset）位置参数
-a	自动将之后定义或修改的变量全部导出
-b	如果实现支持该选项的话，当后台作业结束时，Shell 会发出提醒
-C	不允许输出重定向覆盖已有文件。>|仍可以用来强制覆盖文件，即便是启用了该选项
-e	如果有命令执行失败或退出状态码不为 0，则退出
-f	禁止文件名生成
-h	在定义函数时，将其中的命令添加到散列表中，而不是选择在执行时添加
-m	启用作业监视
-n	读取命令，但不执行（可用于检查 do...done 和 if...fi 是否出现不对应的情况）
+o	将当前选项模式设置写为命令格式
-o *m*	启用选项模式 *m*（见表 A.10）
-u	如果引用了未赋值的变量或未设置的位置参数，则发出错误
-v	在读取 Shell 命令的同时将其打印出来
-x	在执行命令时，将该命令及其参数打印出来并在前面加上+

可以使用-o 或+o 选项配合选项名来启动或关闭 Shell 模式。表 A.10 总结出了这些选项。不加任何选项的 set -o 会列出所有的 Shell 模式及其当前设置。

Shell 变量$-包含了当前的选项设置。

args 中的每个单词会被分别设为位置参数$1、$2……。如果第一个单词是以减号开头，最好是指定 set 的--选项，以避免解释该值。

表 A.10　Shell 模式

模式	含义
allexport	和-a 一样
errexit	和-e 一样
ignoreeof	必须使用 exit 命令退出 Shell
monitor	和-m 一样
noclobber	和-C 一样
noexec	和-n 一样
noglob	和-f 一样
nolog	不将函数定义加入历史记录
nounset	和-u 一样
verbose	和-v 一样
vi	将行内编辑器（in-line editor）设置为 vi
xtrace	和-x 一样

如果提供了 *args*，在命令执行完之后，变量$#中将包含已分配参数数量。
示例：

```
set -vx                            在读取及执行命令的同时将其打印出来
set "$name" "$address" "$phone"    将$1 赋给$name，$2 赋给$address，$3 赋给
                                   $phone

set --  -1                         将$1 设置为-1
set -o vi                          启用 vi 模式
set +o verbose -o noglob           关闭 verbose 模式，启用 noglob
```

A.14.29　shift 命令

一般格式：shift
该命令会将位置参数$1、$2...$n 向左移动一个位置。也就是说，$2 分配给$1，
$3 分配给$2……$n 分配给$n-1。$#会根据情况调整。
如果采用下列格式：

```
shift n
```

会向左移动 n 个位置。
示例：

```
$ set a b c d
$ echo "$#\n$*"
```

```
4
a b c d
$ shift
$ echo "$#\n$*"
3
b c d
$ shift 2
$ echo "$#\n$*"
1
d
$
```

A.14.30　test 命令

一般格式：

test *condition*

或者

[*condition*]

Shell 会对 *condition* 求值，如果求值结果为真，返回为 0 的退出状态码。如果求值结果为假，返回非 0 的退出状态码。如果使用 [*condition*] 这种格式，[之后和] 之前必须有一个空格。

condition 是由表 A.11 中的一个或多个操作符组成的。操作符 -a 比操作符 -o 有更高的优先级。在任何情况下，括号都可以用来分组子表达式。记住，括号对于 Shell 有特殊含义，必须引用起来。操作符和操作数（包括括号）之间必须使用一个或多个空格分隔，这样 test 才能将其视为独立的参数。

test 基本上都用于 if、while 或 until 命令中的条件测试。

示例：

```
# 查看是否有可执行权限

if test -x /etc/perms
then
        ...
fi
# 查看是否为可读的目录或普通文件

if [ -d $file -o \( -f $file -a -r $file \) ]
then
        ...
fi
```

表 A.11   test 操作符

操作符	如果满足下列条件，则返回真（退出状态码为 0）
文件操作符	
-b *file*	*file* 是一个特殊的块文件
-c *file*	*file* 是一个特殊的字符文件
-d *file*	*file* 是一个目录
-e *file*	*file* 存在
-f *file*	*file* 是一个普通文件
-g *file*	*file* 已经设置了 SGID 位
-h *file*	*file* 是一个符号链接
-k *file*	*file* 设置了粘滞位
-L *file*	*file* 是一个符号链接
-p *file*	*file* 是一个命名管道
-r *file*	*file* 是只读文件
-S *file*	*file* 是一个套接字
-s *file*	*file* 的长度不为 0
-t *fd*	*fd* 是一个与终端关联的已打开的文件描述符（默认是 1）
-u *file*	*file* 设置了 SUID 位
-w *file*	*file* 是可写文件
-x *file*	*file* 是可执行文件
字符串操作符	
string	*string* 不为空
-n *string*	*string* 不为空（test 必须能够识别出 *string*）
-z *string*	*string* 为空（test 必须能够识别出 *string*）
$string_1$ = $string_2$	$string_1$ 和 $string_2$ 相同
$string_1$!= $string_2$	$string_1$ 和 $string_2$ 不相同
整数比较操作符	
int_1 -eq int_2	int_1 等于 int_2
int_1 -ge int_2	int_1 大于或等于 int_2
int_1 -gt int_2	int_1 大于 int_2
int_1 -le int_2	int_1 小于或等于 int_2
int_1 -lt int_2	int_1 小于 int_2
int_1 -ne int_2	int_1 不等于 int_2
布尔运算符	
! *expr*	*expr* 为假；否则，返回真
$expr_1$ -a $expr_2$	$expr_1$ 和 $expr_2$ 均为真
$expr_1$ -o $expr_2$	$expr_1$ 为真或 $expr_2$ 为真

A.14.31　times 命令

一般格式：times

该命令会向标准输出写入 Shell 及其所有的子进程所使用的总时间。对于每一类事件，都会列出两个数字：第一个是累计的用户时间，然后是累计的系统时间。

注意，times 无法报告内建命令所使用的时间。

示例：

```
$ times                   打印进程所使用的时间
1m5s 2m9s                 1 分 5 秒，用户时间；2 分 9 秒，系统时间
8m22.23s 6m22.01s         子进程使用的时间
$
```

A.14.32　trap 命令

一般格式：trap commands signals

该命令告诉 Shell 只要接收到 signals 中列出的信号，就执行 commands。信号可以使用名称或编号的形式指定。

如果不使用参数，trap 会打印出当前的信号处理方式。

如果第一个参数是空串，就像这样：

```
trap "" signals
```

当 Shell 接收到 signals 中指定的信号时，会将其忽略。

如果使用以下格式：

```
trap signals
```

会将 signals 中列出的信号处理方式恢复成默认行为。

示例：

```
trap "echo hangup >> $ERRFILE; exit" HUP     接收到 hangup 信号时，记录日志并退出
trap "rm $TMPFILE; exit" 1 2 15              接收到信号 1、2 或 15 时，删除$TMPFILE
trap "" 2                                    忽略中断信号
trap 2                                       重置中断信号的处理方式
```

表 A.12 列出了信号列表中可以指定的值。

Shell 执行到 trap 命令时会扫描 commands，然后当接收到信号列表中列出的信号时会再次扫描 commands。这意味着当 Shell 碰到下列命令时：

```
trap "echo $count lines processed >> $LOGFILE; exit" HUP INT TERM
```

它会替换变量 count 的值，这个操作并不是在接收到信号列表中的信号时执行的。如果你将命令放进单引号中，你就可以在接收到信号时对 count 进行替换：

```
trap 'echo $count lines processed >> $LOGFILE; exit' HUP INT TERM
```

表 A.12 信号编号与名称

信号#	信号名称	产生原因
0	EXIT	退出 Shell
1	HUP	挂起
2	INT	中断（如按下 Delete 键或 Ctrl+c）
3	QUIT	退出
6	ABRT	中止
9	KILL	"销毁" 进程
14	ALRM	超时
15	TERM	软件终止信号（默认由 kill 发送）

A.14.33 true 命令

一般格式：true

该命令总是返回为 0 的退出状态码。

A.14.34 type 命令

一般格式：type *commands*

该命令会打印出指定命令的信息。

示例：

```
$ type troff echo
troff is /usr/bin/troff
echo is a Shell builtin
$
```

A.14.35 umask 命令

一般格式：umask *mask*

umask 可以将默认的文件创建掩码设置为 *mask*。随后创建的文件会与该掩码执行 "逻辑与" 操作，以决定新文件的权限模式。

不加参数的 umask 会打印出当前的掩码。-S 选项可以产生符号形式的输出。

示例：

```
$ umask              打印出当前掩码
0002                  其他用户没有写权限
$ umask 022          组用户也没有写权限
$
```

A.14.36　unalias 命令

一般格式：`unalias names`

该命令会删除别名 *names*。`-a` 选项可以删除所有的别名。

A.14.37　unset 命令

一般格式：`unset names`

该命令会删除 *names* 中列出的变量或函数。只读变量无法删除。`-v` 选项指明随后的名称是变量名，而 `-f` 选项指明随后的名称是函数名。如果这两个选项都不使用，则假定其后的是变量名。

示例：

```
unset dblist files                    删除变量 dblist 和 files
```

A.14.38　until 命令

一般格式：

```
until command_t
do
        command
        command
        ...
done
```

执行 *command_t* 并测试其退出状态。如果不为 0，执行 `do` 和 `done` 之间的命令。然后再次执行 *command_t*，检测其退出状态。如果还不为 0，再次执行 `do` 和 `done` 之间的命令。这个过程一直持续到 *command_t* 返回为 0 的退出状态码，这时候循环终止。接下来执行 `done` 之后的命令。

因为进入循环后会立即对 *command_t* 求值，如果第一次测试的时候，该命令就返回为 0 的退出状态码，那么 `do` 和 `done` 之间的命令一次都不会被执行。

示例：

```
# 在 jack 登录前，以 60 秒为单位进行休眠
until who | grep jack > /dev/null
do
        sleep 60
done

echo jack has logged on
```

上面的循环在 grep 返回为 0 的退出状态码（也就是在 who 的输出中找到了 jack）之前会不断地执行。这时候，循环终止并执行之后的 echo 命令。

A.14.39 wait 命令

一般格式：wait *job*

该命令会暂停执行，直到 *job* 所标识的进程运行结束。*job* 可以是进程 ID 或作业 ID。如果没有提供 *job*，Shell 会等待所有的子进程结束。如果列出的进程 ID 不止一个，wait 会等待所有的进程执行完毕。

wait 可用于等待后台进程完成。

示例：

```
sort large_file > sorted_file &          在后台进行排序
    ...                                        处理其他工作
wait                                         等待排序完成
plotdata sorted_file
```

变量 $! 可用于获得最后一个置入后台的进程 ID。

A.14.40 while 命令

一般格式：

```
while commandt
do
        command
        command
        ...
done
```

执行 *command*$_t$ 并测试其退出状态。如果为 0，执行 do 和 done 之间的命令。然后再次执行 *command*$_t$，检测其退出状态。如果仍为 0，再次执行 do 和 done 之间的命令。这个过程一直持续到 *comman*$_d$t 返回非 0 的退出状态码，这时候循环终止。接下来执行 done 之后的命令。

注意，因为进入循环后会立即对 *command*$_t$ 求值，如果第一次测试的时候，该命令就返回非 0 的退出状态码，那么 do 和 done 之间的命令一次都不会被执行。

示例：

```
# 使用空行填充缓冲区剩余的空间

while [ $lines -le $maxlines ]
do
        echo >> $BUFFER
        lines=$((lines + 1))
done
```

更多的相关信息

关于 UNIX、Linux 和 Mac OS X 命令行有大量可用的参考信息，我们特地从中挑选了对 Shell 程序员有价值的一些书目和 Web 站点。所提及的所有 Web 站点和 URL 在本书出版之时都能够访问，不过在你阅读本章的时候，其中有些可能已经看不到了，这也是 Internet 上常有的事。

有一份参考资料你绝不能错过。那就是你所使用系统的自带文档，它详细叙述了每条命令的语法以及各种选项。

B.1　在线文档

如果没有系统文档的打印版，可以使用 man 命令获得任何 UNIX 命令的信息。其格式为：

```
man command
```

记不清楚命令名？man -k 可以帮助你确定要查找的 Linux 或 UNIX 命令。例如，在 Ubuntu Linux 中：

```
$ man -k dvd
brasero (1)           - Simple and easy to use CD/DVD burning application for ...
btcflash(8)           - firmware flash utility for BTC DRW1008 DVD+/-RW recorder.
dvd+rw-booktype(1)    - format DVD+-RW/-RAM disk with a logical format
dvd+rw-format(1)      - format DVD+-RW/-RAM disk
dvd+rw-mediainfo(1)   - display information about dvd drive and disk
dvd-ram-control(1)    - checks features of DVD-RAM discs
growisofs(1)          - combined genisoimage frontend/DVD recording program.
rpl8(8)               - Firmware loader for DVD drives
$
```

有些系统还拥有 info 这种交互式文档命令。只需要输入 info 就行了，启动之后输入 h，可以查看到相关教程。

Web 上的文档

在 Web 上，关于 POSIX 标准最佳的去处就是 `www.UNIX.org`。该站点由 The Open Group 维护，该组织是一个国际联盟，与 IEEE 合作制定当前的 POSIX 规范。在该站点上可以找到此规范的完整版。在阅读之前必须先注册，不过注册是免费的。文档的地址是 `www.UNIX.org/online.html`。

The Free Software Foundation（自由软件基金会）维护了各种 Linux 和 UNIX 实用工具的在线文档，其中就包括 Bash 和 C 编译器，文档的地址是 `www.fsf.org/manual`。

Korn Shell 的开发者 David Korn 维护着站点 `www.kornShell.com`。该站点包含了 Korn Shell 相关的文档、下载链接、书目以及其他种类 Shell 的信息链接。

如果你只能使用 Microsoft Windows 系统，但仍想试试 Shell 编程，或是想体验一下 Linux，我们建议你安装 Cygwin 软件包（`www.cygwin.com`）。其基准系统（base system）中包含了 Bash 以及其他命令行实用工具，提供了一个非常类似于 Linux 和 UNIX 的系统。最棒的是，整个 Cygwin 软件包可以免费下载使用。

B.2　书籍

B.2.1　O'Reilly & Associates

O'Reilly & Associates（`www.ora.com`）是 Linux 和 UNIX 相关图书的一个非常棒的来源。该出版社的书籍涵盖了各种主题，可以从其 Web 站点、在线书商以及书店中购买。在该出版社的网站上还有很多有用的 UNIX 和 Linux 的文章。

两本 UNIX 和 Linux 不错的参考书，分别是：

UNIX in a NutShell, 4th Edition, A. Robbins, O'Reilly & Associates, 2005.

Linux in a NutShell, 6th Edition, E. Siever, S. Figgins, R. Love and A. Robbins, O'Reilly & Associates, 2009.

下面两本不错的有关 Perl 编程的书籍，涵盖了从初级到高级的知识：

Learning Perl, 6th Edition, R. L. Schwartz, B. Foy and T. Phoenix, O'Reilly & Associates, 2011.

Perl in a NutShell, 2nd Edition, S. Spainhour, E. Siever, and N. Patwardhan, O'Reilly & Associates, 2002.

一本涵盖了 POSIX 标准版本以及 GNU 版本的 awk 和 sed 的好书：

Sed & Awk, 2nd Edition, D. Dougherty and A. Robbins, O'Reilly & Associates, 1997(ISBN 978-1-56592-225-9).

如果你是 Mac 用户，想要学习更多 UNIX 命令行相关的知识，该怎么办？我们推荐：
Learning UNIX for OS X, D. Taylor, O'Reilly & Associates.

B.2.2 Pearson

从头学习 UNIX Shell 编程：
Sams Teach Yourself Shell Programming in 24 Hours, 2nd Edition, S. Veeraraghaven, Sams Publishing, 2002.

学习 UNIX 以及 UNIX 系统上的 C 和 Perl 编程：
Sams Teach Yourself UNIX in 24 Hours, 5th Edition, D. Taylor, Sams Publishing, 2016.

下面这本书提供了与 FreeBSD 相关的各种主题，FreeBSD 是一个强健的、免费的 UNIX 版本，很多要求颇高的企业用它来代替 Linux。该书内容详尽，给出了很多独家信息：
FreeBSD Unleashed, 2nd Edition, M. Urban and B. Tiemann, Sams Publishing, 2003.

要想从头学习 FreeBSD 的话，下面这本书是一本入门级教程，书中讲述了 FreeBSD 操作系统方方面面的内容：
Sams Teach Yourself FreeBSD in 24 Hours, Michael Urban and Brian Tiemann, 2002.

一本内容深入的 C Shell 参考书：
The UNIX C Shell Field Guide, G. Anderson and P. Anderson, Prentice Hall, 1986.

由 awk 语言发明人所著的一本关于该语言的大全：
The AWK Programming Language, A. V. Aho, B. W. Kernighan, and P. J. Weinberger, Addison-Wesley, 1988.

一本高级的 UNIX 编程书籍：
The UNIX Programming Environment, B. W. Kernighan and R. Pike, Prentice Hall, 1984.

一本高级的 Linux 编程书籍：
Advanced Linux Programming, M. Mitchell, J. Oldham, and A. Samuel, New Riders Publishing, 2001.

欢迎来到异步社区！

异步社区的来历

异步社区（www.epubit.com.cn）是人民邮电出版社旗下 IT 专业图书旗舰社区，于 2015 年 8 月上线运营。

异步社区依托于人民邮电出版社 20 余年的 IT 专业优质出版资源和编辑策划团队，打造传统出版与电子出版和自出版结合、纸质书与电子书结合、传统印刷与 POD 按需印刷结合的出版平台，提供最新技术资讯，为作者和读者打造交流互动的平台。

社区里都有什么？

购买图书

我们出版的图书涵盖主流 IT 技术，在编程语言、Web 技术、数据科学等领域有众多经典畅销图书。社区现已上线图书 1000 余种，电子书 400 多种，部分新书实现纸书、电子书同步出版。我们还会定期发布新书书讯。

下载资源

社区内提供随书附赠的资源，如书中的案例或程序源代码。

另外，社区还提供了大量的免费电子书，只要注册成为社区用户就可以免费下载。

与作译者互动

很多图书的作译者已经入驻社区，您可以关注他们，咨询技术问题；可以阅读不断更新的技术文章，听作译者和编辑畅聊好书背后有趣的故事；还可以参与社区的作者访谈栏目，向您关注的作者提出采访题目。

灵活优惠的购书

您可以方便地下单购买纸质图书或电子图书，纸质图书直接从人民邮电出版社书库发货，电子书提供多种阅读格式。

对于重磅新书，社区提供预售和新书首发服务，用户可以第一时间买到心仪的新书。

用户账户中的积分可以用于购书优惠。100 积分 =1 元，购买图书时，在 ▢ 使用积分 里填入可使用的积分数值，即可扣减相应金额。

纸电图书组合购买

社区独家提供纸质图书和电子书组合购买方式，价格优惠，一次购买，多种阅读选择。

社区里还可以做什么?

提交勘误

您可以在图书页面下方提交勘误，每条勘误被确认后可以获得 100 积分。热心勘误的读者还有机会参与书稿的审校和翻译工作。

写作

社区提供基于 Markdown 的写作环境，喜欢写作的您可以在此一试身手，在社区里分享您的技术心得和读书体会，更可以体验自出版的乐趣，轻松实现出版的梦想。

如果成为社区认证作译者，还可以享受异步社区提供的作者专享特色服务。

会议活动早知道

您可以掌握 IT 圈的技术会议资讯，更有机会免费获赠大会门票。

加入异步

扫描任意二维码都能找到我们:

| 异步社区 | 微信服务号 | 微信订阅号 | 官方微博 | QQ 群: 436746675 |

社区网址: www.epubit.com.cn

投稿 & 咨询: contact@epubit.com.cn